电工电子基础课程系列教材

电工电子实训

（第4版）

陈立新　主编

肖　飞　周原野　李雪莲　副主编

電子工業出版社

Publishing House of Electronics Industry

北京·BEIJING

内 容 简 介

电工电子实训是一门实践性、实用性很强的课程。本书以实训电子产品的组装与调试为核心：第 1 章对电子产品组装过程中常用的电子元器件进行识别、检测、选用及常见故障的判断与排除等相关内容进行阐述；第 2 章对电子产品制作过程及工艺做了比较全面的介绍，包括印制电路板设计与制作，电子产品的焊接等内容；第 3 章介绍综合实训选题的产品制作、生产安全等内容；第 4 章对电子产品调试阶段常用的仪器仪表进行介绍；第 5 章是针对部分需要进行计算机辅助设计的师生介绍一款 PCB 板设计软件。在第 3 章实训选题中，特别介绍了收音机的安装及调试；基于 555 定时器的电子门铃安装及调试；集成功放电路制作的功率放大器的安装及调试；无线话筒的安装及调试。为了突出训练学生的实际动手能力与创新思维能力，有关知识点的理论性论述本书予以省略。

本书可作为高等学校电子信息工程、通信工程、自动化、计算机、机电一体化等专业的教材。

图书在版编目（CIP）数据

电工电子实训 / 陈立新主编. —4 版. —北京：电子工业出版社，2019.1

ISBN 978-7-121-35490-8

Ⅰ. ①电… Ⅱ. ①陈… Ⅲ. ①电工技术－高等学校－教材②电子技术－高等学校－教材 Ⅳ. ①TM②TN

中国版本图书馆 CIP 数据核字（2018）第 251341 号

责任编辑：韩同平　　特约编辑：李佩乾　等
印　　刷：三河市华成印务有限公司
装　　订：三河市华成印务有限公司
出版发行：电子工业出版社
　　　　　北京市海淀区万寿路 173 信箱　邮编　100036
开　　本：787×1092　1/16　印张：11.25　字数：324 千字
版　　次：2005 年 8 月第 1 版
　　　　　2019 年 1 月第 4 版
印　　次：2021 年 9 月第 6 次印刷
定　　价：35.90 元

凡所购买电子工业出版社图书有缺损问题，请向购买书店调换。若书店售缺，请与本社发行部联系，联系及邮购电话：（010）88254888，88258888。

质量投诉请发邮件至 zlts@phei.com.cn，盗版侵权举报请发邮件至 dbqq@phei.com.cn。

本书咨询联系方式：（010）88254525，hantp@phei.com.cn。

第 4 版前言

随着知识经济的深入和信息技术的飞速发展，对大学生实践能力提出了更高的要求。实践能力，是解决复杂工程问题的基础，这也是培养新时期高素质人才的基本要求。随着教学改革的深入发展，对学生实践能力的培养已成为重中之重，编写高质量教材已成必然需求。为此，我们编写了这本实用性较强的电工电子实训教材。第 4 版教材保留了实用性特色，对在常用元器件、焊接工艺及印制电路板设计等实践环节所遇到的问题，做了更细致的阐述，并补充了焊盘脱落处理及数字示波器使用这两小节内容。为了方便教师使用本教材，我们特意制作了本书配套的电子教案。

本书以熟悉和掌握电子信息技术基本技能为目的，结合高等教育的背景，注意吸收目前电工电子理论教学和技能训练的经验。从电子工艺基本知识到电子电路综合训练，内容循序渐进，具有一定的实用性和先进性，语言通俗易懂。

全书共 5 章，包括常用电子元器件，电子工艺的基本常识，综合实训选题，常用仪器的使用和 Protel 2004 实训。

本教材具有以下特点：

1．突出实训教材的应用性特点，注重动手能力的培养，深入浅出，有利于学生牢固掌握与灵活应用。

2．体现高等教育教学基本要求，注重电子电路的设计与制作，注重学生创新能力和应用能力的培养。

3．选择了较多的装配、调试和检测等综合实训内容，以提高学生分析和解决实际问题的能力。

4．为了方便任课教师使用本教材，编写实训选题一章时，兼顾了低频电子线路、数字电路及高频电子线路的内容。

本书由陈立新、肖飞、周原野、李雪莲、叶红、余静共同编写，其中第 1 章由周原野、陈立新编写，第 2 章由周原野、叶红、陈立新编写，第 3 章由陈立新、李雪莲、肖飞编写，第 4 章由肖飞、余静编写，第 5 章由肖飞、陈立新编写。全书由陈立新、肖飞负责统稿。在编写过程中得到了石家庄市无线电四厂、合肥元隆电子技术有限公司、宁波中策电子有限公司、深圳市胜利高电子科技有限公司、苏州普源精电科技有限公司的大力支持和帮助，在此深表感谢。

由于编者水平有限，教材中难免会有不妥和错误之处，恳请读者批评指正。

作者联系方式：502713382@qq.com

编　者

目　录

第 1 章　常用电子元器件

电子元器件是电子制作中最基本的“零件”。电子电路中具有某些独立功能的单元，如放大电路、振荡电路、检波电路等，都是由许多电子元器件构成的，通常可分为无源元件（习惯上称为元件）和有源元件（习惯上称为器件）两类。前者包括电阻器、电容器、电感器、电声器件等，后者包括晶体二极管、晶体三极管、集成电路等。本章着重学习这些电子元器件的基本知识。

1.1　电阻器和电位器

电阻器简称电阻，是电子电路中应用最多的元件之一。电阻器在电路中用于分压、分流、滤波（与电容器组合）、耦合、阻抗匹配、负载等。电阻器在电路中常用符号“R”表示，电阻值的国际单位为欧姆，简称欧（Ω）。1Ω是电阻的基本单位，在实际电路中，常用的单位还有千欧（kΩ）和兆欧（MΩ）。三者的换算关系为

$$1\text{M}\Omega=1000\text{k}\Omega;\qquad 1\text{k}\Omega=1000\Omega$$

电位器是由一个电阻体和一个转动或滑动系统组成的。在家用电器和其他电子设备电路中，电位器用来分压、分流和用来作为变阻器。在晶体管收音机、CD 唱机、电视机等电子设备中电位器用于调节音量、音调、亮度、对比度、色饱和度等。当它作为分压器时，是一个四端电子元件；当它作为变阻器时，是一个两端电子元件。

1.1.1　电阻器和电位器的命名、分类及参数

1. 电阻器和电位器的型号命名

国产电阻器、电位器的型号一般由下列五部分组成。

第一部分：主称，用字母表示，R 表示电阻器，W 表示电位器。

第二部分：导电材料，用字母表示，具体含义见表 1-1。

第三部分：一般用数字表示分类，个别类型用字母表示，见表 1-2。

表 1-1　电阻器、电位器及其材料字母表示

类别	名称	符号	字母顺序
主称	电阻器 电位器	R W	第一字母
材料	碳膜	T	第二字母
	金属膜	J	
	氧化膜	Y	
	合成碳膜	H	
	有机实心	S	
	无机实心	N	
	沉积膜	C	
	玻璃釉	I	
	线绕	X	

表 1-2　电阻器与电位器的代号

数字代号	意义		字母代号	意义	
	电阻器	电位器		电阻器	电位器
1	普通	普通	G	高功率	高功率
2	普通	普通	T	可调	—
3	超高频	—	W	—	微调
4	高阻	—	D	—	多圈
5	高温	—	X	小型	小型
6	—	—	J	精密	精密
7	精密	精密	L	测量用	—
8	高压	特种函数	Y	被釉	—
9	特殊	特殊	C	防潮	—

第四部分：序号，用数字表示。对主称、材料相同，仅性能指标、尺寸大小有差别，但基本不影响互换使用的产品，给予同一序号；若性能指标、尺寸大小明显影响互换时，则在序号后面用大写字母作为区别代号。

第五部分：区别代号，用字母表示。区别代号是当电阻器（电位器）的主称、材料特征相同，而尺寸、性能指标有差别时，在序号后用 A、B、C、D 等字母予以区别。举例如下。

（1）精密金属膜电阻器

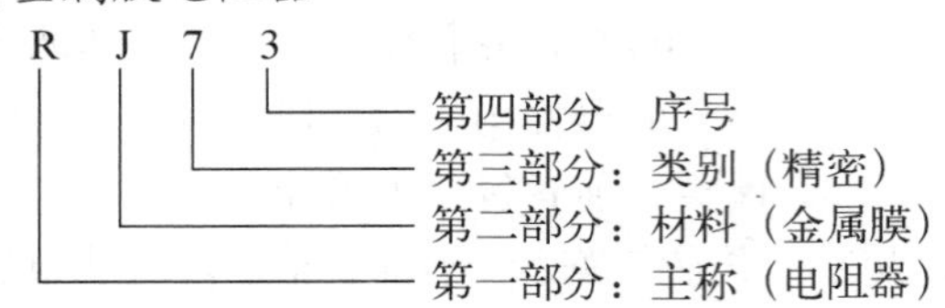

（2）多圈线绕电位器

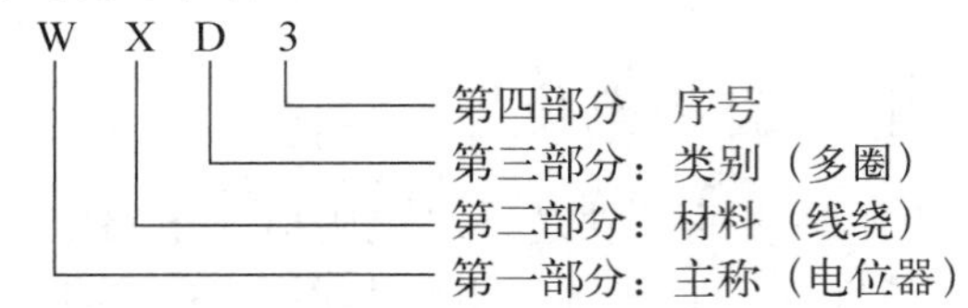

2. 电阻器和电位器的分类

（1）电阻器的分类

电阻器的种类很多，通常有固定电阻器、可变电阻器和敏感电阻器。按电阻器结构形状和材料不同，可分为线绕电阻器和非线绕电阻器。线绕电阻器有通用线绕电阻器、精密线绕电阻器、功率型线绕电阻器等；非线绕电阻器有碳膜电阻器、金属膜电阻器、金属氧化膜电阻器、合成碳膜电阻器、棒状电阻器、管状电阻器、片状电阻器、纽扣状电阻器、金属玻璃釉电阻器、有机合成实心电阻器、无机合成实心电阻器等。

下面介绍几类常用电阻器的性能及结构。

① 碳膜电阻器

碳膜电阻器是通过真空高温热分解的结晶碳沉积在柱状或管状的陶瓷骨架上制成的。碳膜电阻器稳定性好、噪声低、阻值范围较宽，既可制成小至几欧的低值电阻器，也可制成几十兆欧的高值电阻器，且生产成本低廉，应用广泛。在−55℃～+40℃的环境温度中，可按 100%的额定功率使用。碳膜电阻器的外形与结构如图 1-1 所示。

② 金属膜电阻器与金属氧化膜电阻器

金属膜电阻器的外形和结构与碳膜电阻器相似，如图 1-2 所示。它多采用合金粉真空蒸发制成。

金属膜电阻器的性能比碳膜电阻器更为优越，它稳定性好，耐热性能好，温度系数小，在同样的功率条件下，体积比碳膜电阻器小很多，但其脉冲负荷稳定性比较差。金属膜电阻器的阻值范围为 1Ω～200MΩ，可在−55℃～+70℃的环境温度中，按 100%的额定功率使用。这类电阻常用在质量要求较高的电路中，金属氧化膜电阻器的性能与金属膜电阻器相似，但它不适用于长期工作的电路中。因为它长期工作的稳定性较差，但耐热性很好。阻值范围为 1Ω～100kΩ。

③ 线绕电阻器

线绕电阻器是用高密度电阻材料镍铬丝或锰铜丝、康铜丝绕在瓷管上制成的，分固定式和可调式两种。表面覆盖一层玻璃釉的为釉线绕电阻器；表面覆盖保护有机漆或清漆的为涂漆线绕电阻器；绕制没有保护的裸线的为裸式线绕电阻器。图 1-3 所示为线绕电阻器的外形与结构。

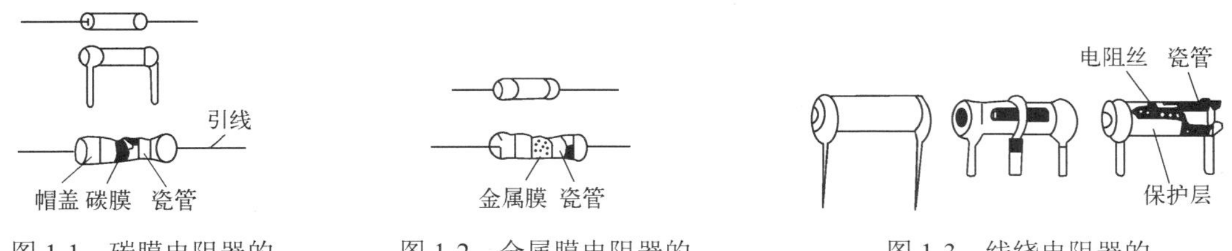

图 1-1 碳膜电阻器的外形与结构图

图 1-2 金属膜电阻器的外形与结构图

图 1-3 线绕电阻器的外形与结构图

线绕电阻器的特点是噪声小，甚至无电流噪声；温度系数小、热稳定性好、耐高温，工作温度可以达到 315℃。但它体积大、阻值较低，大多在十万欧以下。同时线绕电阻器由于结构上的原因，分布电容和电感系数都比较大，不能在高频电路中使用。这类电阻器通常在大功率电路中作为降压或负载等使用，阻值范围为 0.1Ω～5MΩ。

④ 片状电阻器

片状电阻器是一种表面安装元件，是随着电子技术的发展而产生的新型元件。片状电阻器是由陶瓷基片、电阻膜、玻璃釉保护层和端头电极组成的无引线结构电阻元件。它体积小、重量轻、性能优良、温度系数小、阻值稳定、可靠性强，但其功率一般不大。阻值范围为 10Ω～10MΩ，低阻值范围为 0.02～10Ω。

⑤ 热敏电阻器

热敏电阻器是用一种对温度极为敏感的半导体材料制成的非线性元件。电阻值随温度升高而变小的为负温度系数热敏电阻器；随温度升高而增大的为正温度系数热敏电阻器。目前使用较多的为负温度系数的电阻器。图 1-4 所示为部分直热式热敏电阻器的外形结构图。

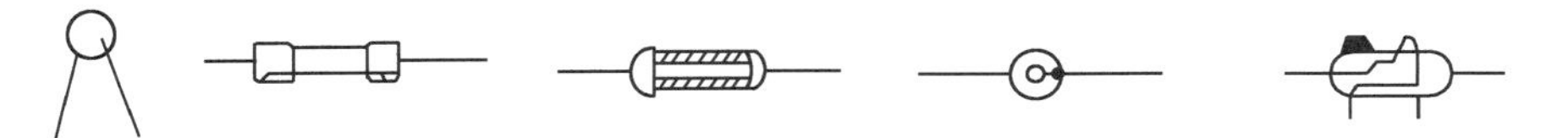

图 1-4 直热式热敏电阻器的外形结构图

⑥ 压敏电阻器

压敏电阻器是一种特殊的非线性电阻器。当加在压敏电阻器两端的电压至某一临界值时，它的阻值会急剧变小。在电子电路中，它常用做过压保护和稳压元件。压敏电阻器按伏安特性可分为对称型（无极性）压敏电阻器和非对称型（有极性）压敏电阻器两种；按结构可分为体型压敏电阻器和结型压敏电阻器两种。

（2）电位器的分类

电位器的种类较多，按所使用的电阻材料分为碳膜电位器、碳质实心电位器、金属膜电位器、玻璃釉电位器、线绕电位器等。

下面介绍几种常用的电位器。

① 碳膜电位器

碳膜电位器的电阻体是用碳黑、石墨、石英粉、有机黏合剂等配成悬浮液，并喷涂在玻璃纤维板或者胶纸板上制成的。电阻片上两端焊片间的电阻值是电位器的最大阻值，滑动臂与两端焊片之间的阻值随触点位置改变而变化。改变滑动臂在碳膜片上的位置，就可以达到调节电阻阻值大小的目的。碳膜电位器的结构简单、阻值范围宽、寿命长、价格低、型号多，但功率不太高，一般小于 2W。图 1-5 所示为其外形结构图。

② 线绕电位器

线绕电位器的电阻体是由电阻体和带滑动触点的转动系统组成的。它的耐热性好，温度系数小；噪声很低、精度高、有较大的功率。在同样的功率下，线绕电位器的体积最小，但它的分辨率低，高频特性差。图 1-6 所示为其外形结构图。

③ 单圈式电位器

单圈式电位器是线绕电位器的一种。它的滑动臂只能在 360° 范围内旋转。图 1-5、图 1-6 所示的都属于单圈式电位器。

④ 多圈式电位器

多圈式电位器的滑动臂从一个极端位置滑动到另一个极端位置，它的轴要转动一圈以上。这种电位器的电阻丝紧紧地绕在外有绝缘层的粗金属线上，金属线圈绕成螺旋形，装在有内螺纹的壳体内。电位器的滑动臂由转轴带动，能沿着螺旋形的金属线移动。多圈式电位器的转轴每旋转一周，其滑动臂仅移动一个螺距，因此用它可对电阻值进行细微的调节。多圈式电位器适用于需精密微调的电路。

⑤ 多圈微调电位器

多圈微调电位器用涡轮、蜗杆结构调节电阻，涡轮上装有滑动臂，旋转蜗杆时涡轮随着转动。涡杆转动一周，涡轮转动一齿，滑动臂便在电阻体上进行圆周运动，对电阻值进行细微调节。图 1-7 所示为其外形结构图。

⑥ 单联、双联和多联电位器

单联电位器有自身独立的转轴，前面介绍的电位器都属于单联电位器。

多联电位器是将两个或两个以上电位器装在同一根轴上构成的。多个电位器可公用一个旋轴，以达到简化结构节省零件的效果。此类电位器大部分用在低频衰减器或需同步的电路中。图 1-8 所示为其外形结构图。

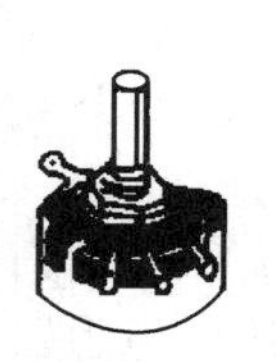

图 1-5　碳膜电位器外形结构图

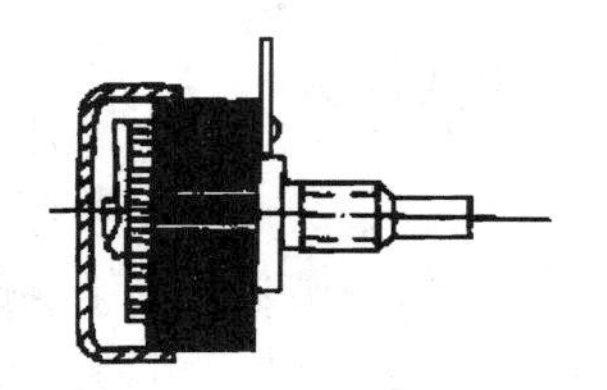

图 1-6　线绕电位器外形结构图

图 1-7　多圈微调电位器外形结构图

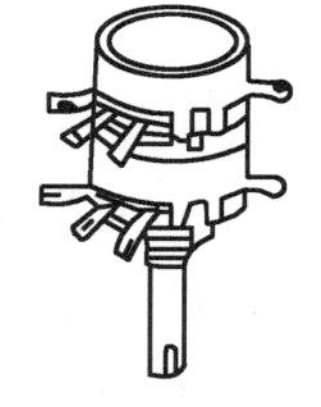

图 1-8　多联电位器外形结构图

⑦ 锁紧型电位器

锁紧型电位器的轴套为圆锥形，并开有槽口。当螺帽向下旋紧时，轴套将锁紧，转轴位置不变，以防止调好的电阻值变化。该电位器的阻值处于固定状态，比较适用于需经常移动的电子仪器。图 1-9 所示为其外形剖面图。

⑧ 带电源开关电位器

带电源开关电位器即在电位器上附带有开关装置。开关和电位器虽然同轴相连，但又彼此独立。电位器能起到控制电路通断的作用。其开关既可做成单刀单掷、双刀双掷、单刀双掷等，也可做成推拉或旋转开关，既节省元件，又美化面板，常用于收音机、电视机中作为音量控制兼电源开关。图 1-10 所示为其外形结构图。

⑨ 直滑式电位器

直滑式电位器的电阻材料为碳膜，电阻体为直条形，通过调节滑轮柄可改变其阻值。它工艺简单，可由滑臂的位置大致判断阻值，被广泛地应用在收音机、录音机、电视机和一些电子仪器上。它的外形结构图如图 1-11 所示。

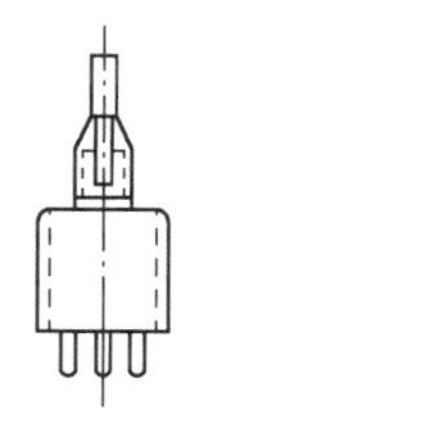

图 1-9 锁紧型电位器的外形剖面图

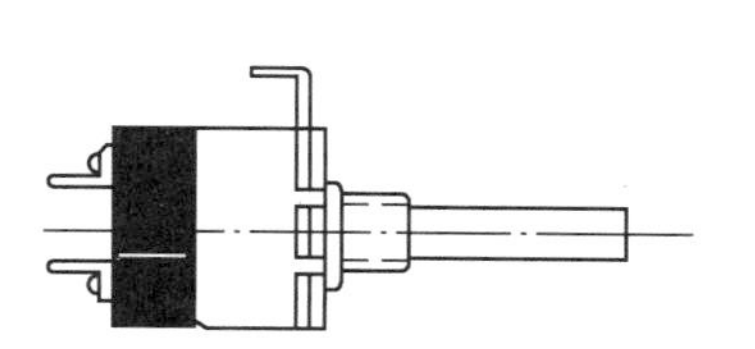

图 1-10 带电源开关电位器的外形结构图

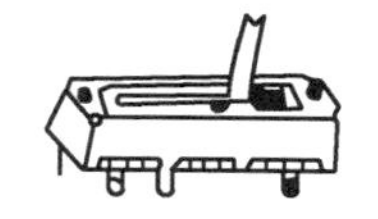

图 1-11 直滑式电位器的外形结构图

3. 电阻器和电位器的主要参数

（1）电阻器的主要参数

① 标称阻值与允许误差

标识在电阻器上的阻值称为标称阻值。但电阻的实际值往往与标称阻值有一定差距，即误差。两者之间的偏差允许范围为允许偏差，它标志着电阻器的阻值精度。通常电阻器的阻值精度可由下式计算：

$$\delta=\frac{R-R_{\mathrm{R}}}{R_{\mathrm{R}}}\times 100\%$$

式中 δ——允许误差；

R——电阻器的实际阻值（Ω）；

R_{R}——电阻器的标称阻值（Ω）。

按规定，电阻器的标称阻值应符合阻值系列所列数值。常用电阻器标称阻值系列见表 1-3。电阻器的精度等级见表 1-4。

表 1-3 常用电阻器标称阻值

允许误差	标称阻值×10^nΩ（n 为整数）											
±5%（E_{24} 系列）	1.0	1.1	1.2	1.3	1.5	1.6	1.8	2.0	2.2	2.4	2.7	3.0
	3.3	3.6	3.9	4.3	4.7	5.1	5.6	6.0	6.8	7.5	8.2	9.1
±10%（E_{12} 系列）	1.0		1.2		1.5		1.8		2.2		2.7	
	3.3		3.9		4.7		5.6		6.8		8.2	
±20%（E_6 系列）	1.0				1.5				2.2			
	3.3				4.7				6.8			

表 1-4 电阻值的精度等级

精度等级	005	01（或 00）	02（或 0）	I	II	III
允许误差	±0.5%	±1%	±2%	±5%	±10%	±20%

a. 文字符号直标法：用阿拉伯数字和文字符号两者有规律的组合来表示标称阻值、额定

功率、允许误差等级等。符号前面的数字表示整数阻值，后面的数字依次表示第一位小数阻值和第二位小数阻值，其文字符号所表示的单位见表 1-5。如 1R5 表示 1.5Ω，2K7 表示 2.7kΩ，

表 1-5　文字符号直标法中文字符号所表示的单位

文字符号	R	K	M	G	T
表示单位	欧姆(Ω)	千欧姆(10^3Ω)	兆欧姆(10^6Ω)	千兆欧姆(10^9Ω)	兆兆欧姆(10^{12}Ω)

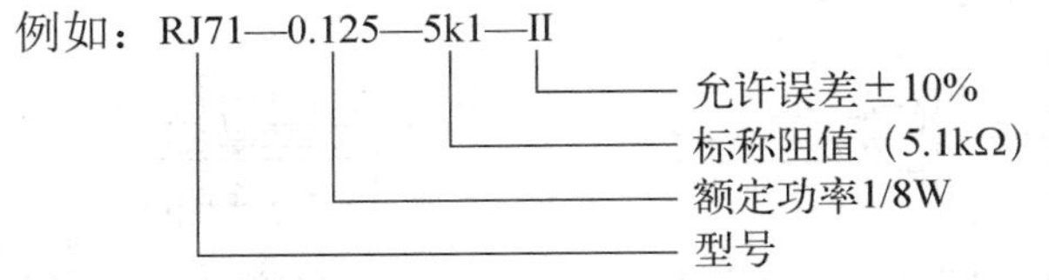

由标号可知，它是精密金属膜电阻器，额定功率为 1/8W，标称阻值为 5.1kΩ，允许误差为±10%。

b. 色标法：色标法将电阻器的类别及主要技术参数的数值用颜色（色环或色点）标注在它的外表面上。色标电阻（色环电阻）器可分为三环、四环、五环三种标法。其含义如图 1-12 和图 1-13 所示。

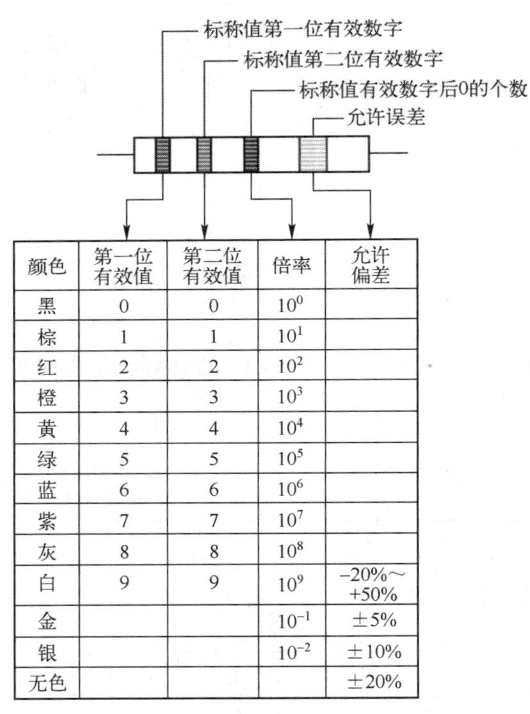

颜色	第一位有效值	第二位有效值	倍率	允许偏差
黑	0	0	10^0	
棕	1	1	10^1	
红	2	2	10^2	
橙	3	3	10^3	
黄	4	4	10^4	
绿	5	5	10^5	
蓝	6	6	10^6	
紫	7	7	10^7	
灰	8	8	10^8	
白	9	9	10^9	−20%～+50%
金			10^{-1}	±5%
银			10^{-2}	±10%
无色				±20%

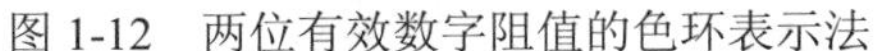
图 1-12　两位有效数字阻值的色环表示法

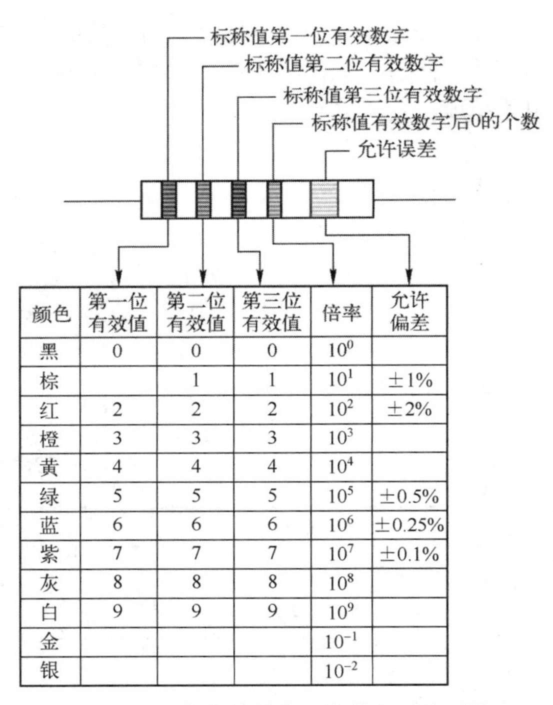

颜色	第一位有效值	第二位有效值	第三位有效值	倍率	允许偏差
黑	0	0	0	10^0	
棕		1	1	10^1	±1%
红	2	2	2	10^2	±2%
橙	3	3	3	10^3	
黄	4	4	4	10^4	
绿	5	5	5	10^5	±0.5%
蓝	6	6	6	10^6	±0.25%
紫	7	7	7	10^7	±0.1%
灰	8	8	8	10^8	
白	9	9	9	10^9	
金				10^{-1}	
银				10^{-2}	

图 1-13　三位有效数字阻值的色环表示法

三色环电阻器的色环表示标称电阻值（允许误差均为±20%）。例如，色环为棕黑红，表示 10×10^2=1.0kΩ±20%的电阻器。

四色环电阻器的色环表示标称值（二位有效数字）及精度。例如，色环为棕绿橙金表示 15×10^3=15kΩ±5%的电阻器。

五色环电阻器的色环表示标称值（三位有效数字）及精度。例如，色环为红紫绿黄棕表示 $275\times10^4=2.75\mathrm{M}\Omega\pm1\%$ 的电阻器。

一般四色环和五色环电阻器表示允许误差的色环的特点是该环离其他环的距离较远。较标准的表示应是表示允许误差的色环的宽度是其他色环的（1.5～2）倍。

有些色环电阻器由于厂家生产不规范，无法用上面的特征判断，这时只能借助万用表判断。

② 电阻器的额定功率

额定功率是指电阻器在交流或者直流电路中，在正常工作情况下，电阻器长期连续工作所允许承受的最大功率。对于同一类电阻器，额定功率的大小取决于它的几何尺寸和表面面积。电阻器的额定功率系列见表 1-6。

表 1-6 电阻器的额定功率系列

种　类	额定功率系列/W
线绕电阻器	0.05　0.125　0.25　0.5　1　2　4　8　10　16　25　40　50　75　100　150　250　500
非线绕电阻器	0.05　0.125　0.25　0.5　1　2　5　10　25　50　100
线绕电位器	0.25　0.5　1　1.6　2　3　5　10　16　25　40　63　100
非线绕电位器	0.025　0.05　0.1　0.25　0.5　1　2　3

表示电阻功率的通用符号见表 1-7。

表 1-7 电阻功率的通用符号

图形符号	名　称
─[/]─	1/4W 电阻
─[—]─	1/2W 电阻
─[I]─	1W 电阻
─[II]─	2W 电阻
─[V]─	5W 电阻
─[X]─	10W 电阻
─[20W]─	20W 电阻

说明：功率大于 10W，小于 1/4W 的电阻，用阿拉伯数字标注，例如 20W。

如果电阻器符号上没有瓦数的标识，就表明对该电阻器功率要求不严格，我们可以根据其体积大小来判断功率。

③ 电阻器的最大工作电压（极限工作电压）

最大工作电压是指电阻器长期工作而不发生过热或击穿损坏等现象的电压。电阻器的最大工作电压用下式计算：

$$U_{\mathrm{MAX}}=\sqrt{P_{\mathrm{R}}\cdot R_{\mathrm{LJ}}}$$

式中 U_{MAX}——最大工作电压（V）；

P_{R}——额定功率（W）；

P_{LJ}——临界阻值（Ω）。

临界阻值由电阻器的额定功率及它的结构、外形尺寸等因素确定。

在实际使用中，当 $R<R_{\mathrm{LJ}}$ 时，一定要使电阻器在低于额定工作电压下工作。当 $R>R_{\mathrm{LJ}}$ 时，则必须低于最高工作电压，以免烧坏或产生极间击穿和飞弧现象。

（2）电位器的参数

电位器除与电阻器有相同的参数外，还有以下特定的几个参数。

① 最大阻值和最小阻值

电位器的标称阻值是指该电位器的最大阻值。最小阻值又称为零位阻值。由于触点存在接触电阻，因此最小电阻值不可能为零。

② 阻值变化特性

它是指阻值随活动触点的旋转角度或滑动行程的变化而变化。这种变化可以是任何函数形式。常用的有直线式、对数式和反对数式，分别用 X、Z、D 表示。它们的变化规律如图 1-14 曲线的所示。

- 直线式电位器，其阻值变化和转角呈线性关系，此类电位器多用在分压电路中。
- 对数式电位器，该类电位器开始转动时阻值变化小，转动角度增加阻值变化大，此类电位器多用在音量控制电路中。
- 反对数式（旧称指数式）电位器，其变化方式与对数式电位器相反，当其转动角度增加时，其阻值反而减小，此类电位器多用于音调控制电路中。

③ 动噪声

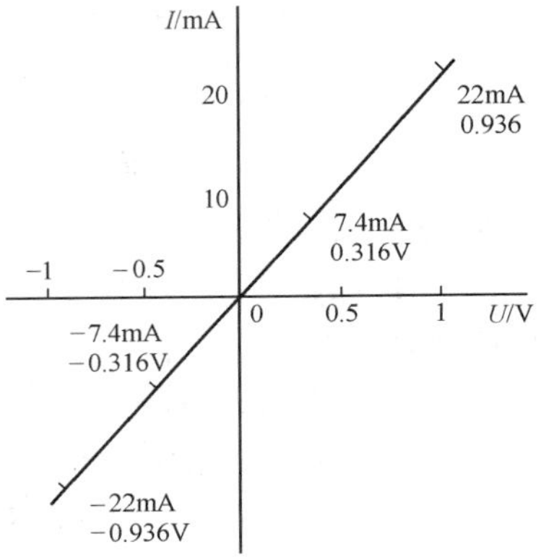

当电位器在外加电压作用下，其动接触点在电阻体上滑动时，产生的电噪声称为电位器的动噪声，其对家用电器及其他电子设备，如电视机、CD 唱机等影响很大，选用时宜用动噪声小的电位器。

图 1-14　用万用表测得的热敏电阻两端伏安特性曲线

1.1.2　电阻器和电位器的测量

1. 电阻器的测量

（1）机械式万用表测量电阻器

用机械式万用表测量电阻器之前，需对其调零，选择要使用的挡位，将红、黑两只表笔短接，调节调零螺母使表头指针阻值为零，然后用表笔接被测固定电阻器的两个引出端，此时表头指针偏转的指示值，即为被测电阻器的阻值。如果指针不摆动，则可将机械式万用表换到阻值较大挡位，并重新调零后再次测量。如果指针仍不摆动，可能该电阻器内部断路，应进行故障检查。如果指针摆动到指示为零，可将机械式万用表置于阻值较小挡位（每次换挡均需调零后才能进行测量）。在测量时，注意人体手指不要触碰被测固定电阻器的两个引出端，以免影响测量结果。

如果认为用万用表测量电阻器的阻值精度不够准确，则可以用晶体管特性图示仪来测量，测量方法类似测量普通二极管的方法，但要注意在被测电阻器所允许的最大功耗内进行测量。

对于热敏电阻器，在万用表测量之前先测量室温下的电阻值，检测阻值是否正常。

测量热敏电阻器的阻值时，可通过人体对其加热（如用手拿住），使其温度升高，观察阻值变化。如果体温不足以使其阻值产生较大变化，则可用发热元件（如灯泡、电烙铁等）进行加热。当温度升高时，其阻值增大，则该热敏电阻是正温度系数的热敏电阻；若其阻值降低，则是负温度系数的热敏电阻。

另外，可用万用表测量热敏电阻两端电压来绘制伏安特性曲线，并据此判断热敏电阻的好坏。具体方法如下。

首先要了解机械式万用表各欧姆挡的短路电流和开路电压。例如，500 型万用表，其 R×1Ω、R×10Ω、R×100Ω、R×1kΩ 挡的短路电流分别为 100mA、10mA、1mA、100μA（两表笔短接，表针指示到零欧姆时，流过表笔的电流）；它们的开路电压均为 1.2V（指两表笔开路，表针指示为无穷大时，两表笔之间的电压）。

测量时，首先用 R×1Ω挡，从直流电压和电流刻度上读出通过该电阻的电流为 22mA，两端电压为 0.936V，测得阻值为 42Ω；再将机械式万用表置于 R×10Ω挡，这时短路电流为 7.4mA，开路电压为 0.316V，读出阻值仍为 42Ω。再将表笔对调，重复进行上述测量，把 4 组电流和电压值标示在图 1-14 的直角坐标上，绘制出伏安特性曲线。如果特性曲线接近直线，说明该被测热敏电阻特性良好；如果曲线弯曲，则说明该被测热敏电阻特性不好。

（2）数字式万用表测量电阻器

由于本教材选用的数字式万用表型号为 VC9807A，因此后面凡涉及数字万用表的，均为 VC9807A 型数字式万用表。

将量程开关拨至欧姆挡的合适量程，把黑表笔插入 COM 插孔，红表笔插入 V/Ω插孔。注意在数据读取时，在 200Ω挡，单位是Ω；在 2K 到 200K 挡，单位为 kΩ；2M 以上的，单位是 MΩ。将红、黑两只测试表笔分别连接到待测电阻器的两只管脚上，两只表笔不分正负。在测量某个单只电阻器时，可以用手将电阻器的某一支管脚和测试表笔捏在一起，再用另一支表笔连到电阻器的另一支管脚上，这样可以保持表笔和电阻器有良好的接触，便于读取数据。注意不要将手指同时捏住电阻器两个管脚，这样人体电阻会使测量结果偏小，影响测量的精确度。

需要注意的是，如果用数字式万用表对在线电阻器进行测量，在测量之前，必须先关断电路电源，再对电阻器进行测量，否则会对万用表或电路板造成不必要的损坏。

如果进行低电阻器的精确测量，必须从测量值中减去测量导线的电阻。典型的测试导线的阻值在 0.2Ω到 0.5Ω之间。如果测试导线的阻值大于 1Ω，就要更换测试导线。如果被测电阻值超出所选择量程的最大值,将显示过量程 1，此时应将量程开关拨到更高的量程，对于大于 1MΩ或更高的电阻,要几秒钟后读数才能稳定。如果数据一直显示过量程 1，则可能该电阻器内部断路，应进行故障检查。

将测量所得到的数据记录到表 1-8 中。

表 1-8　电阻测量记录表

序号	色环	标称阻值	允许误差	实际阻值	实际误差	质量
1						
2						
3						
4						
5						
6						
7						
⋮						

2. 电位器的测量

可以使用一些小技巧对电位器的质量进行初步的判断。转动电位器的旋柄，观察旋柄转动是否平滑，如果转动不平滑，并可听到电位器内部接触点和电阻体发出“沙沙”声，说明质量不好。再观察电位器的开关是否灵活，通常情况下，电位器的开关在通断时能发出清脆的“咔嗒”声。

也可以用万用表对电位器的好坏进行检测。因不涉及具体电阻值的测量，以下测量方法对机械式万用表和数字式万用表都适用。在电位器测量前，首先测量两端的两片焊片之间的阻值，也就是其标称阻值，看其是否与标注值相符合。再检查电位器的开关接触是否良好。用万用表的低阻值挡来测量，表笔接两焊片，调节开关通断，观察万用表的阻值变化情况。最后，测量电位器动触点的接触状况。测量端点为中间焊片和两端的任意一片焊片。测量时，缓缓旋转转轴，观察电位器的阻值是否在零及标称阻值之间连续变化。若万用表读数连续变化，则电位器动触点接触良好；否则该电位器动触点的接触不良，或电阻片的碳膜涂层不均匀，有严重污染。

同轴电位器的测量与通用电位器原理相似。测试电路如图 1-15 所示。

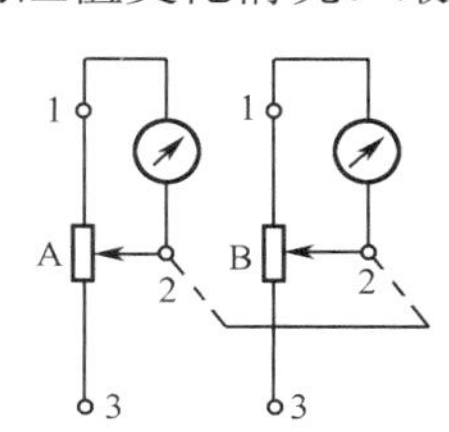

图 1-15　同轴电位器的测试电路

先分别测量电位器 A 的 1、3 两端及电位器 B 的 l、3 两端的电阻值，这两个阻值应与标称值相符。然后将电位器逆时针旋到底，将两只万用表分别接电位器 A 的 1、2 两端和电位器 B 的 1、2 两端，顺时针旋转同轴电位器的轴柄，观察两块万用表的阻值是否同步变化。

再用同样方法测量同轴电位器 A 的 2、3 两端和电位器 B 的 2、3 两端阻值变化是否同步，读数是否连续。性能良好的同轴电位器，标称阻值应相等或近似相等，在旋转轴柄时同步误差（阻值误差）极小，且无阻值突变的情况。

1.1.3 电阻器和电位器的选用与代用

1. 电阻器的选用与代用

（1）电阻器的选用

① 型号的选取

根据各种电阻器的特点，对于一般的电子线路和电子设备，可以使用普通的碳膜或碳质电阻器，它们价格便宜，货源充足；对于高品质的扩音机、录音机、电视机等，应选用较好的碳膜电阻、金属膜电阻或线绕电阻，以便提高精度；对于测量电路或仪表、仪器电路，应选用精密电阻器，以满足高精度的需要；在高频电路中，应选用表面型电阻器或无感电阻器等分布参数小的电阻器。

② 阻值和精度的选取

电阻值应根据电路实际需要的计算值选择系列表中近似的标称值。若有高精度要求的，则应选择精密电阻器。

③ 额定功率的选择

电阻器的额定功率应选得比计算的耗散功率大，在一般情况下，选择为耗散功率的两倍以上。耗散功率可由下式计算：

$$P_{\mathrm{H}}=I^2R \qquad 或 \qquad P_{\mathrm{H}}=U^2/R$$

式中 P_{H}——电阻的耗散功率（W）；

I——通过电阻的平均电流或交流电流有效值（A）；

U——电阻两端的电压（V）；

R——电阻值（Ω）。

若要求功率较大，应选用功率电阻器。如果是进行电器的电路维修或电路的安装，则在选用电阻器的功率时，原则上按照电路图上标注的数据即可。

当电阻器在脉冲状态下工作时，只要脉冲平均功率不大于额定功率即可。

④ 注意最高工作电压的限制

在选用电阻器时，电阻器的耐压应高于工作电压。电阻器在高压使用时，对于高阻值电阻器，其应用值应小于最高工作电压。

（2）电阻器的代用

当电阻器损坏而一时又找不到相同规格的新元件替换时，可采用下列方法代用：

① 串联小电阻以代用大电阻。将两个或两个以上的小电阻串联连接，可以代用大电阻。串联电阻的总和等于各电阻的阻值之和。

② 并联大电阻以代用小电阻。将两个或两个以上的大电阻并联后可以代用小电阻。并联电阻总和的倒数等于各个电阻的倒数之和。

③ 将小功率电阻串联后代用大功率电阻。将两个或两个以上的小功率电阻串联后，总

功率为各电阻的功率之和。

④ 在不考虑体积和价格的情况下，在相同标称阻值时，大功率电阻可代用小功率电阻；金属膜电阻可代用碳膜电阻；可调电阻可代用固定电阻。

2. 电位器的选用

（1）电位器结构和尺寸的选择

选用电位器时应注意尺寸大小和旋转轴柄的长短，轴端式样和轴上是否需要紧锁装置等配合电路装配要求。

（2）电位器额定功率的选择

电位器的额定功率可用固定电阻器的功率公式计算，但式中的电阻值应取电位器的最小电阻值；电流值应取电阻值为最小时流过电位器的电流值。

（3）电位器阻值变化特性的选择

应根据用途选择，可参考有关章节内容。另外，电位器还需选轴旋转灵活，松紧适当，无机械噪声的。对于带开关的电位器，需要检查开关是否良好。

注意：电位器上由于带有转动机构，不可能进行有效的密封，因此不能在高温下使用。

1.1.4 电阻器与电位器的常见故障

1. 电阻器的常见故障

① 阻值变化。用万用表检查时可发现实际阻值与标称阻值相差很大，一般都是阻值变大，超过了允许的偏差范围。阻值变化无法修复时，只有换新的电阻器。

② 断路。断路故障有的可用眼睛检查，如引线折断、脱落、松动、断裂等；有的则必须用万用表测量，正确测量时若万用表读数为无穷大，此时应换新的电阻器。

③ 内部接触不良。固定式电阻器多因内部接触不良，工作时会有微小跳火现象，给电子电器带来杂音、噪声、时通时停等故障。

2. 电位器的常见故障

① 电位器常因碳膜磨损而接触不良。从外观可判断电位器发生接触不良的故障时，可先拆开外壳检查一下损坏的程度，如果只是轻度磨损造成的接触不良，可用无水酒精或四氯化碳棉球将碳膜擦洗干净，然后适当调整滑臂在碳膜上的压力即可。

② 电位器开关结构损坏有三种情况：一是关不断或开不通；二是接触不良，通断不灵；三是开关部分脱落。这三类故障都可用万用表查出和用眼睛看出。修理时，对于第一种和第三种情况，必须更换新元件。对于第二种情况，可根据出现的问题对开关进行修理。若接触不良是因触点氧化，可刮净排除；若是因小弹簧弹力减退造成的接触不良，换新弹簧即可。

1.2 电　容　器

电容器具有充放电能力，在无线电工程中占有非常重要的地位。在电路中它可用于调谐、隔直流、滤波、交流旁路等。电容器用符号 C 表示。电容的国际单位为法拉，简称法（F）。常用的单位有微法（μF）和皮法（pF）等。电容单位之间的换算关系为

$$1F=10^3mF; \quad 1mF=10^3\mu F; \quad 1\mu F=10^3nF; \quad 1nF=10^3pF$$

1.2.1 电容器的命名、分类及参数

1. 电容器的型号命名

根据标准 SJ—73 的规定，国产电容器的型号由下列五部分组成。

第一部分：主称，用字母表示（一般用 C 表示）。

第二部分：材料，用字母表示，具体含义见表 1-9。

表 1-9 电容器材料、特征表示方法表

材料		特征				
符号	意义	符号	意义			
			瓷介电容器	云母电容器	有机电容器	电解电容器
C	瓷介	1	圆片	非密封	非密封	箔式
Y	云母	2	管形	非密封	非密封	箔式
I	玻璃釉	3	叠片	密封	密封	烧结粉液体
O	玻璃膜	4	独石	密封	密封	烧结粉固体
B	聚苯乙烯	5	穿心	—	穿心	—
Z	纸介	6	—	支柱	—	—
J	金属化纸介	7	—	—	—	无极性
H	混合介质	8	高压	高压	高压	—
L	涤纶	9	—	—	特殊	特殊
F	聚四氟乙烯	G	高功率	—	—	—
D	铝电解	W	微调	微调	—	—
A	钽电解	X	—	—	—	小型

第三部分：特征，用字母或数字表示，具体含义见表 1-9。

第四部分：序号，用数字表示。对主称、材料相同，仅尺寸、性能指标略有不同，但基本不影响互使用的产品，给予同一序号；若尺寸性能指标的差别明显，影响互换使用时，则在序号后面用大写字母作为区别代号。

第五部分：区别代号，用字母表示。区别代号是当电容器的主称、材料特征相同，而尺寸、性能指标有差别时，在序号后用字母或数字予以区别。

（1）铝电解电容器

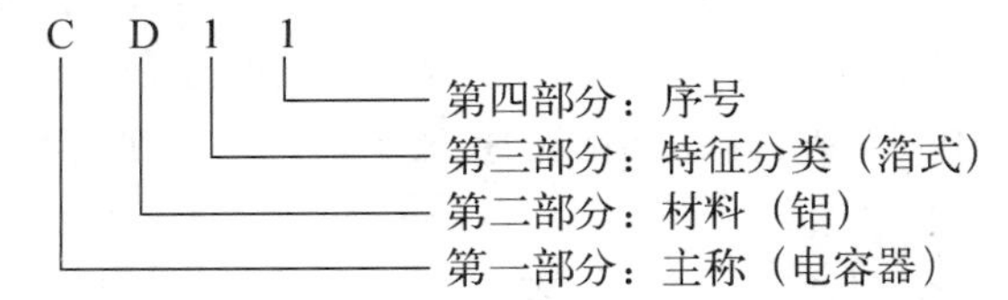

（2）圆片形瓷介电容器

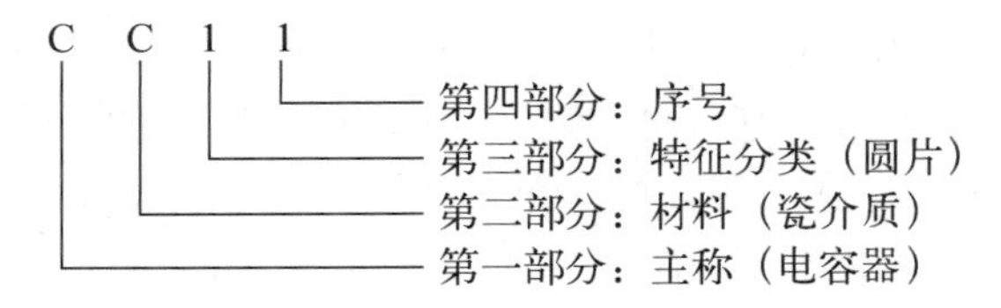

（3）纸介金属膜电容器

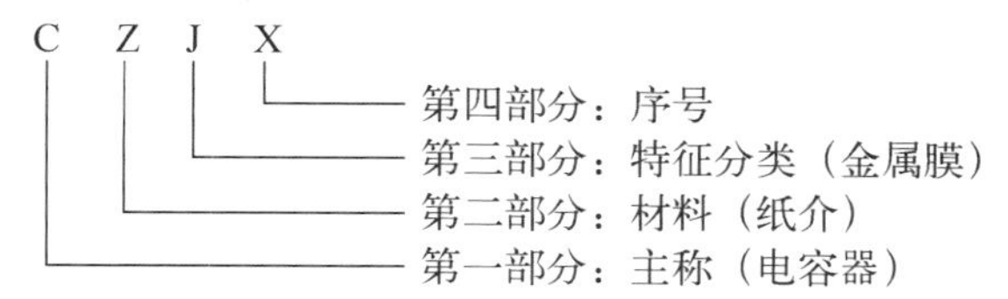

2. 电容器的分类

电容器的种类很多，分类方法也各有不同。根据介质材料不同电容器可分为：气体介质电容器（空气电容器、真空电容器、充电电容器）、液体介质电容器（油浸电容器）、无机固体介质电容器（纸介电容器、涤纶电容器）、电解介质电容器（液式、干式）、复合介质电容器（纸膜混和电容器）。从结构上分可分为固定电容器、可变电容器和微调电容器。

接下来介绍几种常用电容器的结构、性能特点和用途。

（1）瓷介电容器

图 1-16 所示为圆片形和管形瓷介电容器的外形结构图。

瓷介电容器以陶瓷材料作为介质，它的电极在瓷片表面，是用烧结渗透的方法形成银层面构成的，并焊上引出线。

瓷介电容器的耐热性好、稳定性好、耐腐蚀性好，且体积小、绝缘性好。瓷介电容器介质损耗小，常用于高频电路中，且介质材料丰富，结构简单，易于开发新产品。但其容量较小，机械强度低。

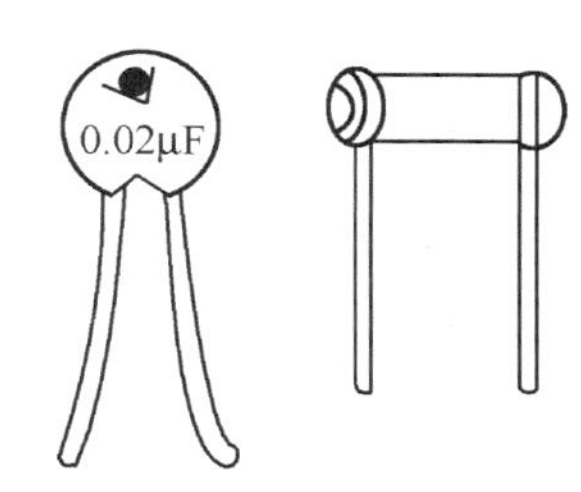

图 1-16　圆片形和管形瓷介电容器的外形结构图

（2）云母电容器

云母电容器是用云母作为介质，在两块铝箔或钢片间夹上云母绝缘层，从金属箔片上接出引线构成的。这两块金属箔是电容器的极片，图 1-17（a）为其内部结构。现多在云母表面直接喷涂上银层，而作为电容器的电极。如果把许多隔有云母的电极叠合起来，便构成一个容量较大的云母电容器，如图 1-17（b）所示。常见的云母电容器的外壳是用胶木粉压制成的。图1-17（c）所示为其外形结构图。

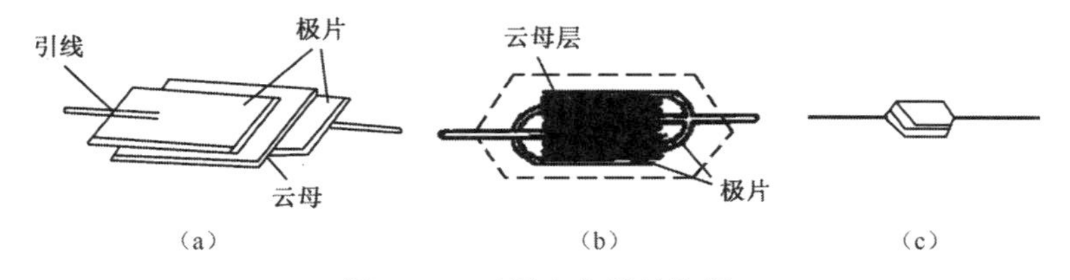

图 1-17　云母电容器结构图

云母电容器稳定性高、精密度高、可靠性高、温度特性好、频率特性好、绝缘电阻高，是优良的高频电容器之一。

（3）有机薄膜介质电容器

有机薄膜介质电容器是以聚苯乙烯、聚四氟乙烯、聚碳酸酯等有机薄膜作为介质，以铝箔为电极或者直接在薄膜上蒸发一层金属膜为电极，再经卷绕封装而制成的电容器，其外形图如图 1-18 所示。

有机薄膜电容器的体积小，绝缘电阻较大，漏电极小，耐压较高。其耐压小的为 3～100V，一般为 250～1000V，有的高达 3000V。

这类电容器的耐热性较差，在焊接时应注意焊接时间及引脚长度。

（4）金属化纸介电容器

金属化纸介电容器是用真空蒸发的方法在涂有漆的纸上蒸发极薄的金属膜作为电极，用这种金属化纸卷成芯，套上外壳，加上引线后封装而成的，其结构示意图如图 1-19 所示。

金属化纸介电容器的体积小、容量大，具有自愈能力，但其稳定性、老化性能、绝缘电阻都比瓷介电容器、云母电容器等差，适用于对频率和稳定性要求不高的电路。

（5）电解电容器

电解电容器的介质是一层极薄的附着在金属极板上的氧化膜，其阳极是附着有氧化膜的金属极，阴极则是液体、半液体和胶状的电解液。

电解电容器按阳极材料不同可分为铝电解、钽电解、铌电解电容器，其外形图如图 1-20 所示。

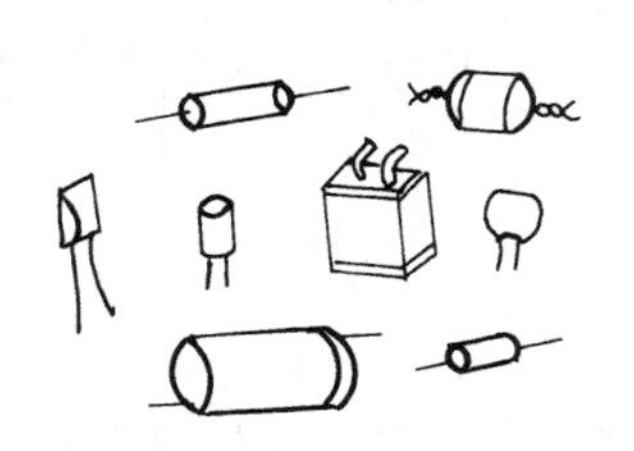

图 1-18　有机薄膜介质电容器外形图

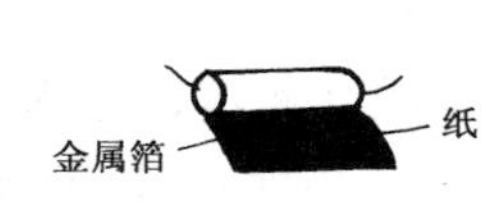

图 1-19　金属化纸介电容器结构示意图

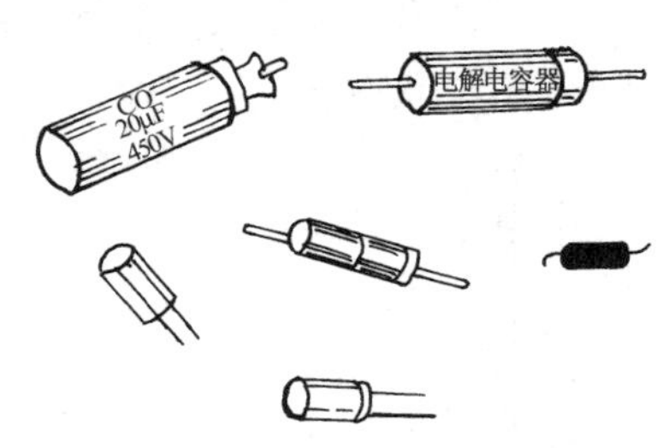

图 1-20　电解电容器外形图

铝电解电容器一般简称为电解电容器。铝电解电容器单位体积的电容量大，重量轻；介电常数比较大，且价格不贵，在低压时优点突出。但其时间稳定性差，不易存放，电容量误差大，耐压不高。

钽电解电容器分为固体钽电解电容器和液体钽电解电容器。前者正极是用钽粉压块烧结而成的，介质为氧化钽；液体钽电解电容器的负极为液体电解质，并采用银外壳。常见的钽电解电容器外形图如图 1-21 所示。

钽电解电容器容量大，性能较铝电解电容器稳定、绝缘电阻高、漏电流小、寿命长，可长期存储使用；使用温度范围广，可在–55℃～+85℃下工作，但价格高。一般它仅在要求高的电路中使用。

在使用各种具有极性的电解电容器时一定要注意分辨其正负极。

（6）玻璃釉电容器

玻璃釉电容器是将钠、钙、硅等化合物的玻璃釉混合，经烧结而制成薄片，在薄片上敷涂银电极后，根据不同的容量要求将几片叠在一起焙烧，再在端面上涂银，焊出引线而制成的。为了防潮，电容器外面还涂有一层绝缘漆。它的外形图如图 1-22 所示。

玻璃釉电容器耐高温、抗潮湿性强、损耗小，在温度高、相对潮湿度大的情况下其工作性能可以与云母电容器和瓷介电容器相比。

（7）可变电容器

可变电容器常由一组或几组同轴的单元组成，前者称单联，后者称多联，如双联、三联等，并在各组单元之间由金属屏蔽板隔开，以防止寄生耦合。

可变电容器的介质有空气、固体介质等。它的极片由两组相互平行的铜或铝金属片组成，其中一组平行片（动片）可旋转进入另一组平行片（定片）的空隙内，通常旋转的角度是 180°。随着转入有效面积的改变，电容量也变化。全部旋入，容量最大。可变电容器的典型外形结构图如图 1-23 所示。

图 1-21　钽电解电容器外形图

图 1-22　玻璃釉电容器外形图

图 1-23　可变电容器的典型外形结构图

可变电容器的种类很多，常用的有以下几类。

① 单联可变电容器：由一个单元的动、定片组成。

② 等容双联可变电容器：由两组同轴可变电容器组成，其外形图如图 1-24 所示。

③ 差容双联可变电容器：由两组不同容量的同轴可变电容器组成。图 1-25 所示为差容空气介质双联可变电容器，多用于电子管超外差收音机上。

图 1-26 所示为差容密封双联可变电容器，它们采用薄膜作为介质，多用在袖珍式收音机上。为减小收音机的体积，在双联的后面还附有两个微调电容器。

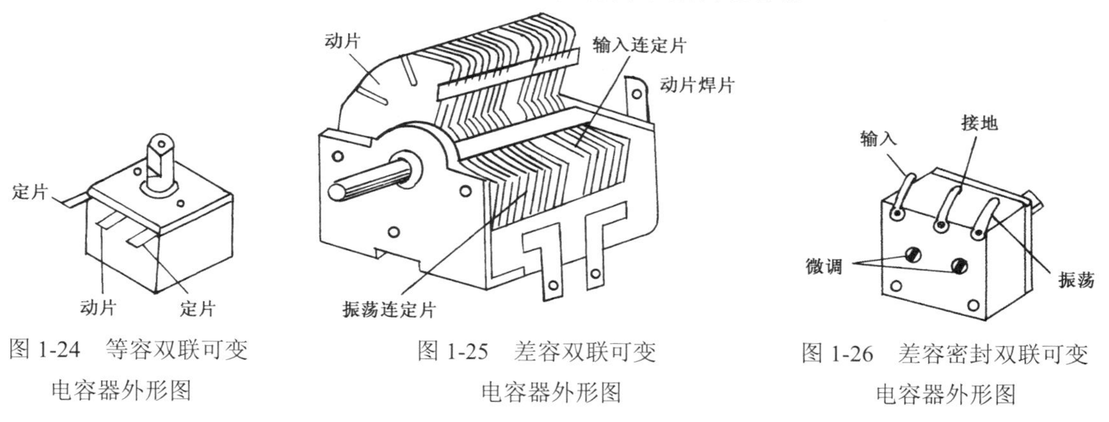

图 1-24　等容双联可变电容器外形图

图 1-25　差容双联可变电容器外形图

图 1-26　差容密封双联可变电容器外形图

注意：在使用可变电容器时，必须把动片可靠接地，否则会引起噪声信号。

④ 微调电容器：微调电容器能对电容量进行微量调节，常用云母、陶瓷或聚苯乙烯等材料作为介质。在高质量的通信设备和电子仪器中，也有用空气作为微调电容器介质的，常用于电路中的补偿电容或校正电容。

3. 电容器的主要参数

电容器的参数很多，使用时，一般仅以电容器的容量和额定工作电压作为主要选择依据。

标识在电容器上的电容量称为标称容量。在实际生产中，电容器的电容量具有一定的分散性，无法做到和标称容量完全一致。电容器的标称容量与实际容量的允许最大偏差范围称为电容量的允许偏差。允许偏差可从下式求得

$$\delta = \frac{C - C_{\mathrm{R}}}{C_{\mathrm{R}}} \times 100\%$$

式中　δ——允许偏差；

C——电容器的实际容量（F）；

C_R——电容器的标称容量（F）。

电容器的精度等级见表 1-10。

表 1-10　电容器的精度等级

精度级别	00（01）	0（02）	Ⅰ	Ⅱ	Ⅲ	Ⅳ	Ⅴ	Ⅵ
允许偏差/%	±1	±2	±5	±10	±20	+20 −10	+50 −20	+100 −30

电容器的规格标识有两种表示方法。

① 直接标识法：即用文字、数字或符号直接打印在电容器上的表示方法。它的规格标识一般为“型号—额定直流工作电压—标称容量—精度等级”。

例如：CJ 3—400—0.01—Ⅱ，表示密封金属化纸介电容器，额定直流工作电压为400V，电容量为 0.01μF，允许误差±10%。

另外可用数字和字母结合标识，例如 100nF 用 100n 表示。

还可用三位数字直接标识的，第一、二位数为容量的有效数位，第三位为倍数，表示有效数字后面零的个数，单位为 pF。

电容器允许误差标识符号见表 1-11。

② 色环表示法：用三到四个色环表示电容器的容量和允许误差。各颜色所代表的意义见表 1-12。

表 1-11　电容器允许误差标识符号

符号	允许误差/%	符号	允许误差/%
E	±0.001	F	±1
X	±0.002	G	±2
Y	±0.005	J	±5
H	±0.01	K	±10
U	±0.02	M	±20
W	±0.05	N	±30
B	±0.1	R	+100～−10
C	±0.2	S	+50～−20
D	±0.5	Z	+80～−20

表 1-12　电容器的容量和允许误差色环表示法

颜色	有效数字	乘数	允许误差	颜色	有效数字	乘数	允许误差
银	—	$\times10^{-2}$	±10	绿	5	$\times10^{5}$	±0.5
金	—	$\times10^{-1}$	±5	蓝	6	$\times10^{6}$	±0.2
黑	0	$\times10^{0}$	—	紫	7	$\times10^{7}$	±0.1
棕	1	$\times10^{1}$	±1	灰	8	$\times10^{8}$	—
红	2	$\times10^{2}$	±2	白	9	$\times10^{9}$	+5～−20
橙	3	$\times10^{3}$	—	无色	—	—	±20
黄	4	$\times10^{4}$	—				

图 1-27 所示为色环表示法电容器。

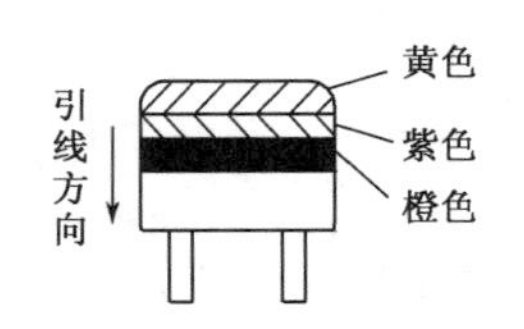

（a）电容值：47×10^3pF=0.047μF

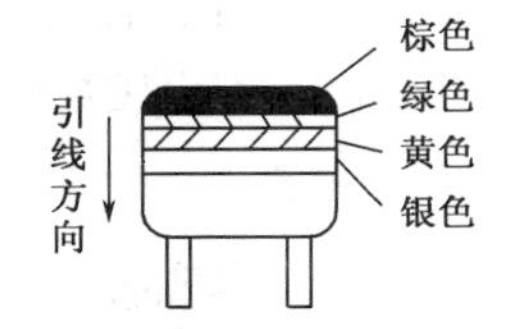

（b）电容值：15×10^4pF±10%=0.15μF±10%

图 1-27　色环表示法电容器

1.2.2　电容器的测量

1．机械式万用表测量电容器

简单、粗略地检测电容器是否漏电、断路、短路，可以用万用表的最高量程，将两只表笔分别接触电容器的两个引出端，观察表头指针是否先顺时针方向跳动再慢慢回到无穷大方向。如果回不到无穷大，则表头指针所指数值，就是其漏电电阻阻值。除电解电容外，其漏电电阻阻值一般都在几兆欧姆以上。此方法一般适宜测量 0.02μF 以上容量的电容器。

用万用表测量电容器的容量，可利用一个 10V 交流电源作为测试电源，万用表置交流 10V 电压挡。万用表、测量电源、被测电容器按图 1-28 所示连接。

如果万用表有电容刻度线，可直接读出被测电容器的电容值。对于没有电容刻度线的万用表，可读出表针在交流 10V 刻度线上的位置，然后根据测得的电压按照相应的数据计算出电容值。

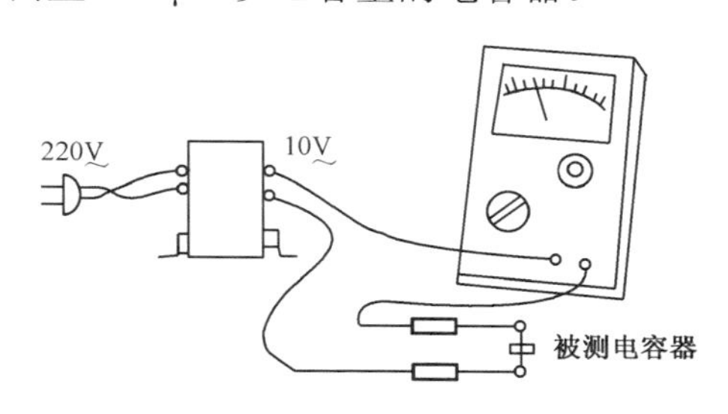

图 1-28　用万用表测量电容器容量示意图

用万用表的欧姆挡可检测电容器的漏电情况。

置万用表于 R×1K 挡，校零后，两表笔分别接在被测电容器的两引出极上，测一般电容器，表笔不分极性。表头指针首先顺时针偏转（偏转幅度由被测电容器的容量决定），然后缓缓逆时针偏转。表针静止时所指的阻值，即为该电容器的漏电电阻。

一般电容器的漏电电阻（绝缘电阻）较大，但电解电容器的在几兆欧姆左右，如果所测的阻值远小于上述阻值，则被测电容器漏电严重，无法正常使用。

如果被测电容器的容量在 0.01μF 以上，将万用表置于 R×10K 高阻量程挡，而表头指针并不摆动，则说明该被测电容器内部可能已断路。但当电容器容量较小（指小于 5000pF）时，由于充放电的时间太短，表头指针摆动不明显，则需要根据情况进行判断。

另外，测量前要注意对万用表进行调零，以免产生误差。

电解电容器的引出极有正（+）、负（–）极性的区别，可用万用表测其正、反向漏电电阻来判断其正、负极性。其正向漏电电阻要比反向漏电电阻大。测量时将红、黑两表笔分别接电容器的两端，然后将红、黑两表笔对调再测量，比较两次的阻值。阻值大的一次，黑表笔所接的一端为正极，红表笔所接的一端为负极（此处为机械式万用表表笔接法，具体正负极的确定应根据万用表红黑表笔所接电压的高低来判断）。

一般情况下，电解电容器上都标出了极性，当极性标识模糊时，可用以上方法判别。

双联可变电容器的两组与轴柄相连的动片是用一个焊片引出的，而两组的定片则用两个焊片引出，定片与动片之间都是绝缘的，因此用万用表欧姆挡测量时动片与定片之间都不应出现较小阻值，且旋转双联的动片至任何位置，情况应该相同。如果它们之间导通了，就说明动片与定片短路了。

另外，可变电容器旋轴和动片应有稳固的连接。当转动旋转轴时，用手轻摸动片组的外缘，不应感觉有任何活动现象。如已松动，则不应采用。

2. 数字式万用表测量电容器

在用数字万用表测量电容器时，要注意对电容器进行放电处理。特别是对于刚从线路板上取下的大容量电容器，一定要对其进行放电处理，否则电容器产生的放电电荷会对数字万用表造成损坏。放电方法为用数字万用表表笔的金属笔头对电容器两个管脚进行短接处理，或用手指将两个管脚捏在一起接触一下即可。

用数字万用表也可以粗步判断电容器是否漏电、断路、短路。将数字万用表拨至电阻挡，为保证有一定的充电过程，电容值越小，选用的电阻挡应越大。在电容器进行短路处理后，将红表笔接电容正极，黑表笔接电容负极，数字万用表内部的基准电源将对电容器进行充电。正常时，数字万用表显示的数值将从一低值开始逐渐升高，直至显示溢出为 1。如果充电开始即显示溢出 1，说明电容断路。如果电容始终显示有一定电阻值或为 0，说明电容漏电或已短路。

需要注意的是，上述方法能测量的电容范围在 0.1μF 以上。电容值小于 0.1μF 时，由于充电时间太短，数字万用表将始终显示溢出 1。

将量程开关调到电容量程 C(F)挡的合适量程，在转换量程的过程中，存在有一定的复零时间和漂移读数，这不会影响到测量的精度。下一步就将电容器的两个管脚插入专用的电容测试插槽中。对于无极性电容器，如瓷介电容器可不用区分正负极，直接插入电容测试插槽中。对于有极性的电容，如电解电容器，需把“+”极管脚插到数字万用表“+”极性插槽，而将“-”极管脚插到数字万用表“-”极性插槽。注意在测量大电容时，数字万用表的读数需要一定时间才能稳定下来。

将测量电容器所得到的数据填入表 1-13。

表 1-13　电容测量记录表

序号	类型	标称电容值	实际电容值	误差	质量
1					
2					
3					
4					
5					
6					
7					
⋮					

1.2.3　电容器的选用与代用

1. 电容器的选用

① 根据电路的要求合理选用型号。例如，纸介电容器一般用于低频耦合、旁路等场合；云母电容器和瓷介电容器适合使用在高频电路和高压电路中；电解电容器（有极性电解电容器只能用于直流或脉动直流电路中）较多使用在电源滤波或退耦电路中。

② 合理确定电容器的精度。在大多数情况下，对电容器的容量要求并不严格。在振荡电路、延时电路及音调控制电路中，电容器的容量则应尽量与要求相一致；而在各种滤波电路及某些要求较高的电路中，其误差值应小于±0.3%～±0.5%。

③ 电容器额定工作电压的确定。一般电容器的工作电压应低于额定电压的 10%～20%。

④ 要注意通过电容器的交流电压和电流。有极性的电解电容器，不宜在交流电路中使用，以免被击穿。

注意：电容器的性能与环境条件密切相关，所以在使用时应注意。在湿度较大的环境中使用的电容器，应选择密封型，以提高设备的抗潮湿性能等；在工作温度较高的环境中，电容器易于老化；在寒冷地区必须选用耐寒的电解电容器。

2. 电容器的代用

电容器损坏后，一般都要用同规格的新电容器代换。若无合适的元件换用，可采用代用法解决，代用的原则如下：

① 在容量、耐压相同，体积不限制时，瓷介电容器与纸介电容器可以互换代用。

② 在价格相同体积不限制时，可用耐压和容量相同的云母电容器代用金属化纸介电容器。

③ 对工作频率、绝缘电阻值要求不高时，同耐压、同容量的金属化纸介电容器可代用

云母电容器。

④ 无条件限制，同容量耐压高的电容器可代用耐压低的电容器，误差小的电容器可代用误差大的电容器。

⑤ 不考虑频率影响，同容量、同耐压的金属化纸介电容器可代用玻璃釉电容器。

⑥ 防潮性能要求不高时，同容量、同耐压的非密封型电容，可代用密封型电容器。

⑦ 串联两只以上不同容量、不同耐压的大电容可代用小电容；串联后电容器的耐压要考虑到每个电容器上的压降都要在其耐压允许范围内。

⑧ 并联两只以上的不同耐压、不同容量的小容量电容器，可代用大电容器，并联后的耐压以最小耐压电容器的耐压值为准。

1.2.4 电容器的常见故障

1. 固定式电容器的常见故障

固定式电容器的常见故障主要是短路、断路、漏电、容量减退四种。

2. 可变电容器的常见故障

可变电容器结构复杂，常见故障要比固定式电容器多得多。现将空气介质和薄膜介质可变电容器的常见故障分述如下。

（1）空气介质可变电容器常见故障

① 定、动片相碰。碰到这种故障，首先观察定、动片相碰情况。如果是所有定、动片都相碰，检查顶轴螺丝是否松动，或顶轴螺丝与轴接触处的钢珠是否失落。如果只有其中一组定、动片相碰，其原因可能是定片组移位造成的。

② 转动不灵活。其原因主要是顶轴螺丝调节不当，或中间轴套钢珠内有杂质。

③ 漏电。漏电故障主要是由动、定片间有异物、灰尘或铝片氧化物太厚造成的。

④ 定片或动片松动。定片或动片松动会使收音机产生高频机振，从而引起高频啸叫。

（2）薄膜介质可变电容器常见故障

① 杂音。薄膜介质可变电容器产生杂音的原因很多，比较常见的有几种：

a．薄膜磨损造成的杂音。薄膜片磨损后，一般应换新元件排除。

b．静电效应产生的杂音。表现为调谐时有啪啪声，这是由于双联经常转动摩擦所致，可从螺丝孔处滴入几滴纯酒精，并来回转动几次即可排除。此时收音机也可能会无音或音小，待双联内水分挥发完后就可自动恢复正常了。

c．接触不良。接触不良也有几种情况，常见的有动片轴螺母松动或四只固定螺母松动造成的杂音，以及电容器内有灰尘污垢造成的杂音等。这时可拆开双联，若螺母松动时拧紧即可；有灰尘污物用酒精棉球漂洗干净，使其接触良好即可。

d．定、动片间有杂质造成的杂音。拆下双联电容器防尘罩，将其浸泡在酒精中来回搅动，并不断旋转双联的旋转角度，便于杂质随酒精流出。约 10 分钟后取出晾干即可。

② 旋转不动。其主要原因是内部薄膜磨损穿孔后，动片被绊着或堵着，需更换新双联。

③ 旋转轴空转。其主要原因是轴端紧固螺母松脱造成的，拆开防尘罩拧紧螺母即可排除。

④ 旋转角度不对。旋转角度小于 180°（正常情况旋转角度为 180°）的原因与旋转不动相

同；旋转角度大于 180°，是由于动片定位卡损坏造成的。拆开双联对定位卡进行修整即可。

⑤ 防尘罩上微调电容损坏。对于防尘罩上的微调电容，多数机型采用胶接法，把防尘罩与补偿电容换掉即可。不换成双联的，更不能只撬下微调，应防止撬坏双联。

1.3 电感线圈和变压器

电感线圈是根据电磁感应原理制成的器件。它广泛地应用在如滤波器、调谐放大器或振荡器中的谐振回路、均衡电路、去耦电路等电子电路中。电感线圈用符号 L 表示。电感量的基本单位为亨利（H），简称亨。在实际应用中亨利太大了，常用的单位还有毫亨（mH）、微亨（μH）。三者间的换算关系为

$$1\text{H}=1000\text{mH};\ 1\text{mH}=1000\mu\text{H}$$

1.3.1 电感线圈

1. 电感线圈的型号命名

国产电感线圈的型号由下列四个部分组成。

第一部分：主称，用字母表示（L 为线圈、ZL 为阻流圈）；

第二部分：特征，用字母表示（G 为高频）；

第三部分：型式，用字母表示（X 为小型）；

第四部分：区别代号，用字母 A、B、C、…表示。

2. 电感线圈的种类

电感线圈的种类很多，如根据绕组形式可分为单层线圈和多层线圈等。下面分别介绍不同结构电感线圈的外形结构与特点。

（1）单层线圈

单层线圈的电感量较小，约在几个微亨至几十微亨之间。为了提高线圈的 Q 值，单层线圈的骨架常使用介质损耗小的陶瓷和聚苯乙烯材料制作，所以单层线圈比较适合用在高频电路中。图 1-29 所示为常见的单层线圈外形结构图。

单层线圈的绕制可采用密绕和间绕。间绕线圈每匝间都相距一定的距离，分布电容较小。当采用粗导线时，可获得高 Q 值和高稳定性。密绕线圈的体积较小，但圈间电容较大，这使 Q 值和稳定性都有所降低。但间绕线圈电感量不能做得很大，因而它可以使用在要求分布电容小，稳定性高，而电感量较小的场合。电感量大于 15μH 的线圈，则采用密绕。

（2）多层线圈

如要获得较大电感量时单层线圈已无法满足。因此，当所要求电感量大于 300μH 时，就应采用多层线圈。它的外形结构图如图 1-30 所示。

多层线圈在圈与圈和层与层之间都存在电容，因此多层线圈的分布电容较单层线圈分布电容大大增加。线圈层与层间的电压相差较多，当层间的绝缘较差时，线圈之间易于发生跳火、绝缘击穿等问题，为此多层线圈常采用分段绕制、加大各段之间距离、减小线圈的固有电容等方法。

（3）蜂房线圈

采用蜂房绕制方法，可以减小线圈的固有电容，弥补多层线圈分布电容较大的缺点。所谓的蜂房绕制，就是将被绕制的导线以一定的偏转角（约 19°～26°）在骨架上缠绕。对于电感量较大的线圈，可以采用两个、三个甚至多个蜂房线包将它们分段绕制，其外形图如图 1-31 所示。

（4）带磁心的线圈

通过为线圈加装磁心，线圈的电感量、品质因数等都可得到提高。线圈中有了磁心，电感量提高了，分布电容减小了，有利于线圈小型化。另外，调节磁心在线圈中的位置，也可以改变电感量。因此许多线圈都装有磁心，形状也各式各样。图 1-32 所示为带磁心线圈的一种外形结构图。

图 1-29　单层线圈外形结构图

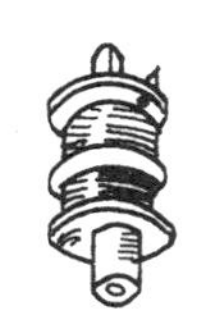

图 1-30　多层线圈外形结构图

图 1-31　蜂房线圈外形图

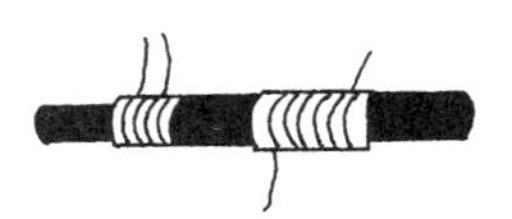

图 1-32　带磁心线圈外形结构图

（5）可变电感线圈

在有些场合需对电感量进行调节，用以改变谐振频率或电路耦合的松紧。通常采用图 1-33 所示的四种方法，即

① 图 1-33（a），在线圈中插入磁心或铜心，改变磁心（或铜心）和线圈的相对位置来改变线圈电感量；

② 图 1-33（b），在线圈上安装一滑动触点，通过改变触点在线圈上的位置来改变电感量；

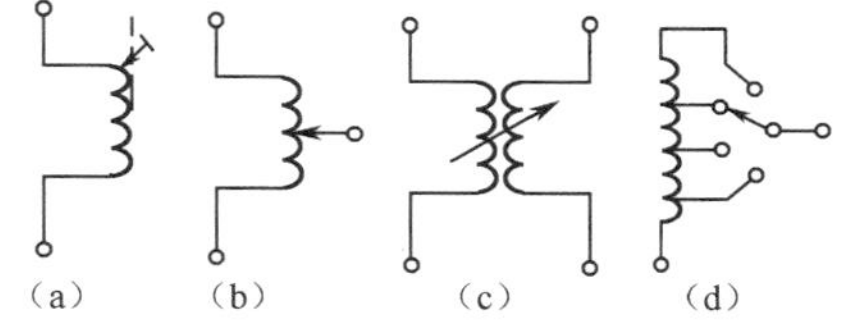

图 1-33　可变电感线圈的四种绕制方法

③ 图 1-33（c），将两个线圈串联，均匀地改变两线圈之间的相对位置，以使互感量变化，而使线圈总电感量值变化；

④ 图 1-33（d），将线圈引出数个抽头，加波段开关连接。但这种方法不能平滑地调节电感。

（6）固定电感器

固定电感器通常称为色码电感，其结构是按不同电感量和最大直流工作电流的要求，将不同直径的铜线绕在磁心上，再用塑料壳封装或用环氧树脂包封而成的。它的外形图如图 1-34 所示。

固定电感器的特点是体积小、重量轻、结构牢固而可靠，可在滤波、振荡、延迟、陷波电路中应用。按它的引出线方向的不同，可分为双向引出和单向引出两种。

（7）低频扼流圈

低频扼流圈用于电源和音频滤波中，以限制低频交流电通过。它通常有很大的电感，可达几亨到几十亨，因而对于交变电流具有很大的感抗。扼流圈只有一个绕组，在绕组中对插硅钢片组成铁心，硅钢片中留有气隙，以减少磁饱和。图 1-35 所示的是低频扼流圈的外形结构图。

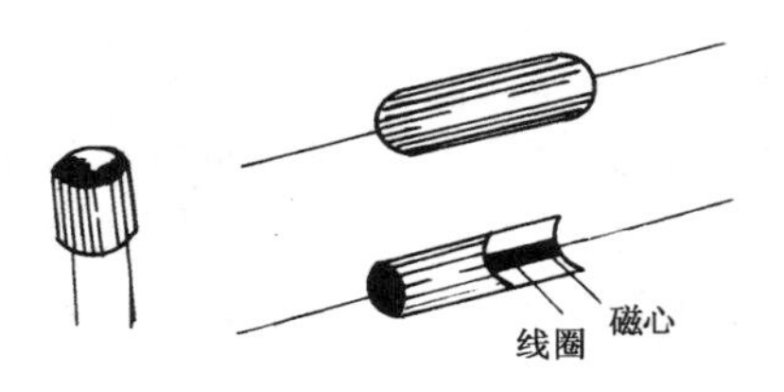

图 1-34　固定电感器的外形图

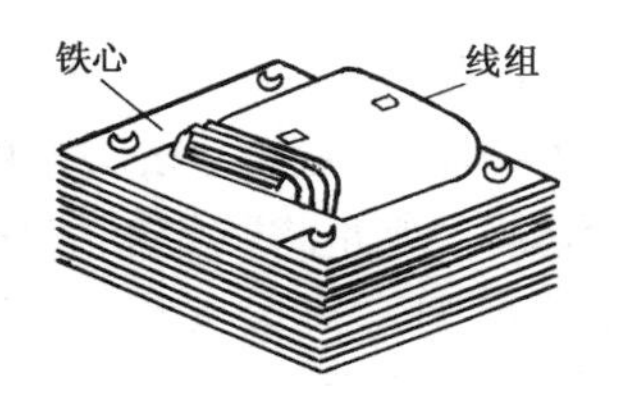

图 1-35　低频扼流圈的外形结构图

3. 电感线圈的主要参数

（1）电感量

电感量的大小跟电感线圈的圈数、截面积及内部有没有铁心或磁心有很大关系。线圈数越多，绕制的线圈越密集，则电感量越大；线圈内有磁心的，其磁导率比无磁心的大，磁导率越大电感量越大。

电感器电感量标志方法如下：

① 直标法，单位为 H（亨利）、mH（毫亨）、μH（微亨）。

② 数码表示法，方法与电容器的表示方法相同。

③ 色码表示法，这种表示法也与电阻器的色标法相似，色码一般有四种颜色，前两种颜色为有效数字，第三种颜色为倍率，单位为μH，第四种颜色是误差位。

（2）品质因数

品质因数是表示线圈质量的一个参数。它是指线圈在谐振频率的交流电压下工作时，线圈所呈现的感抗和线圈的直流电阻的比值，反映了线圈损耗的大小，用公式表示为

$$Q = 2\pi f L / R = \omega L / R$$

式中　Q——线圈的品质因数；

L——线圈的电感量（H）；

R——线圈的电阻（Ω）；

f——频率（Hz）；

ω——角频率（rad/s）。

当 L、f 一定时，品质因数 Q 就与线圈的电阻大小有关。电阻越大，Q 值就越小；反之，Q 值就越大。Q 值反映了线圈本身的损耗。实际上线圈的 Q 值通常为几十至一百，最高达四五百。

（3）分布电容

线圈的圈和圈之间存在电容；线圈与地之间及线圈与屏蔽盒之间也存在电容，这些电容称为分布电容。分布电容的存在，影响了线圈在高频工作时的性能。因此可采用特殊绕线方式或者减小线圈骨架直径等方法使分布电容尽可能地小。

（4）标称电流值

当电感线圈在正常工作时，允许通过的最大电流，就是线圈的标称电流值，也叫额定电流。应用时，应注意实际通过线圈的电流值不能超过标称电流值，以免使线圈发热而改变原有参数甚至烧毁。

4. 电感线圈的测量

用万用表测量电感线圈有以下两种方法。

（1）通断测量

这是用万用表测量电感线圈时最简单的测量方法。测量时，若用机械式万用表，则将万用表选在 R×1 或 R×10 挡；若用数字式万用表，则将量程挡位拨至 200Ω挡。将两表笔接被测电感的引出线，若机械式万用表的指针指示为无穷大，数字式万用表的示数显示为溢出，则说明电感断路；若电感的电阻值接近于零，则说明电感正常。测大电感时，如果电阻值为零，那么可能是电感线圈内部已经短路。

（2）电感量的测量

通常不要求对具体电感量进行测量，如果机械式万用表有电感量的表示刻度，则可取一个 10V 交流电源作为测试电源，机械式万用表选 10V 电压挡，机械式万用表、测试电源和被测线圈的连接可参阅电容器测量中的图 1-28，可以从刻度上直接读出电感量。

测量小于 10H 的电感器，可以在万用表的表笔插孔间并联一只固定电阻，使测量时万用表的输入电阻为原来的 1/10，则电感量也将降低为原来的 1/10。

5. 电感线圈的选用

电感线圈的选用原则如下。

（1）使用线圈应注意保持原线圈的电感量，勿随意改变其线圈形状、大小和线圈间距离。

（2）考虑线圈安装时的位置，需进行合理布局，比如两线圈同时使用时如何避免相互耦合的影响。

（3）在选用线圈时必须考虑机械结构是否牢固，不应使线圈松脱、引线接点活动等。

（4）按电路要求的线圈电感值 L 和品质因数 Q，选用允许范围的 L 和 Q 的电感线圈。

6. 电感线圈的常见故障

其常见故障如下。

（1）断线。线圈受潮发霉会造成断线，发生这种情况可用万用表的欧姆挡进行检查。若线圈的阻值过大，则考虑是否出现线圈断线的情况。

（2）短路。由于受潮后绝缘能力降低线圈被击穿。因为一般线圈的电阻很小，所以用欧姆表往往不易发现线圈的短路，尤其是局部短路。最好用 Q 表或电桥等仪器进行测试，看其电感量和 Q 值是否和正常值一致，以发现故障处。

（3）线圈的绕线发生松动。可根据松动的情况，决定是否继续使用。如果线圈松动较轻，可用绝缘胶水加固；若线圈松动较严重，并有部分乱线，或全部乱线，则必须部分或全部重绕。

1.3.2 变压器

利用两个线圈的互感作用，把初级线圈上的电能传递到次级线圈上去，用这个原理制作的起交链、变压作用的部件称为变压器。变压器可以用来升、降交流电压，变换交流阻抗等，被广泛应用于电子电路中。

1. 变压器的分类

变压器是由绕组线圈、骨架和磁心等部分组成的。绕组线圈一般都采用漆包线或纱包线。按照各自用途，选线规格和线制匝数采用不同绕线方法。骨架一般采用青壳纸和酚醛树脂、玻璃纤维等绝缘板材制作。磁心一般是用硅钢片、坡莫合金或铁氧体材料制成的。

下面介绍几类常用变压器的结构和特性。

（1）中频变压器

中频变压器又称中周变压器，简称中周。它适用于超外差式收音机和电视机，在很大程度上决定收音机的灵敏度、选择性和通频带等指标。中频变压器和适当容量的电容器配合，能从前级传来的信号中，选出某一种特定频率的信号传送给下一级。这就是中频变压器所特有的选频与耦合作用。

常用的中频变压器有两种类型：一种类型在电视机和调频收音机中使用得比较多，采用铝质外壳、塑料骨架、磁心调感结构，调节磁心便可以改变电感量。这类中周一般两只为一套：一只为第一级输入用；另一只为第二级输出用。图 1-36 所示为其外形结构图。另一种类型通常用于普通调幅收音机中，采用铜质或铝质外壳，尼龙衬架，线圈绕在“工”字或“王”字形磁心上，通过调节顶端磁帽改变中周的电感量。磁帽上涂有色漆，以区分级别。图 1-37 所示为其外形结构图。

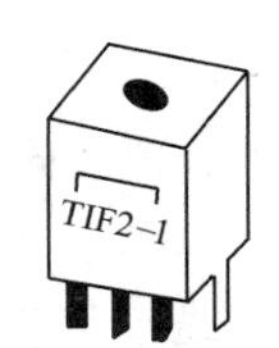

图 1-36 中频变压器外形结构图（一）

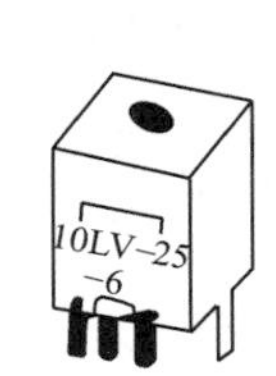

图 1-37 中频变压器外形结构图（二）

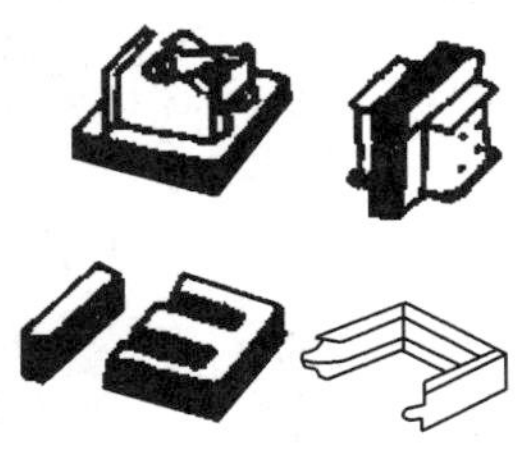
图 1-38 音频变压器外形结构图

（2）音频变压器

应用在音频电路中的变压器统称音频变压器。它是低频变压器的一种，主要是传输音频信号和使前后级放大电路阻抗匹配。按其用途又可分为级间变压器和输出变压器。前者使用在两级音频放大之间作为耦合元件，将前级信号传送到后一级，并进行适当的阻抗变换。后者把音频放大器的输出功率做阻抗变换，传输给扬声器或其他负载，起到阻止直流成分进入输出电路的作用。

音频变压器在电路中用来传输音频信号并对声音信号保真。人耳能听到的声音频率范围是 20Hz～20kHz。一般收音机的音频范围仅为 150Hz～3.5kHz，高级收音机的放音范围可扩展到 80Hz～8kHz。在这些范围内，音频变压器都能正常工作，不失真地传递信号。它的外形结构图如图 1-38 所示。

（3）小型电源变压器

其主要部件是铁心、线圈、框架及紧固件等。它是将市电转化成各种额定功率和额定电压的重要部件。常见的变压器铁心有“E”字形、“口”字形、“C”字形等。图 1-39 所示为其示意图。

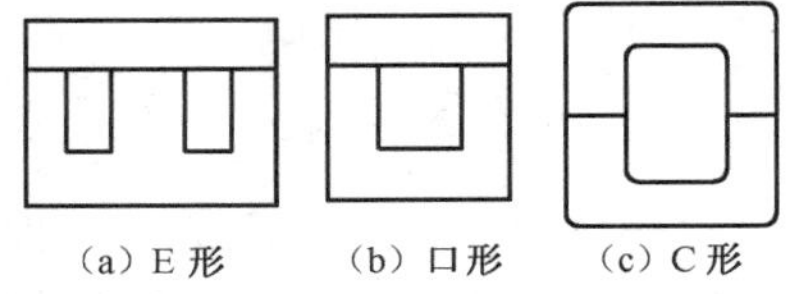

图 1-39 常见变压器铁心示意图

口字形铁心常用在功率较大的变压器中，通常功率为 500～1000W，也有更大的。这种铁心的优点是绝缘性能好，散热特性好。

C 字形铁心电源变压器的铁心采用冷轧硅钢片制成，

使其具有体积小、重量小、效率高等优点。目前已得到广泛的应用。

E 字形铁心电源变压器的铁心是目前使用最多的铁心，它又称壳形或日字形铁心。它的主要优点是绕组初次级公用一个骨架，有较高的窗口占空系数 K_m（K_m 为铜线净截面与窗口面积比）；铁心散热表面积也较大；本身磁场发散较少；铁心对绕组形成保护外壳，使绕组不易受机械创伤。但它易受外来磁场干扰，用铜线较多，初次级漏感较大。

（4）天线线圈

收音机的输入回路都是采用绕在磁棒上的线圈和一只可变电容器组成的调谐回路。绕在磁棒上的调谐线圈就是磁性天线线圈。该线圈的绕制要根据所配用的可变电容器的电容量及选用的磁棒规格来确定线圈圈数。天线线圈所用磁棒，一般由铁氧体组成，磁棒的尺寸对收音机的灵敏度有很大影响。

天线线圈的导线一般由多股更细的导线组成，用漆包线将其捆扎成一根天线线圈导线。由于组成天线线圈的每一根细导线上都涂有一层绝缘漆，而捆扎用的漆包线也具有良好的绝缘性能，因此在焊接之前，需要对天线线圈的引线部分做镀锡处理。经过镀锡处理的天线线圈的引线部分呈现出银白色，焊接时，只能在银白色的引线上进行，否则容易形成断路故障。

如果银白色的引线断了，需重新做镀锡处理。其过程为：首先用烧热的电烙铁头将天线线圈引线头部的漆包线和绝缘漆进行炭化处理，然后用刀片轻轻刮除导线头部炭化了的漆包线和绝缘漆，直到露出黄亮的细导线。注意在用刀片刮除炭化了的漆包线和绝缘漆时，不要太用力，否则容易把细导线刮断。有条件的话，可以用电烙铁蘸松香给线头部分洗一下杂质。最后用电烙铁蘸锡对已经刮除干净的线头部分镀上一层银白色的锡。

2. 变压器的主要参数

描述变压器质量的参数较多，但不同用途的变压器，对参数有不同的要求。例如，对音频变压器来说频率响应是很重要的一个参数，但对电源变压器则不考虑这项指标。下面介绍变压器中比较通用的几项参数的意义。

（1）变压比

对于一个没有损耗的理想变压器来说，如果它的初、次级绕组的匝数分别为 N_1 和 N_2，若在初级绕组两端加一交变电压 U_1，根据电磁感应定律，次级绕组两端必产生一感应电压 U_2，则变压器的变压比为 U_2 和 U_1 的比值，它与 N_1 和 N_2 的比值是相同的。

（2）效率

变压器的输出功率与其输入功率之比，称为变压器的效率。

（3）频率响应

频率响应是音频变压器的一项重要指标。通常要求音频变压器对不同频率的音频信号电压，都能按一定的变压比进行不失真传输。由于变压器初级电感、漏感和分布电容的影响，会产生信号失真。初级电感越小，低频信号电压失真越大；漏感和分布电容越大，对高频信号电压的失真越大。

3. 变压器的检测

一般不直接对变压器元件测量其电感等参数，只需要检测变压器各绕组间是否存在短路、断路等故障。

下面以数字式万用表检测中频变压器为例，介绍万用表检测中频变压器的方法。将拨盘拨至 200Ω挡，把黑表笔插入 COM 插孔，红表笔插入 V/Ω插孔。按照中频变压器的各管脚排列规律，逐一检测各绕组相邻管脚的电阻值，这样一方面能判断出各绕组的通断情况，另一方面还可判断其是否正常。

再将调解拨盘拨至 2KΩ挡，分别检测初级绕组和次级绕组之间、初级绕组和金属外壳之间、次级绕组和金属外壳之间的电阻值。如果万用表显示溢出，则表示中频变压器正常；如果有一定的阻值显示，则说明中频变压器存在漏电故障；如果万用表显示为 0Ω，则说明中频变压器初次级之间存在短路故障。

将变压器类元件的测量数据填入表 1-14。

表 1-14　变压器类元件测量记录表

元件	类型	各级线圈阻值		质量
变压器 1		R_{12}		
		R_{34}		
变压器 2		R_{12}		
		R_{23}		
		R_{45}		
变压器 3		R_{12}		
		R_{23}		
		R_{45}		
变压器 4		R_{12}		
		R_{23}		
		R_{45}		
变压器 5		R_{12}		
		R_{23}		
		R_{45}		
变压器 6		R_{12}		
		R_{23}		
		R_{45}		
变压器 7		R_{12}		
		R_{23}		
		R_{45}		

1.4　晶　体　管

晶体管是由半导体材料制造的 PN 结构成的。它在电路中起整流、检波、开关、放大等作用。由于半导体材料的特殊性能，使晶体管在电子电路中得到了广泛应用。晶体管也是集成电路基本单元之一。

1.4.1　晶体管的型号命名法

根据我国晶体管分立器件命名方法（国家标准 GB249-74），晶体管的型号由以下五个部分组成。

第一部分：电极数目，用阿拉伯数字表示（2—二极管，3—三极管）；

第二部分：材料和极性，用汉语拼音字母表示，具体含义见表 1-15；

第三部分：类型，用汉语拼音字母表示，字母含义见表 1-15；

第四部分：序号，用阿拉伯数字表示；

第五部分：规格，用汉语拼音字母表示。

注意：场效应管、半导体特殊器件、复合管等的型号命名，只有第三、四、五部分。

表 1-15　用汉语拼音字母表示晶体管材料和极性及类型含义表

第二部分		第三部分			
符号	意义	符号	意义	符号	意义
A	N 型，锗材料	P	普通管	D	低频大功率管
B	P 型，锗材料	V	微波管	A	高频大功率管
C	N 型，硅材料	W	稳压管	T	可控整流器
D	P 型，硅材料	C	参量管	Y	体效应器件
		Z	整流管	B	雪崩管
		L	整流堆	J	阶跃恢复管
A	N 型，锗材料	S	隧道管	CS	场效应器件
B	P 型，锗材料	N	阻尼管	BT	半导体特殊器件
C	N 型，硅材料	U	光电器件	FH	复合管
D	P 型，硅材料	K	开关管	IG	激光器件
E	化合物材料	X	低频小功率管	PIN	PIN 型管
		G	高频小功率管	FG	发光管

晶体管型号命名举例如下：

① 锗材料 PNP 型低频大功率三极管

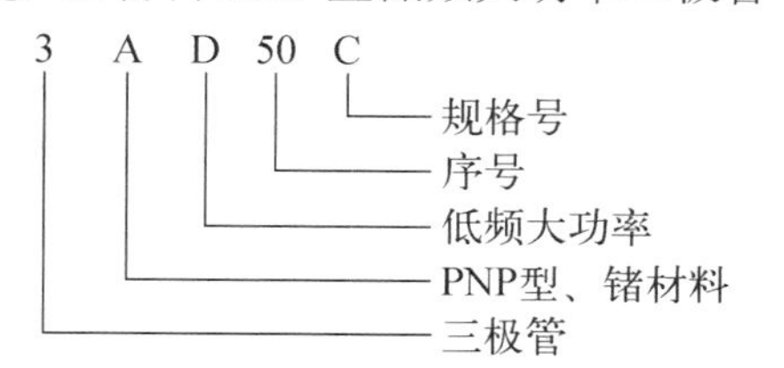

② 硅材料 NPN 型高频小功率三极管

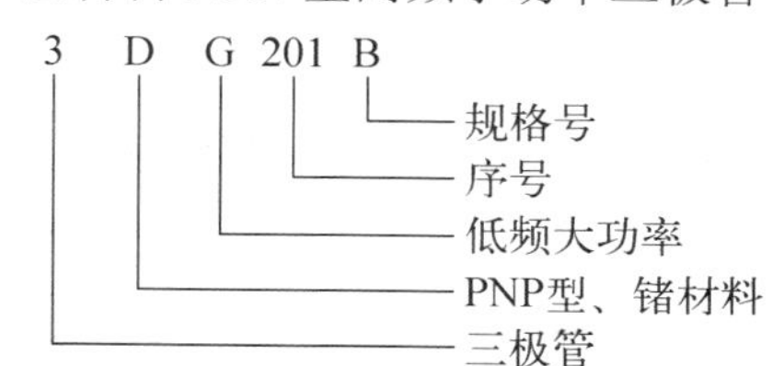

③ N 型硅材料稳压二极管

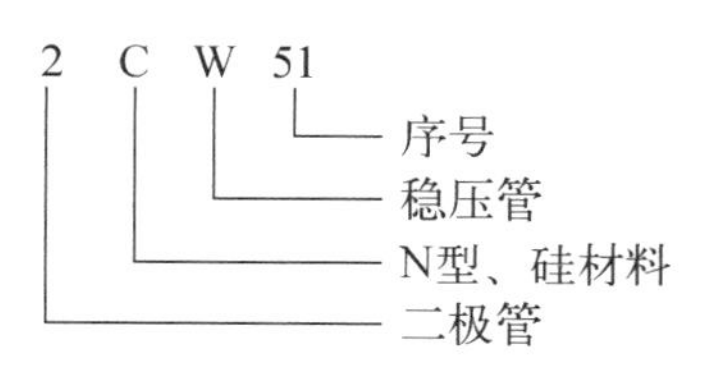

④ 单结晶体管

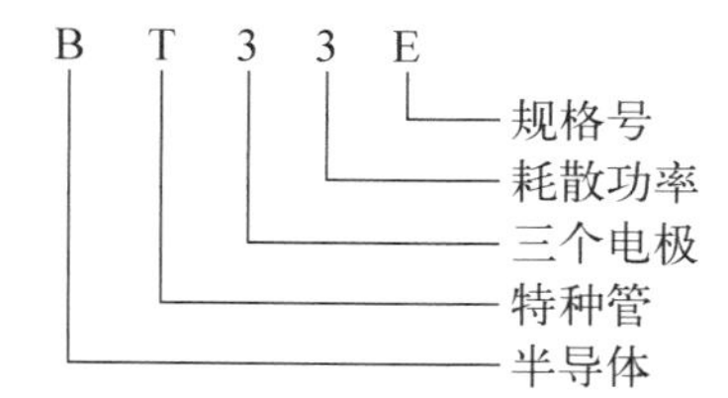

由于经常采用的晶体管器件可能为欧洲、美国或者日本制造，应视具体情况查找相关命名标准。

1.4.2 晶体二极管的分类及参数

1. 晶体二极管的分类

晶体二极管按其制造材料的不同，主要分为硅管和锗管两大类。两者性能区别在于：锗管的正向压降小于硅管的（锗管为 0.2V，硅管为 0.5～0.8V）；锗管的反向漏电流大于硅管的（锗管的为几百微安，硅管的则小于 1μA）；锗管的 PN 结可承受的温度比硅管的低（锗管约为 100℃，硅管约为 200℃）。

按其用途可分为：检波二极管、整流二极管、稳压二极管、桥式整流组件、硅堆、开关二极管、发光二极管、光电二极管、变容二极管、隧道二极管等。

按其结构可分为点接触型二极管和面接触型二极管。

下面介绍部分二极管的特性。

（1）整流、检波二极管

整流管一般用硅材料制成，所以称硅整流二极管。检波二极管通常用锗材料制成，所以常称为锗检波二极管。整流二极管主要用于整流电路，利用二极管单向导电性，将交流电变为直流电。由于通过的正向电流较大，对结电容无特殊要求，所以其 PN 结多为面接触型，接触面积较大；而后者通过的正向电流较小，工作频率较高，要求结电容小，故其 PN 结多为点接触型，接触面小，符合使用要求。

常用整流、检波二极管的外形及电路符号如图 1-40 所示，其导电特性如图 1-41 所示。

由图 1-41 可见，二极管的正极接高电位，负极接低电位时，当电压超过 U_t（锗管的 U_t 为 0.1～0.3V、硅管 U_t 为 0.6～0.8V），通过的电流（正向电流）随着电压的增大而增大。根据欧姆定律，二极管两端的电压和通过的电流的比值，为该点相应的电阻值——二极管的正向电阻。由图中的曲线可以推知，二极管的正向电阻比较小（约几千欧），且不是常数，其变化趋势为阻值随管子两端电压的增加而迅速减小。

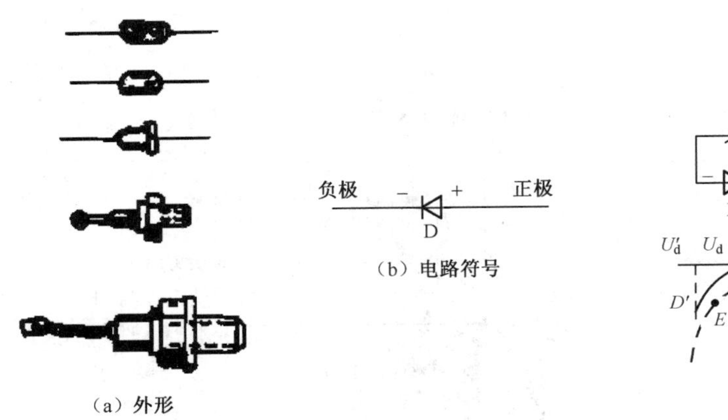

（a）外形

（b）电路符号

图 1-40　常用整流、检波二极管的外形及电路符号

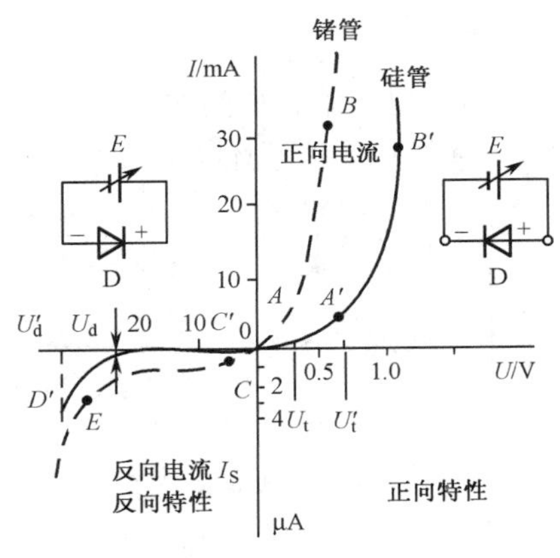

图 1-41　常用整流、检波二极管的导电特性

当二极管的正极接低电位，负极接高电位时，若电压不超过 U_d（锗管的 U_d，硅管的 U_d'），通过二极管的电流（称反向电流）极小，基本不随外加电压的增加而变化，维持一个较小的定值，此定值为反向饱和电流。二极管的反向饱和电流，随着环境温度的增加而增大，同反向电压的大小关系不大。一般认为，温度每升高 10℃，其值约增加一倍。二极管在反向电压作用下所呈现的电阻称为反向电阻。二极管的反向电阻是比较大的（几十千欧至几百千欧以上），并且随温度变化。

总之，二极管在正向电压作用下，正向电阻较小，通过的电流较大，二极管导通；在反向电压作用下，反向电阻很大，通过的电流很小，二极管不导通。这就是二极管（实际上为 PN 结）的单向导电性。根据二极管的单向导电性，单独使用二极管或进行组合，可以把交流电变成脉动直流电。单个使用二极管整流前后的波形如图 1-42 所示。检波二极管的工作原理也是利用二极管的单向导电性，把载有低频信号的高频信号电流，通过二极管后过滤高频部分，保留低频信号电流。检波前后的波形如图 1-43 所示。

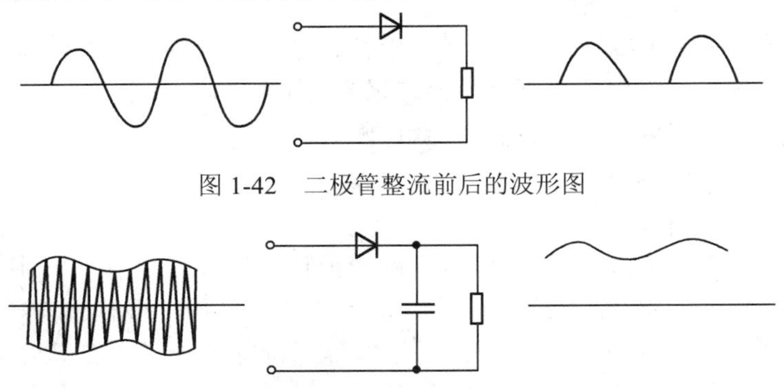

图 1-42　二极管整流前后的波形图

图 1-43　二极管检波前后的波形

（2）稳压二极管

稳压二极管在电子电路中起稳定电压的作用。二极管的 PN 结反向击穿后，其两端电压变化很小，基本维持一个恒定值，从而实现稳压功能。该二极管在反向击穿之前的导电特性与普通整流、检波二极管相似，在击穿电压下，只要限制其通过的电流，使它不超过其额定值，是可以安全地工作在反向击穿状态下的。它的电路符号如图 1-44 所示。

\+ −

图 1-44　稳压二极管电路符号

（3）桥式整流组件

在实际使用中，由于整流二极管多接成桥式整流的形式，市面上出现了供整流用的桥式整流组件，它将二极管集合起来，有“半桥”和“全桥”两种类型，其外形图及等效电路符号如图 1-45 所示。

（4）高压整流硅堆

高压整流硅堆常用于电视机行扫描输出级电路中。二极管之所以能整流，是因为它具有单向导电的性能。二极管若反向不导通就要求其在电路中所承受的反向电压必须小于它的反向击穿电压 U_d（见图 1-41）。单个二极管的反向击穿电压的值是有限的，若要满足上千伏高压整流的需要，必须提高二极管反向击穿电压，我们可以通过将多个二极管串联起来的方法提高它的 U_d。高压整流硅堆就是将多个整流二极管串联封装在一起组成的（因而又称为高压硅堆），其基本结构如图 1-46 所示。

（5）发光二极管

发光二极管（简称 LED）和普通二极管一样，内部结构为一个 PN 结，不同的是这种二极管正向导通时就发光，即把电能转换成光能。它的外形及电路符号如图 1-47 所示。

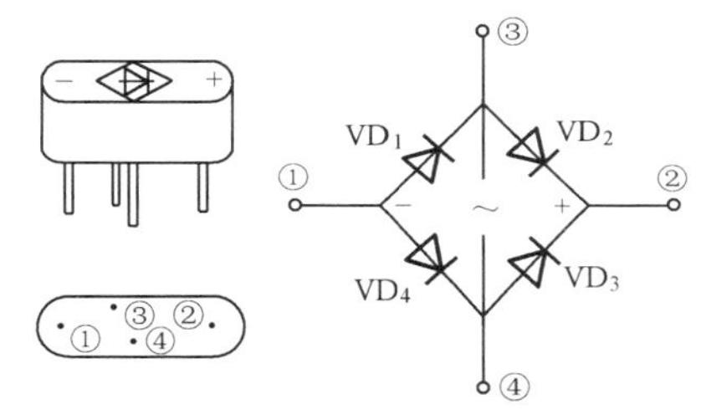

图 1-45　全桥组件外形图及等效电路符号

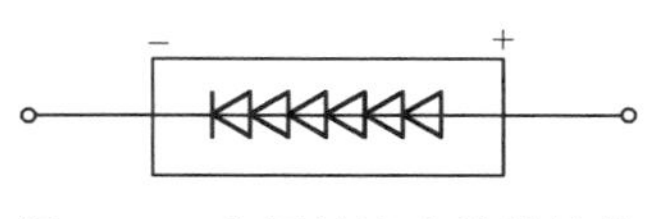

图 1-46　高压整流硅堆的结构

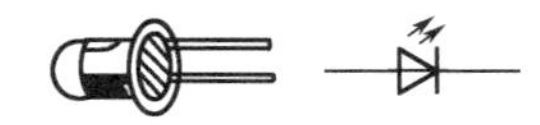

图 1-47　发光二极管外形及电路符号

发光二极管具有体积小、工作电压低、工作电流小、发光均匀稳定、响应速度快及寿命长等特点，故发光二极管已被广泛应用于收录机、音响设备及有关仪器仪表中，经常作为电平指示灯使用。LED 用做照明更节能、高效。

（6）变容二极管

变容二极管是利用反向偏置的 PN 结电容层具有电容特性制成的半导体器件，具有比较大的电容量，在电路中可当做电容使用。适用于无线电通信设备或仪器的频率微调等电路。目前在电视机和调频收音机的调谐电路中也得到了广泛应用。

变容二极管的伏安特性曲线和普通二极管一样，不同的是它工作在反向偏置区。结电容的大小与加到二极管上电压的大小有关，反向偏压越大，结电容越小；反之，结电容越大。从结电容特性曲线上可以看出，偏压与结电容之间的关系是非线性的。PN 结电容特性曲线及等效电路如图 1-48 所示。

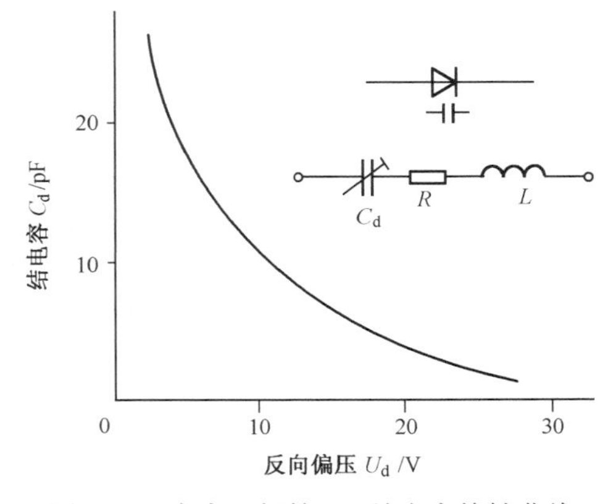

图 1-48　变容二极管 PN 结电容特性曲线及等效电路

（7）隧道二极管

隧道二极管和普通二极管一样，有一个 PN 结，所用材料为杂质浓度高的材料，因此隧道二极管的伏安特性与普通二极管的伏安特性有很大区别。隧道二极管的电路符号如图 1-49 所示。

图 1-49　隧道二极管电路符号

隧道二极管是具有负阻特性的半导体器件，由于电路简单、功耗小和开关速度快等特点，在高速脉冲电路和高额电路中获得一定的应用。但因其主要电参数随温度变化比较大，所以其电路稳定性比较差。

2. 二极管的主要参数

常用的检波、整流二极管，主要有以下几个参数：

① 直流电阻。晶体二极管加上一定的正向电压时，就有一定的正向电流，因而二极管在正向导通时，可近似用正向电阻等效。

② 额定电流。晶体二极管的额定电流是指晶体二极管长时间连续工作时，允许通过的最大正向平均电流。

③ 最高工作频率。最高工作频率是指晶体二极管能正常工作的最高频率。选用二极管时，必须使它的工作频率低于最高工作频率。

④ 反向击穿电压。反向击穿电压是指二极管在工作中能承受的最大反向电压，它是使二极管不致反向击穿的电压极限值。

1.4.3　晶体二极管的测量

1. 机械式万用表测量二极管

（1）普通二极管的测量

普通二极管指整流二极管、检波二极管、开关二极管等。其中包括硅二极管和锗二极管。它们的测量方法大致相同。

用机械式万用表电阻挡测量小功率二极管时，将万用表置于 R×100 或 R×1K 挡，黑表笔接二极管的正极，红表笔接二极管的负极，然后交换表笔再测一次。如果两次测量值一次较大一次较小，则二极管正常。如果二极管正、反向阻值均很小，接近零，说明管子内部击穿；反之，如果正、反向阻值均极大，接近无穷大，说明该管子内部已断路。以上两种情况均说明二极管已损坏，不能使用。

如果不知道二极管的正负极性，可用上述方法进行判别。两次测量中，万用表上显示阻值较小的为二极管的正向电阻，黑表笔所接触的一端为二极管的正极，另一端为负极。

中、大功率二极管的检测只需将万用表置于 R×1 或 R×10 挡，测量方法与测小功率二极管相同。

对高压二极管用机械式万用表一般无法确定其极性和好坏。机械式万用表内电池电压不够高，此时可在机械式万用表的正、负端接一只 NPN 型硅三极管，构成简单的放大器。图 1-50 所示为测量接线图。测量时将机械式万用表置于 R×10 挡。

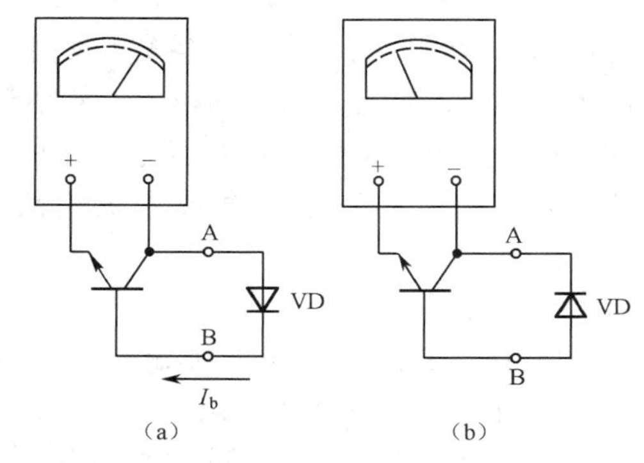

图 1-50　用机械式万用表测量高压二极管接线图

当被测高压二极管 VD 正向接入 A、B 两点时，如图 1-50（a）所示，机械式万用表内电池通过三极管供给一个正向偏流，此电流经放大后表针摆动，说明二极管正向导通。

如果被测高压二极管反向接入 A、B 两点，如图 1-50（b）所示，由于高压二极管反向电阻极大，两点仍相当于开路，机械式万用表指针不偏转，说明二极管反向截止。

用上述方法也能很方便地判别极性不明的高压二极管的正、负极性。

如果被测管正向和反向接入 A、B 两点时，指针均偏转或指针均不动，则说明该高压二极管已损坏。

（2）稳压管二极管的测量

常用稳压管的外形与普通小功率整流二极管相似。当其标识清楚时，可根据型号及其代表符号进行鉴别。当无法从外观判断时，使用万用表也可很方便地鉴别出来。我们仍然以机械式万用表为例，首先利用前述的方法，把被测二极管的正、负极性判断出来。然后用万用表的 R×10K 挡，黑表笔接二极管的负极，红表笔接二极管的正极，若电阻读数变得很小（与使用 R×1K 挡测出的值相比较），说明该管为稳压管；反之，若测出的电阻值仍很大，说明该管为整流或检波二极管（10K 挡的内电压若用 15V 电池，对个别检波管，例如 2AP21 等已可能产生反向击穿）。因为用万用表的 R×1、R×10、R×100 挡时，内部电池电压为 1.5V，一般不会将二极管击穿，所以测出的反向电阻值比较大。而用万用表的 R×10K 挡时，内部电池的电压一般都在 9V 以上，可以将部分稳压管击穿，反向导通，使其电阻值大大减小，普通二极管的击穿电压一般较高、不易击穿。但是，对反向击穿电压值较大的稳压管，上述方法鉴别不出来。

稳压二极管一般是两个引脚的，但也有三个引脚的。如 2DW7（2DW232）就是其中的一种，其外形和内部结构图如图 1-51 所示。由图可知，它是封装在一起的两个对接稳压管，以达到抵消两只稳压管的温度系数的效果。为了提高它的稳定性，两只管子的性能是对称的，根据这一点可以方便地鉴别它们。具体方法如下：

先用万用表判断出两个二极管的极性，即图 1-51（b）所示的电极 1、2、3 的位置。然后将万用表置于 R×10 或 R×100 挡，黑表笔接电极 3，红表笔依次接电极 1、2。若同时出现阻值约几百欧姆且比较对称的情况，则可基本断定该管为稳压管。

（3）发光二极管的测量

一般的发光二极管内部结构与一般二极管无异，因此测量方法与一般二极管类似。但发光二极管的正向电阻比普通二极管大（正向电阻小于 50kΩ），所以测量时将万用表置于 R×1K 或 R×10K 挡。测量结果判断与一般二极管测量结果判断相同。

发光二极管工作电流可用以下方法测出，测试电路如图 1-52 所示。测量时，先将限流电阻 R 置于阻值较高的位置，合上开关 S，然后慢慢将限流电阻阻值降低。当降到一定阻值时，发光二极管起辉，继续调低 R 的阻值，使发光二极管达到所需的正常亮度。读出电流表的电流值，即为发光二极管正常的工作电流值。

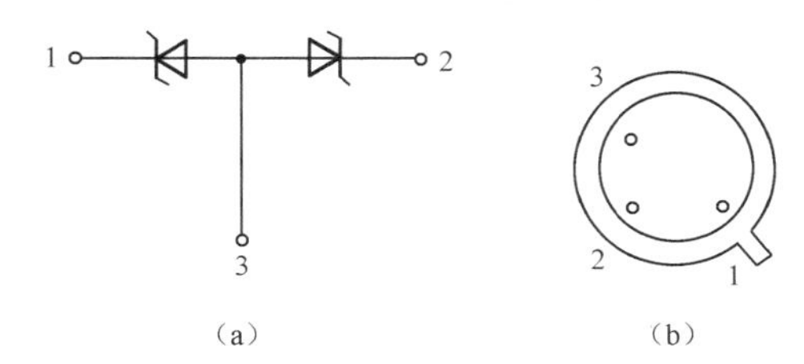

图 1-51　三引线稳压管的外形和内部结构图

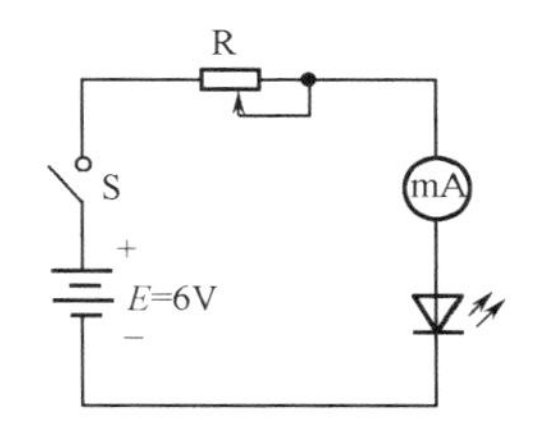

图 1-52　测量发光二极管工作电流的电路

测量时应注意不能使发光二极管亮度太大（工作电流太大），否则容易使发光二极管早衰，影响使用寿命。

2. 数字式万用表测量二极管

二极管是有极性的电子元件，因此在测量的时候要注意区分管脚的正负极。小功率二极管的 N 极（负极），在二极管外表大多采用一种色圈标出来，比如对于开关二极管 1N4148，负极端子的底部有一个黑色的色圈作为负极的标注。有些二极管也用二极管专用符号来表示 P 极（正极）或 N 极（负极），也有采用符号标志为“P”、“N”来确定二极管极性的。

在用数字万用表测量时，将万用表拨到“二极管、蜂鸣”挡，红表笔相对黑表笔存在一个+2.8V 的电压，用红表笔接二极管的正极，黑表笔接二极管的负极，需要注意的是，此测量的万用表表笔接法与指针式万用表的表笔接法相反。数字万用表显示的是二极管的正向压降，以 mV 为单位。用二极管的正向压降来判断二极管的材质及元件是否损坏。若正向测量值为 500～800 mV，则所测二极管为硅管；若正向测量值为 150～300 mV，则所测二极管为锗管。再进一步测量，调换万用表表笔进行反向测量，万用表应显示溢出 1，这表示该二极管性能良好，可以正常使用；若不是，则表示此二极管已被击穿。若正反测量值均为 0，且出现蜂鸣报警，则说明二极管短路；正向测量显示溢出 1，说明二极管开路（某些硅堆正向压降有可能显示溢出）。

对于其他类型常用的二极管的正向压降各有不同，肖特基二极管的压降约为 0.2V，发光二极管约为 1.8～2.3V。发光二极管的正负极可通过管脚长短来识别，长脚为发光二极管的正极，短脚为发光二极管的负极。

将二极管的测量数据填入表 1-16。

表 1-16　二极管测量记录表

序号	型号	类型	材料	正向压降	质量
1					
2					

1.4.4　晶体三极管的分类及参数

1. 晶体三极管的分类

晶体三极管，简称三极管，按导电类型分为 NPN 三极管、PNP 三极管；按材料分为锗三极管、硅三极管；从结构上分为点接触型三极管和面接触型三极管；按工作频率分为高频管（＞3MHz）、低频管（＜3MHz）；按功率分为大功率管（＞1W）、中功率管（0.5～1W）、小功率管（＜0.5W）。

在一块半导体晶片上制造两个符合要求的 PN 结，就构成了一个晶体三极管。PN 结有两种组合方式，PNP 型和 NPN 型，如图 1-53 所示。由图可知，无论是何种三极管，都有三个不同的导电区域，即基区、发射区及集电区，每个导电区上接一个电极，分别称为基极、发射极及集电极，电路中常用字母 b、e、c 表示。

发射区与基区交界面处形成的 PN 结称为发射结；集电区与基区交界面处形成的 PN 结称为集电结。

当三极管有足够基极电流，发射结正偏，集电结反偏的时候，三极管导通。

常用三极管的外形图如图 1-54 所示。

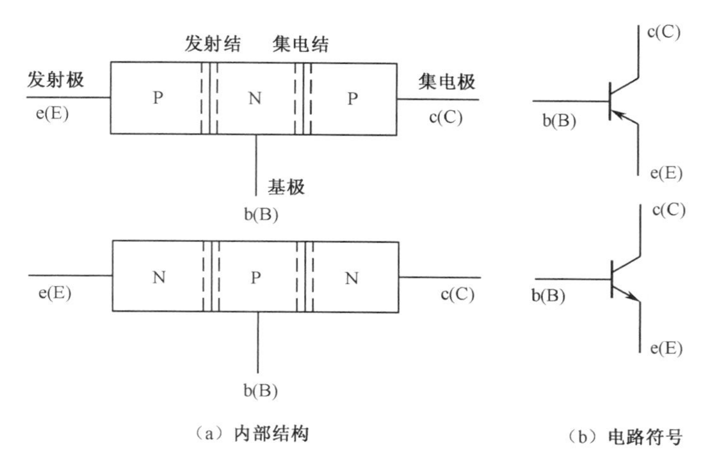

图 1-53　三极管的内部结构与电路符号图

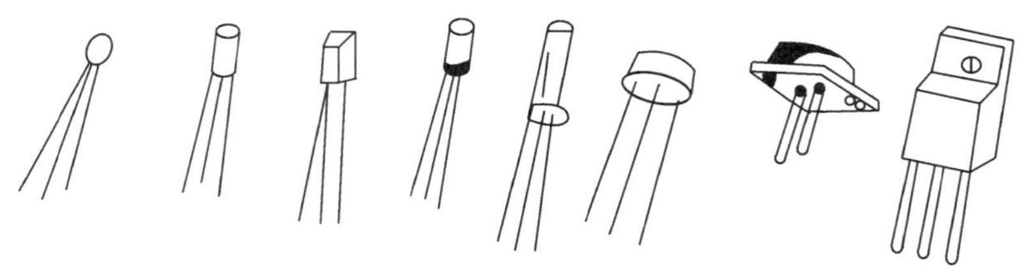

图 1-54　常用三极管的外形图

2. 晶体三极管的主要参数

晶体三极管的参数分为两类：一类是应用参数，表明晶体管在一般工作时的各种参数，主要包括电流放大系数、截止频率、极间反向电流、输入/输出电阻等；另一类是极限参数，表明晶体管的安全使用范围，主要包括击穿电压、集电极最大允许电流、集电极最大耗散功率等。它们的意义如下：

（1）电流放大系数β

三极管的电流放大系数是用来表示晶体管放大能力的物理量。根据不同工作状态，又分为直流电流放大系数和交流电流放大系数。

（2）极间反向电流

三极管的极间反向电流有两个：一个是集电结反向饱和电流，是指发射极开路时，基极与集电极之间（即集电结）的反向饱和电流，它是衡量晶体管温度特性的重要参数；另一个是穿透电流，是指基极开路时，集电极和发射极之间的反向电流。

（3）输入/输出电阻

输入电阻是指三极管输出交流短路，b-e 极间的电阻。输出电阻是指三极管输入交流短路，c-e 极间的电阻。

（4）集电极最大允许耗散功率

当管子的集电结通过电流时，因功率损耗要产生热量，使其结温升高。随着功率耗散过大，将导致集电结烧毁。根据管子允许的最高温度和散热条件，可以定出其最大允许耗散功率。

（5）特征频率

特征频率是指当工作频率大于截止频率后，放大倍数将以很快的速度下降，当降到 1 时的频率即为特征频率。此时电路将失去电流放大作用。

（6）截止频率

截止频率是指在电路中，输出端交流短路时，其电流放大系数的幅值下降到低频（1kHz）值的 0.707 倍时的频率。

（7）击穿电压

击穿电压即各极之间相互的击穿电压。使用晶体管时，任何情况下，各极间的电压都不允许超过规定值。

3. 通用 90 系列三极管的主要参数

90 系列三极管为韩国三星公司生产的通用三极管，大多是以“90”字为开头的，但也有以 ST90、C 或 A90、S90、SS90、UTC90 开头的，它们的特性及管脚排列都是一样的。90 系列三极管基本参数见表 1-17，90 系列三极管型号与放大倍数见表 1-18。

表 1-17　90 系列三极管基本参数

型号	极性	用途	V_{cbo}	V_{ceo}	V_{ebo}	I_{cm}(mA)	P_{cm}(mW)	F_t(MHz)
9011	NPN	高放	50	30	5	30	400	150
9012	PNP	功放	40	20	5	500	625	150
9013	NPN	功放	40	20	5	500	625	140
9014	NPN	低放	50	45	5	100	450	150
9015	PNP	低放	50	45	5	100	450	100
9016	NPN	特高	30	20	4	25	400	500
9018	NPN	特高	30	15	5	50	400	500
8050	NPN	功放	40	25	6	1500	1000	100
8550	PNP	功放	40	25	6	1500	1000	100

表 1-18　90 系列三极管型号与放大倍数

型号	放大倍数					
	D	E	F	G	H	I
9011	28～45	39～60	54～80	72～108	97～146	132～198
9012, 9013	64～91	78～112	96～135	122～166	144～220	190～300

	A	B	C	D
9014, 9015, 9016, 9018	60～150	100～300	200～600	400～1000

	B	C	D	L	H
8050, 8550	85～160	120～200	160～300	100～200	200～350

1.4.5　晶体三极管的测量

下面着重介绍比较常见的中、小型三极管的测量和判断（以用万用表测量为例）。

1. 机械式万用表检测三极管

（1）三极管管型和电极的判断

判断三极管是 PNP 型还是 NPN 型可将万用表置 R×100 或 R×1K 挡。把黑表笔（负）接某一引脚，红表笔（正）分别接另外两引脚，测量两个电阻，如测得的阻值均较小，则黑表笔所接管脚即为晶体管基极，该三极管为 NPN 型；若均出现高阻，则该管为 PNP 型。

发射极和集电极的判别：如果所测的是 NPN 管，先将红、黑表笔分别接在除基极以外的其余两个电极上，将手指蘸点水，用拇指和食指把基极和红表笔接的那个极一起捏住（不能使两极相碰），如图 1-55 所示，记录万用表欧姆挡的读数，然后对换万用表两表笔，重复操作，记下万用表欧姆挡的读数。比较结果，阻值小的那一次黑表笔所接的引脚是集电极，红表笔所接的引脚是发射极。如果是 PNP 管，结果则相反。

（2）三极管质量好坏的简易判断

用万用表粗测三极管的极间电阻，可以判断管子质量的好坏。在正常情况下，质量良好的中、小功率三极管发射结和集电结的反向电阻及其他极间电阻较高（一般为几百千欧），而正向阻值比较低（一般为几百欧至几千欧），可以由此来判断三极管的质量。

（3）判别三极管是锗管还是硅管

硅管的正向压降较大（0.6～0.7V），而锗管的正向压降较小（0.2～0.3V）。据此，可采用如图 1-56 所示电路，测量 PN 结的压降（若是 NPN 型管子，只要把电池和电表反接即可）。若测得的压降为 0.5～0.9V 即为硅管，若压降为 0.2～0.3V 则为锗管。

（4）判别高频管还是低频管

硅管，一般工作频率均较高，不需要再判别。锗管可按如图 1-57 所示接线测 e-b 极间电压来判别，一般情况下，锗低频管的 U_{EBO}＞10V，而锗高频管的 U_{EBO}＜5V，据此，即可判断是高频管还是低频管。

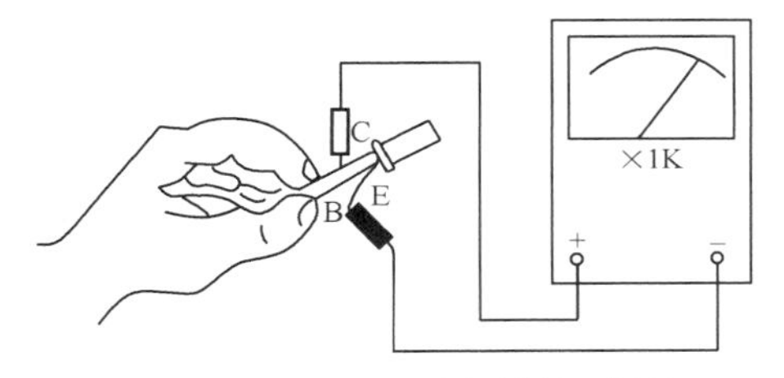

图 1-55　用万用表判断三极管管型和电极

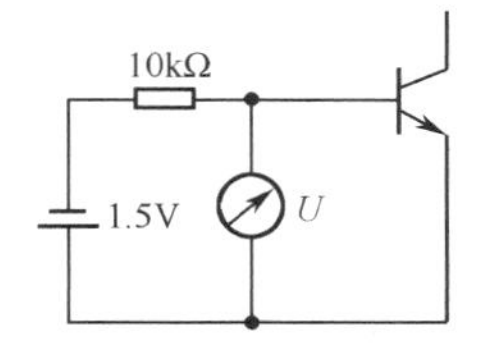

图 1-56　判断三极管不同管型的接线图

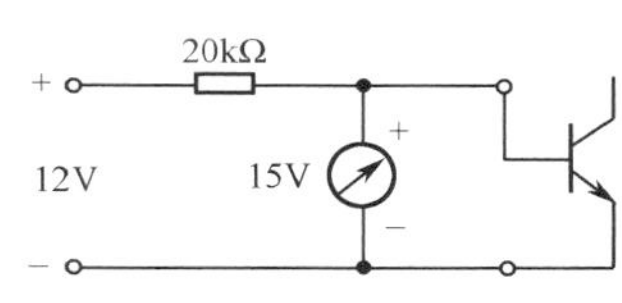

图 1-57　判断高、低频锗三极管的接线图

2．数字式万用表检测三极管

（1）已知类型管的检测

国产 3DG201 管和韩国三星公司的 90 系列小型管的管脚极性示意图如图 1-58 所示。管脚编号顺序为：将有文字的平面面向自己，管脚朝下，三个管脚从上至下依次编号为 e、b、c。在知道三极管管脚极性的情况下，就可以用数字万用表对其放大倍数进行检测。

图 1-58　90 系列三极管管脚示意图

首先从三极管的型号上，判断该三极管是 PNP 型管还是 NPN 型管。其次，将数字万用表打到“HFE”挡。最后，将三极管的 e、b、c 管脚分别插入到对应的 PNP 型或 NPN 型的 e、b、c 插槽中，便可在显示屏上读到该三极管的放大倍数。

（2）未知类型管的检测

对于未知类型的三极管，可采用实验法来确定三极管的类型和各管脚的极性。具体步骤如下。

第一步，判断三极管的类型和基极 b。三极管可以看成是一个背靠背的 PN 结，按照判断二极管的方法，可以判断出其中一极为公共正极或公共负极，此极即为基极 b。如果在测量中找不到公共b极，该三极管也为坏管子。对NPN型管，基极是公共正极；对PNP型管则是公共负极。因此，判断出基极是公共正极还是公共负极，即可知道被测三极管是NPN型或PNP型三极管。

下面以NPN型硅三极管为例，介绍该管的类型判断及基极的确定。

首先排除该管是PNP型三极管，选取三极管中任意一个管脚为公共测量端，将万用表的量程开关拨至“二极管、蜂鸣”挡，用黑表笔接公共测量端，用红表笔分别接剩下的两个管脚，可以得到两个数据。观察这两个数据是否都为700mV左右的电压；如不是则重新选取一个三极管的管脚作为公共测量端，按以上方法进行重新测量，直到所测两个数据均为700mV左右的电压为止。如果三个管脚分别作为公共测量端，而都无法测得两个数据均为700mV左右的电压，则该三极管要么损坏，要么就排除该三极管为PNP型三极管的可能性。

其次，验证该管为NPN型三极管。用红表笔去接触三极管的公共测量端，然后用黑表笔分别接剩下的两个管脚，观察所测得两个数据是否都为700mV左右的电压，如不是则更换三极管的公共测量端进行重新测量，直到所测的两个数据都均为700mV左右的电压时，即可验证该管为NPN型三极管。

再次，确立NPN型三极管的b极。在两次测得的数据都均为700mV左右的电压的实验中，红表笔所接的三极管的公共测量端为NPN型三极管的b极。

第二步，再判别三极管的发射极和集电极。仍可用二极管挡进行测量，对于NPN型管令红表笔接b管脚，黑表笔分别接另两个管脚，两次测得的极间电压中，电压微高的那一极为e极，低一些的那一极为c极。如果是PNP管，则令黑表笔接b极，检测方法同上。

也可以用万用表的HFE挡来判断发射极e和集电极c。将挡位旋至HFE挡，基极插入所对应类型的插槽，把其余管脚分别插入c、e插槽。再将c、e插槽内的管脚对调，比较两次数据，数值大的数据即为三极管的放大倍数，其对应于接在c插槽中的管脚为集电极，接在e插槽中的管脚即为发射极。

对于大型管的三极管，如不能直接将管脚插入万用表e、b、c插槽中，可采用接线法，将三个管脚用小导线引出，再插入到数字万用表的PNP型或NPN型的e、b、c插槽中，测量三极管的放大倍数。

将三极管的测量数据填入表1-19。

表1-19　三极管测量记录表

序号	型号	类型	材料	放大倍数β	质量
1					
2					
3					
4					
5					
6					
7					
8					

1.4.6　单向晶闸管

晶闸管旧称可控硅，有单向晶闸管、双向晶闸管、逆导晶闸管、可关断晶闸管、快速晶闸管、光控晶闸管等多种类型。通常在未加说明的情况下，所谓晶闸管或可控硅是指单向晶闸管。应用最多的是单向晶闸管和双向晶闸管。

1. 单向晶闸管的结构及等效电路

单向晶闸管（SCR）广泛地用于交流调压、可控整流、逆变器和开关电源电路中，其符号、外形结构、等效电路如图1-58所示。它有三个电极，分别为阳极（A）、阴极（K）和控制极（又称门极（G）)，基本结构是在一块硅片上制作四个导电区形成三个PN结，其中控制极是从 P 型硅层上引出，供触发晶闸管用。晶闸管一旦导通，无须继续发出正向触发信号，仍能保持通态。关断晶闸管，必须施以反向电压强迫其关断或使正向电流低于维持电流。晶闸管的等效电路有两种，一种是用三只二极管等效，另一种则是用两只晶体三极管等效。

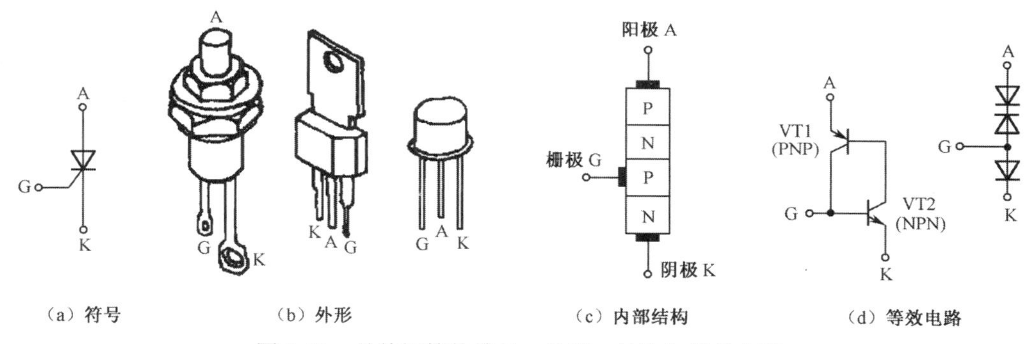

图 1-58 晶体闸管的符号、外形、结构与等效电路

普通晶闸管的工作频率一般在 400Hz 以下，随着频率的升高，功耗将增大，器件会发热。而快速晶闸管（FSCR）一般可工作在 5kHz 以上，最高达 40kHz。

2. 单向晶闸管的伏/安特性

单向晶闸管的伏/安特性曲线如图 1-59 所示。

（1）正向阻断特性

曲线 I 描绘了单向晶闸管的正向阻断特性。无控制极信号时，阳极加上正向电压，晶闸管的正向导通电压为正向转折电压 U_{BO}；有控制极信号时，正向转折电压下降，转折电压随控制极电流的增大而减小，当控制极电流大到一定程度时，晶闸管不再出现正向阻断状态了。

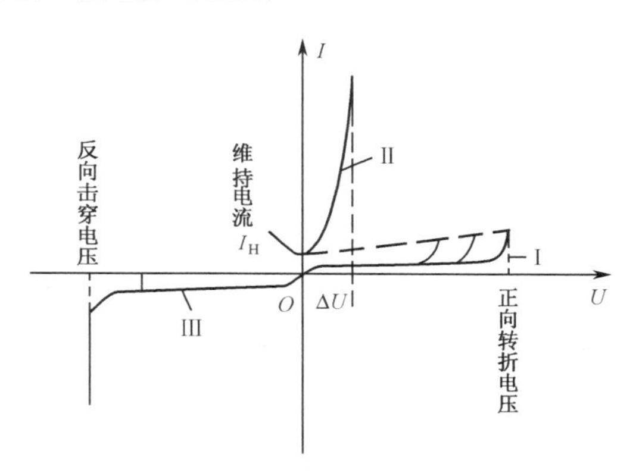

图 1-59 单向晶闸管的伏/安特性曲线图

（2）导通工作特性

曲线 II 说明单向晶闸管的导通工作特性。晶闸管导通后内阻很小，管压降很低，外加电压几乎全部降在外电路负载上，其负载电流较大，特性曲线与半导体二极管正向导通特性相似。当阳极电压减少（或负载电阻增加），致使阳极电流减小，最终阳极电流小于维持电流 I_H 时，晶闸管就从导通状态立即转为正向阻断状态，回到曲线 I 状态。

（3）反向阻断特性

曲线III即为单向晶闸管的反向阻断特性，晶闸管的阳极加入反向电压时，晶闸管被反向阻断（但有很小的漏电流）。反向电压增大，可在很大一个范围内维持阻断，但仍有很小的漏电流。只有反向电压增大到击穿电压时，电流便突然增大。正常工作时，外加电压要小于反向击穿电压，才能保证安全可靠地工作。可见单向晶闸管的反向阻断特性类似于晶体二极管的反向特性。

3. 用万用表检测单向晶闸管

（1）判定单向晶闸管的电极

由图 1-58 可见，在控制极与阴极之间有一个 PN 结，而阳极与控制极之间有两个反相串联的 PN 结，我们可利用 PN 结的单向导电性来判断晶闸管的极性。

具体方法是，万用表选 100K 挡，将黑表笔接某一电极，红表笔依次碰触另外两个电极，假如一次阻值很小，约几百欧姆，另一次阻值很大，约几千欧姆，此时黑表笔接的是控制极 G。红表笔接阴极 K 时，测量阻值比较小，红表笔接阳极 A，测量阻值比较大。若两次测出的阻值都很大，说明黑表笔接的不是控制极，应改测其他电极。

（2）检查单向晶闸管的好坏

一只好的单向晶闸管，三个 PN 结的结构良好，反向电压可阻断，阳极加正向电压，控制极开路时亦能阻断；控制极加了正向电流时晶闸管导通，在撤去控制极电流后晶闸管仍可维持导通。

① 测极间电阻。检查 PN 结的好坏，这里采用测量极间电阻的方式。单向晶闸管由 PNPN 四层三个 PN 结组成。用万用表的最高电阻挡测试 A-G，A-K 间正、反向电阻，若阻值很小，再换低阻挡测试，若阻值确实较小，表示被测管 PN 结已击穿，是只坏的晶闸管。

晶闸管正向阻断特性可凭阳极与阴极间的正向阻值大小判定。当阳极接黑表笔（高电压），阴极接红表笔（低电压），管子的正向阻断特性越好，测得阻值越大。

晶闸管的反向阻断特性则可用阳极与阴极间的反向阻值来判定。当阳极接红表笔（低电压），阴极接黑表笔（高电压），管子的反向阻断特性愈好，测得阻值愈大，表明反向漏电流愈小。

测 G-K 极间的电阻，是测一个 PN 结的正反向阻值，则宜用 R×10K 或 R×100 挡进行。G-K 极间的反向阻值应较大，一般单向晶闸管的反向阻值为 80kΩ左右，而正向阻值为 2kΩ左右。若测得正向电阻（G 极接黑笔，K 极接红笔）极大，总之接近无穷大，表示被测管的 G-K 间已被烧坏。

② 导通试验。电子电路中应用的单向晶闸管基本上是小功率的，所需的触发电流较小，利用万用表提供的电压可进行导通试验。万用表选 R×10 挡，黑表笔（高电压）接 A 极，红表笔（低电压）接 K 极，若导通正常，万用表指针有一定的偏转。将黑表笔在继续保持与 A 极相接触的情况下与 G 极接触，给 G 极加上一触发电压，若单向晶闸管已触发导通而处于导通态，此时应看到万用表指针明显地向小阻值偏转，此后，仍保持黑表笔和 A 极相接，断开黑表笔与 G 极的接触，若晶闸管仍处于导通态，就说明管子的导通性能是良好的，否则，管子可能是坏的。

1.4.7 单向晶闸管的测量

1．机械式万用表测单向晶闸管

（1）判定单向晶闸管的电极

由图 1-58 可见，在控制极与阴极之间有一个 PN 结，而阳极与控制极之间有两个反相串联的 PN 结，我们可利用 PN 结的单向导电性来判断晶闸管的极性。

具体方法是，万用表选 100K 挡，将黑表笔接某一电极，红表笔依次碰触另外两个电极，假如一次阻值很小，约几百欧姆，另一次阻值很大，约几千欧姆，此时黑表笔接的是控制极 G。红表笔接阴极 K 时，测量阻值比较小，红表笔接阳极 A，测量阻值比较大。若两次测出的阻值都很大，说明黑表笔接的不是控制极，应改测其他电极。

（2）检查单向晶闸管的好坏

一只好的单向晶闸管，三个 PN 结的结构良好，反向电压可阻断，阳极加正向电压，控制极开路时亦能阻断；控制极加了正向电流时晶闸管导通，在撤去控制极电流后晶闸管仍可维持导通。

① 测极间电阻。检查 PN 结的好坏，这里采用测量极间电阻的方式。单向晶闸管由 PNPN 四层三个 PN 结组成。用万用表的最高电阻挡测试 A-G，A-K 间正、反向电阻，若阻值很小，再换低阻挡测试，若阻值确实较小，表示被测管 PN 结已击穿，是只坏的晶闸管。

晶闸管正向阻断特性可凭阳极与阴极间的正向阻值大小判定。当阳极接黑表笔（高电压），阴极接红表笔（低电压）时，管子的正向阻断特性越好，测得阻值越大。

晶闸管的反向阻断特性则可用阳极与阴极间的反向阻值来判定。当阳极接红表笔（低电压），阴极接黑表笔（高电压），管子的反向阻断特性越好，测得阻值越大，表明反向漏电流越小。

测 G-K 极间的电阻，是测一个 PN 结的正反向阻值，则宜用 R×10K 或 R×100 挡进行测量。G-K 极间的反向阻值应较大，一般单向晶闸管的反向阻值为约 80kΩ，而正向阻值约为 2kΩ。若测得正向电阻（G 极接黑表笔，K 极接红表笔）极大，接近无穷大，表示被测管的 G-K 间已被烧坏。

② 导通试验。电子电路中应用的单向晶闸管基本上是小功率的，所需的触发电流较小，利用万用表提供的电压可进行导通试验。万用表选 R×10 挡，黑表笔（高电压）接 A 极，红表笔（低电压）接 K 极，若导通正常，万用表指针有一定的偏转。将黑表笔在继续保持与 A 极相接触的情况下与 G 极接触，给 G 极加上一个触发电压，若单向晶闸管已触发导通而处于导通态，此时应看到万用表指针明显地向小阻值偏转，此后，仍保持黑表笔和 A 极相接，断开黑表笔与 G 极的接触，若晶闸管仍处于导通态，就说明管子的导通性能是良好的，否则，管子可能是坏的。

2. 数字式万用表测单向晶闸管

根据单向晶闸管的性质，栅极 G 和阴极 K 之间存在着一个 PN 结，通过这个 PN 结可以判断单向晶闸管的栅极 G、阴极 K 和阳极 A。首先，将数字万用表调节旋钮拨至“二极管、蜂鸣”挡，用红表笔固定接触任一电极不变，黑表笔分别接触其余两个电极。如果黑表笔在接触一个极时，万用表显示 0.7V 左右的电压，则红表笔所接的为单向晶闸管的栅极 G，黑表笔所接的为单向晶闸管的阴极 K。而剩下的一个端子为阳极 A，其栅极 G 和阳极 A 之间的测量值应表现为溢出。若测得的不是上述结果，需将红表笔改换电极重复以上步骤，直至验证结果出现为止。

接着再来判断单向晶闸管的控制灵敏度。用数字万用表红表笔固定接触阳极 A 不变，黑表笔接触阴极 K，此时万用表应显示溢出（关断状态）。将红表笔在保持与 A 接通的前提下去碰触栅极 G，此时由于单向晶闸管转为导通状态，万用表应显示 0.7V 左右电压。接着将红表笔从控制极上撤离，再来观察导通状态是否能继续维持。如果经过反复多次测试，单向晶闸管都能保持持续导通状态，则说明管子触发灵敏可靠。

由于数字万用表二极管挡所能提供的测试电流仅有 1mA 左右，故此法只适用于维持电流较小的管子。

1.4.8 晶体管的代用

晶体管的代用原则如下：

① 极限参数高的晶体管，可代用极限参数低的晶体管；

② 只用一个 PN 结的锗或硅三极管可代用锗或硅二极管；用两只性能差的晶体三极管，可组成复合管代用相应的性能较好的三极管。

③ 普通三极管与其他元件组合，可代替特殊三极管或新型的半导体器件晶体管、场效应管、晶闸管等。

1.5 集 成 电 路

集成电路是继电子管、晶体管之后发展起来的又一类电子器件。其缩写为 IC，英文为 Integrated Circuit。它是用半导体工艺或薄、厚膜工艺（或这些工艺的结合）把晶体管、电阻及电容器等元器件，按电路的要求，共同制作在一块硅或绝缘基体上，然后封装而成的。这种在结构上形成紧密联系的整体电路，称为集成电路。

1.5.1 集成电路的命名、分类

1. 集成电路的命名

集成电路的命名方法按国家标准规定，每个型号由下列五个部分组成。

第一部分：表示符合国家标准，用字母 C 表示；

第二部分：表示电路的分类，用字母表示，具体含义见表 1-20；

第三部分：表示品种代号，用数字或字母表示，与国际上的品种保持一致；

第四部分：表示工作温度范围，用字母表示，具体含义见表 1-21；

第五部分：表示封装形式，用字母表示，具体含义见表 1-22。

表 1-20 用字母表示电路分类的具体含义表

字母	表 示 含 义
AD	模拟数字转换器
B	非线性电路（模拟开关；模拟乘、除法器；时基电路；锁相；取样保持电路等）
C	CMOS 电路
D	音响电路（收录机电路；录像机电路；电视机电路）
DA	数字模拟转换器
E	ECL 电路
F	运算放大器；线性放大器
H	HTL 电路
J	接口电路（电压比较器；电平转换器；线电路；外围驱动电路）
M	存储器
S	特殊电路（机电仪表电路；传感器；通信电路；消费类电路）
T	TTL 电路
W	稳压器
u	微型计算机电路

表 1-21 用字母表示工作温度范围表

字 母	工作温度范围℃
C	0～70
E	–45～80
R	–55～85
M	–55～125

表 1-22 用字母表示封装形式表

字母	封 装 形 式	字母	封 装 形 式
D	多层陶瓷、双列直插	K	金属、菱形
F	多层陶瓷、扁平	P	塑料、双列直插
H	黑瓷低熔玻璃、扁平	T	金属、圆形
J	黑瓷低熔玻璃、双列直插		

在实际应用中，除了国家标准规定的型号外，还常用以下方式表示集成电路的型号。

XX　　XXXXX

ⓐ　　　ⓑ

其中，a 为工厂产品代号，以数字或字母表示（同国外标法一致）；b 为产品品种代号，以数字或字母表示，与国际上的品种表示一致。

这类产品的电特性基本上与国外同类品种代号的产品相一致，可以互相代换使用，只是质量一致性试验的要求略低于国外同型号的集成电路。

2. 集成电路的分类

集成电路的分类方法很多，可从以下几个方面来划分。

（1）按使用功能分类

按使用功能集成电路可分为模拟集成电路（如运算放大器、稳压器、音响电视电路、非线性电路）、数字集成电路（如微机电路、存储器、CMOS 电路、ECL 电路、HTL 电路、TTL 电路、DTL 电路），特殊集成电路（如传感器、通信电路、机电仪表电路、消费类电路），接口集成电路（如电压比较器、电平转换器、线驱动接收器、外围驱动器）。

（2）按集成度分类

按集成度（单位面积内所包含的元件数）集成电路可分为小规模集成电路（指集成度少于 100 个元件或少于 10 个门电路的集成电路），中规模集成电路（指集成度在 100～1000 个元件或在 10～100 个门电路之间的集成电路），大规模集成电路（指集成度在 1000 个元件或 100 个门电路以上的集成电路），以及超大规模集成电路（指集成度在 10 万个元件或 10000 个门电路以上的集成电路）。

（3）按封装外形分类

集成电路按封装外形可分为直立扁平形、扁平形、圆形及双列直插形。其封装材料可用塑料、陶瓷、低熔玻璃等。以上四种类型的封装示意图分别如图 1-60～图 1-63 所示。

图 1-60　直立扁平形封装示意图

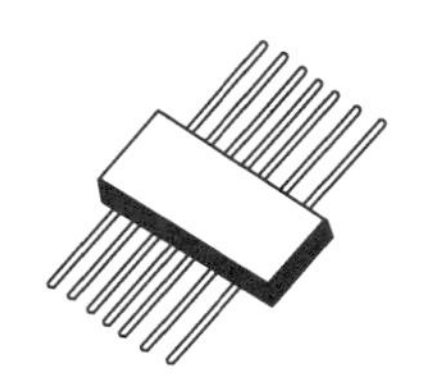

图 1-61　扁平形封装示意图

图 1-62　圆形封装示意图

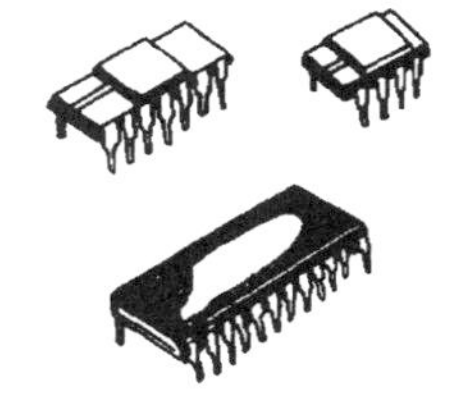

图 1-63　直插形封装示意图

（4）按制作工艺分类

按制作工艺集成电路可分为半导体集成电路和膜混合集成电路两类。半导体集成电路包括双极型电路和 MOS 电路（NMOS、PMOS、CMOS）。双极型集成电路是指其内部有电子和空穴两种载流子参与导电。MOS 电路则只有电子（NMOS）或空穴（PMOS）一种载流子参与导电。CMOS 电路则是将 NMOS 电路与 PMOS 电路并联使用连接成互补形式组成的集成电路。膜混合集成电路包括薄膜集成电路、厚膜集成电路及混合集成电路。

1.5.2　集成电路的封装、选用

1. 集成电路外形及引脚的识别

目前应用较普遍的集成电路封装形式有以下四种。

（1）圆形封装集成电路

圆形封装的集成电路形似晶体管，体积较大，外壳用金属封装。引脚有 3、5、8、10 多种，识别引脚时将引脚向上，找出其标记，通常为锁口突耳、定位孔及引脚不规则排列，从定位标记对应引脚开始顺时针方向读引脚序号，如图 1-64 所示。

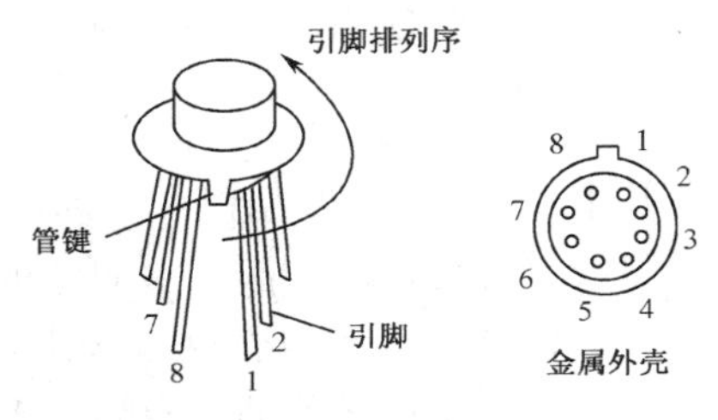

图 1-64　圆形结构集成电路外形图

（2）扁平形平插式结构

这类结构的集成电路通常以色点作为引线脚的参考标记，如图 1-65 所示。识别时，从外壳顶端看，将色点置于正面左方位置，靠近色点的引线脚即为第 1 脚，然后按逆时针方向读出 2、3、…各脚。

（3）单列、双列直插式结构

塑料封装的扁平直插式集成电路通常以凹槽作为引线脚的参考标记。单列直插式电路引线脚识别时将引脚向下置标记于左方，然后从左向右读出各脚，如图 1-66（a）所示。对没有任何标记的集成电路，应将印有型号的一面正向对着自己，再按上述方法读出引脚序号。双列直插式电路引脚识别时，引脚向下，将凹槽置于正面左方位置，靠近凹槽左下方第一个脚为 1 脚，然后按逆时针方向读第 2、3、…各脚，外形结构如图 1-66（b）所示。

（4）陶瓷封装的扁平形直插式结构

这种结构的集成电路通常以凹槽或金属封片作为引脚参考标记，如图 1-67 所示。引脚识别方法同前双列直插式结构。

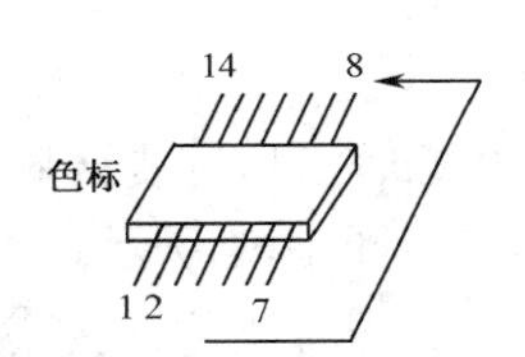

图 1-65　扁平形平插式结构集成电路外形图

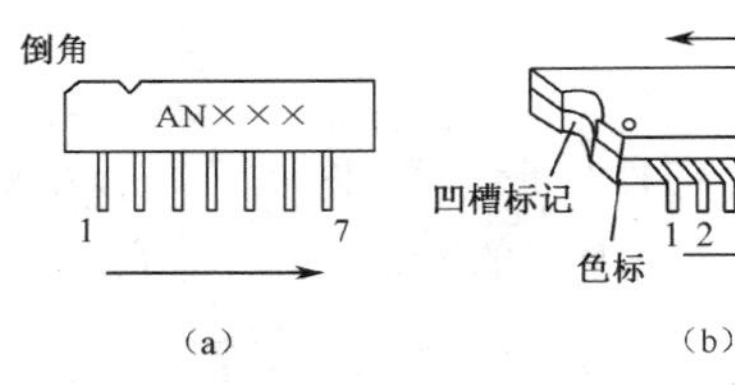

图 1-66　单列、双列直插式结构集成电路外形图

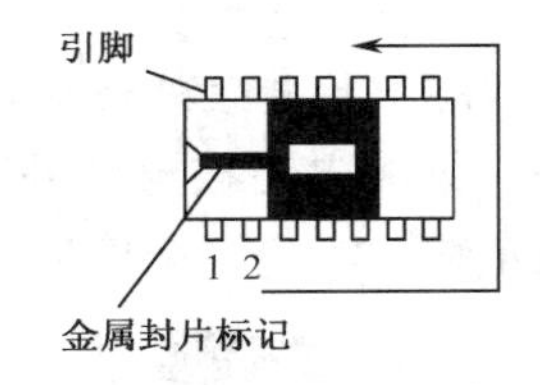

图 1-67　陶瓷封装的扁平形直插式集成电路外形图

2．典型集成块引脚示意图

运算放大器引脚如图 1-68 所示，音频功率放大器引脚如图 1-69 所示，集成稳压器引脚如图 1-70 所示。

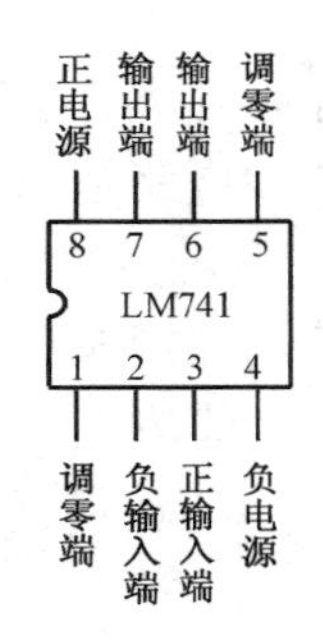

图 1-68　运算放大器引脚示意图

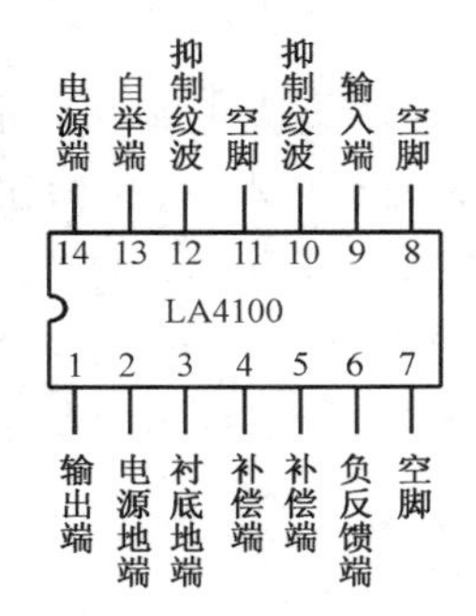

图 1-69　音频功率放大器引脚示意图

图 1-70　集成稳压器引脚示意图

3. 集成电路的选用

一般的集成电路在选择和使用时应注意几点内容：

① 首先根据集成电路的性能、特点选用。集成电路系列相当多，要选择一种合适的集成电路，充分发挥电路的效能，必须全面了解所用集成电路的性能和特点。这是一个逐步积累经验的过程。

② 对引线端子进行核查和判断。结合电路图对集成电路的引线编号、排列顺序核实清楚，了解各个引脚功能，确认输入/输出端位置、电源、地线等。

③ 集成电路焊接前的检查。

④ 集成电路的安装位置应该有利于散热通风，便于维修更换器件。焊接时要注意烙铁漏电可能对集成电路造成的损坏。

⑤ 安装完成之后应仔细检查各引脚焊接顺序是否正确，各引脚有无虚焊及互连现象，一切检查完毕之后方可通电。

1.5.3 常用集成电路芯片 555 定时器

1. NE555 定时器简介

NE555 是一种应用非常广泛的小规模集成电路，属于 CMOS 工艺制造。它的作用是用内部的定时器构成时基电路，给其他的电路提供时序脉冲。由于要求组成分压器的三个5kΩ电阻的阻值严格相等，所以称之为 555 定时器。NE555 时基电路有两种封装形式：DIP-8 双列直插封装和 SOP-8 小型（SMD）贴片封装。NE555 管脚图如图 1-71 示。

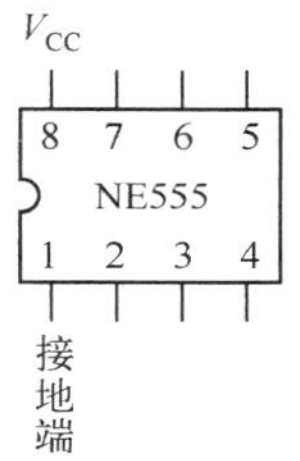

V_{CC}
8 7 6 5
NE555
1 2 3 4
接地端

图 1-71 NE555 管脚图

各管脚功能详细说明如下。

1 为接地端，接电源的负极。

2 为低电平触发端，输入低电平触发脉冲。

3 为输出端，输出高电压约低于电源电压 1～3V，输出灌电流可达 200mA，因此可直接驱动继电器、发光二极管、指示灯等。

4 为复位端，输入负脉冲（或使其电压低于 0.7V）可使 555 定时器直接复位。

5 为电压控制端，在此端外加电压可以改变比较器的参考电压。当不使用时，可连接一个 0.01μF 的接地电容，以防止引入干扰信号。

6 为高电平触发端，输入高电平触发脉冲。

7 为放电端，555 定时器输出低电平时，放电晶体管三极管被导通，外接电容元件通过该三极管放电。

8 为电源端，可接 5～18V 的直流电压。

2. NE555 定时器工作原理

NE555 的内部结构进行等效后，可看成由 3 个阻值为 5kΩ的电阻组成的分压器、2 个电压比较器 A_1 和 A_2、1 个基本 RS 触发器、1 个与非门 G_3、1 个放电三极管 V_1 和 1 个缓冲反相器 G_4 等组成，其等效电路如图 1-72 所示。

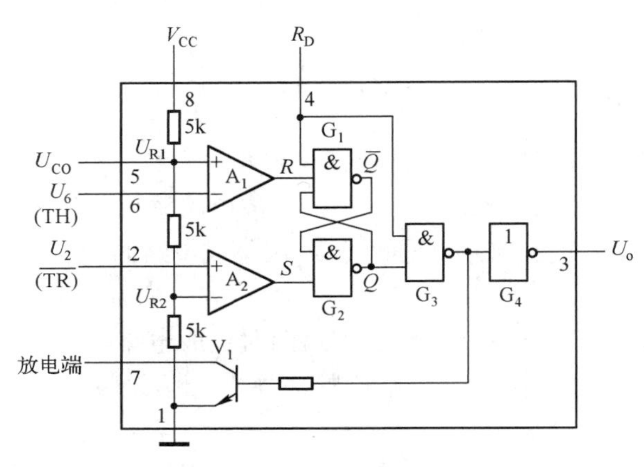

图 1-72 555 定时器内部等效电路图

555 定时器工作过程如下。

比较器 A_1 和 A_2 的比较电压为：$U_{R1}=\frac{2}{3}V_{CC}$，$U_{R2}=\frac{1}{3}V_{CC}$。

当 6 端子的输入信号 $U_6>U_{R1}$，2 端子的输入信号 $U_2>U_{R2}$ 时，比较器 A_1 输出低电平，比较器 A_2 输出高电平，基本 RS 触发器置 0，G_3 输出高电平，放电三极管 V_1 导通，定时器输出低电平。当输入信号 $U_6<U_{R1}$，$U_2>U_{R2}$ 时，比较器 A_1 输出高电平，比较器 A_2 输出高电平，基本 RS 触发器保持原状态不变，555 定时器输出状态保持不变。

当输入信号 $U_6>U_{R1}$，$U_2<U_{R2}$ 时，比较器 A_1 输出低电平，比较器 A_2 输出低电平，基本 RS 触发器两端都被置 1，G_3 输出低电平，放电三极管 V_1 截止，定时器输出高电平。

当输入信号 $U_6<U_{R1}$，$U_2<U_{R2}$ 时，比较器 A_1 输出高电平，比较器 A_2 输出低电平，基本 RS 触发器置 1，G_3 输出低电平，放电三极管 V_1 截止，定时器输出高电平。

1.5.4 集成电路应用须知

1. CMOS IC 应用须知

① CMOS IC 工作电源为+5～+15V，电源负极接地，电源不能接反。

② 输入信号电压应为工作电压和接地之间的电压，超出会损坏器件。

③ 多余的输入端一律不许悬空，应按它的逻辑要求接最大工作电压或地，工作速度不高时输入端并联使用。

④ 开机时，先接通电源，再加输入信号。关机时，先撤去输入信号，再关电源。

⑤ CMOS IC 输入阻抗极高，易受外界干扰、冲击和静态击穿，应存放在等电位的金属盒内。切忌与易产生静电的物质如尼龙、塑料等接触。焊接时应切断电源电压，电烙铁外壳必须良好接地，必要时可拔下烙铁电插头，利用余热进行焊接。

2. TTL IC 电路应用须知

① 在高速电路中，电源至 IC 之间存在引线电感及引线间的分布电容，既会影响电路的速度，又易通过共用线段产生级间耦合，引起自激。为此，可采用退耦措施，在靠近 IC 的电源引出端和地线引出端之间接入 0.01μF 的旁路电容。在频率不太高的情况下，通常只在印制电路板的插头处，每个通道入口的电源端和地端之间，并联一个 10～100μF 和一个

0.01～0.1μF 的电容，前者做低频滤波，后者做高频滤波。

② 多余输入端，如果是“与”门、“与非”门多余输入端，最好不悬空而接电源，如果是“或”门、“或非”门，便将多余输入端接地，可直接接地，或串接 1～10Ω电阻再接地。前一接法电源浪涌电压可能会损坏电路，后一种接法分布电容将影响电路的工作速度。也可以将多余输入端与使用端并联在一起，但是输入端并联后，结电容会降低电路的工作速度，同时也增加了对信号的驱动电流的要求。

③ 多余的输出端应悬空，若是接地或接电源，将会损坏器件。另外除集电极开路（OC）门和三态（TS）门外，其他电路的输出端不允许并联使用，否则引起逻辑混乱或损坏器件。

④ TTL IC 工作电源电压为+5V±10%，超过该范围可能引起逻辑混乱或损坏器件。U_{CC} 接电源正极，U_{EE}（地）接电源负极。

第 2 章　电子工艺的基本常识

电子产品在国民经济各个领域中的应用越来越广泛。每个电子产品都需要原料、材料，并经过各种工艺和加工，才能制成合格的产品。工艺是一种组织、指导手段，也是降低成本、减轻劳动强度和提高电子产品质量的重要环节。本章着重学习电子产品在工艺上的一些必备知识，为读者的后续学习打下基础。

2.1　焊 接 工 艺

在电子产品装配中，焊接是一种重要的连接方法，是一项重要的基础工艺，也是一种基本的操作技能。在电子产品实验、调试、生产等过程中的每个阶段，都要考虑和处理与焊接有关的问题。焊接质量的好坏，将直接影响着产品的质量。因此练习焊接操作技能非常必要。焊接的种类很多，本节主要阐述应用广泛的手工锡焊焊接。

2.1.1　焊接基本知识

焊接是使金属连接的一种方法。它是通过加热或加压或者两者并用的手段，在两种金属的接触面，通过焊接材料的原子或分子的相互扩散作用，使两金属间形成一种永久的牢固结合。利用焊接的方法形成连接的接点就称为焊点。

1. 焊接的分类、特点、方法

（1）焊接的分类

焊接的方法很多，按照焊接过程的物理特点可以归纳为熔焊、钎焊和压焊三大类。

① 熔焊：利用加热被焊件，使其熔化产生合金而完成焊接的方法。如电弧焊、气焊、超声波焊和电渣焊等。其中以电弧焊应用最为广泛。它可以分为手工电弧焊、埋弧焊和气体保护焊。

② 钎焊：利用熔点比被焊件低的钎料，与焊件共同加热到钎料熔化的温度，在被焊件不熔化的前提下，熔融钎料浸润焊件接头，依靠原子或分子的扩散而形成金属连接的焊接技术。在钎焊中起连接作用的钎料成为焊接材料，以后简称焊料。钎焊按照焊料的熔点不同可分为软焊（焊料熔点低于 450℃）和硬焊（焊料熔点高于 450℃）。

③ 压焊：也称为接触焊，是一种不用焊料和焊剂即可以获得可靠连接的焊接技术。按照接触方式的不同，分为点焊、对焊、缝焊等。

（2）锡焊的特点

采用锡铅焊料进行的焊接称为锡铅焊，简称为锡焊，它属于钎焊中的软焊。锡焊是最早得到广泛应用的一种电子产品的布线连接方法。当前，虽然焊接技术发展很快，但是锡焊在电子产品装配的连接技术中仍然占据主导地位。它与其他的焊接方法相比具有如下特点：

① 焊料熔点低，适用范围广。锡焊属于软焊，焊料熔化温度在 180℃～320℃之间。除含有大量的铬和铝等合金的金属材料不宜采用锡焊外，其他的金属材料大都可以采用锡焊。

② 焊接方法简单，易形成焊点。锡焊的焊点是利用熔融的液态焊料的浸润作用形成的，因而对加热量和焊料的要求都无须精确。例如用手工焊接工具电烙铁进行焊接就非常方便，对焊点的大小也允许有一定的自由度，很容易一次形成焊点。另外，还可用自动焊接技术进行焊接，成批地形成焊点。

③ 成本低且操作方便。锡焊比其他的焊接方法成本低，焊料价格便宜，焊接工具简单，操作起来方便，整修焊点、拆焊及重焊都很方便，且因焊料熔点低，有利于自动焊接的实现。

（3）焊接方法

焊接方法主要指手工焊接和自动焊接（机器焊接）。

先将经过镀锡的导线或元器件的引线进行弯曲成型，如图 2-1（a）所示。

① 手工焊接：采用手工操作的传统焊接方法，根据焊接前接点的连接方式不同，可分为绕焊、钩焊、搭焊、插焊等不同的方式。

a. 绕焊：将经过镀锡的导线或元器件的引线缠绕在焊接点处，用钳子拉紧缠牢后进行焊接的方法，如图 2-1（b）所示。注意导线一定要紧贴端子表面，绝缘层不接触端子（L 为导线绝缘皮与焊面之间的距离）。这种方式焊接强度最高，应用最广。高可靠的整机产品的接点，通常采用这种方法焊接。

b. 钩焊：将元器件的引线或导线端子弯成钩形，钩接在接线端子上并用钳子夹紧后进行焊接的方法，如图 2-1（c）所示。端头处理与绕焊相同。这种方法强度低于绕焊，但操作简便，适用于有一定机械强度要求、便于拆卸、不便于缠绕的接点上。

c. 搭焊：把经过镀锡的导线或者元器件的引线搭到接线端上进行焊接的方法，如图 2-1（d）所示。这种方法最方便但强度可靠性最差，它适用在易于调整或改焊的临时焊点。

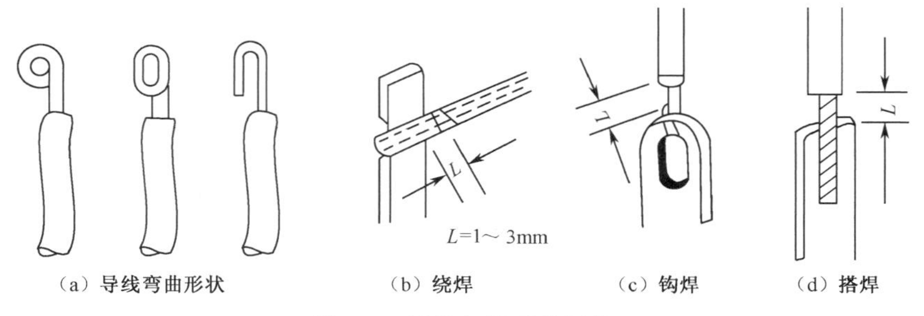

（a）导线弯曲形状　（b）绕焊　（c）钩焊　（d）搭焊

图 2-1　导线与端子的焊接

d. 插焊：将被焊元器件的引线或者导线插入洞孔形接点中进行焊接的方法。主要适用于带孔的圆形插针、插针、印制板的焊接。

② 机器焊接：这是在手工焊接基础上出现的自动焊接技术。它根据工艺方法的不同，可以分为浸焊、波峰焊和再流焊。

a. 浸焊：将装好元器件的印制板在熔化的锡锅内浸锡，一次完成板上的全部焊接接点的焊接方法。主要适用于小型印制板电路的焊接。

b. 波峰焊：是采用波峰机一次完成印制板上全部焊接点的焊接方法。它目前是印制板焊接的主要方法。

c. 再流焊：利用焊膏将元器件粘在印制板上，加热印制板后使焊膏中的焊料熔化，一次完成全部焊接点的焊接方法。目前主要应用于表面安装的片状形元件的焊接。

2. 焊接过程和焊点形成的必要条件

（1）焊接过程

① 熔融焊料在被焊金属表面的润湿过程：作为第一阶段，焊料必须在被焊件的金属表面充分铺开，即润湿。为使这个过程完好地进行，金属表面的清洁必须首先得以保证。熔融焊锡在金属表面的扩展范围与熔锡和金属面的接触角（又称润湿角）大小有关，也就是与作用在界面间的表面张力有关。接触角在20°～30°时，通常被认为是良好的接触。

② 熔融焊料在被焊金属表面的扩散过程：焊接过程中，发生润湿现象的同时，还伴有扩散现象，进而才能形成界面层或合金层。因晶格中金属原子进行着热运动，当温度足够高时，某些原子就会由原来的位置转移到其他的晶格，该现象就叫做扩散。扩散的速度和范围与温度和时间有关。

③ 焊接完成，焊料开始冷却，在焊料和母材金属界面上形成合金层。合金层是锡焊中极其重要的结构层，没有它或者太少，将会出现虚焊和假焊。

（2）焊点形成的必要条件

① 被焊金属材料应具有良好的可焊性

可焊性是指被焊接的金属材料与焊料在适当的温度和助焊剂的作用下，形成良好结合的能力。铜是导电性能良好和易于焊接的金属材料，常用的元器件引线、导线及焊盘等，大多采用铜材或镀铝锡合金的金属材料，除铜以外，金、银、铁等都具有良好的可焊性，但它们不如铜应用广泛。

② 被焊金属材料表面应清洁

为使熔融焊锡能良好地润湿固体金属表面，重要条件之一就是让被焊件金属表面保持清洁，使后面的焊接过程能顺利完成。

③ 助焊剂使用要适当

助焊剂的性能一定要适合于被焊接的金属材料的焊接性能，这样才能很好地帮助清洁焊接界面，有助于熔化的焊锡润湿金属表面，从而使焊锡和被焊件结合牢固。

④ 合理选用焊接材料

焊料的成分和性能应与被焊接金属材料的可焊性、焊接温度、焊接时间、焊点的机械强度相适应，以达到易焊和焊牢的目的。

⑤ 适当的温度选择

锡焊是利用加热的方法使金属连接的，所以只有将焊料和被焊件加热到适当的焊接温度，才能使它们完成焊接过程并最终形成牢固的焊点。

⑥ 适当的焊接时间

焊接时间的长短要适当，过长会损坏焊接部位或元器件；过短则达不到焊接要求。

2.1.2 焊接工具

使用合适的工具，可以大大提高装配工作的效率和产品质量。

电子产品常用的工具有：电烙铁、尖嘴钳、斜口钳、镊子、剪子、改锥等普通工具。专用工具有导线剥线钳、开口螺钉旋具等。

电烙铁是电子产品装配人员常用的手工焊接的基本工具之一，可用于焊接、维修及更换元器件。

1. 电烙铁的种类

（1）外热式电烙铁

外热式电烙铁的结构如图 2-2 所示。由于烙铁头安装在烙铁心中，故称为外热式电烙铁。

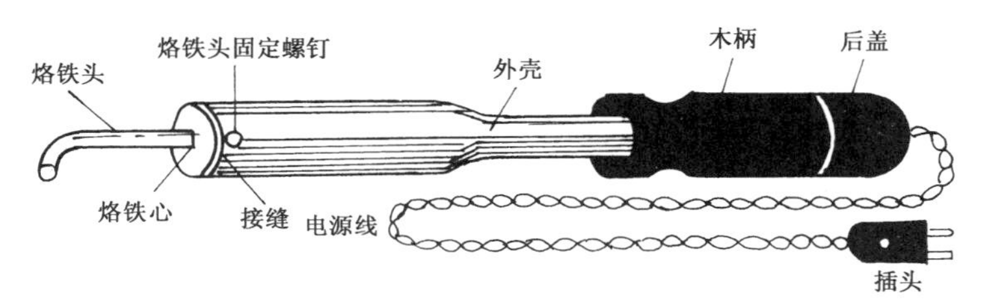

图 2-2　外热式电烙铁的结构

烙铁心是电烙铁的关键部件，它是将电热丝平行地绕制在一根空心瓷管上构成的，中间由云母片绝缘，并引出两根导线与 220V 交流电源连接。烙铁心的结构如图 2-3 所示。

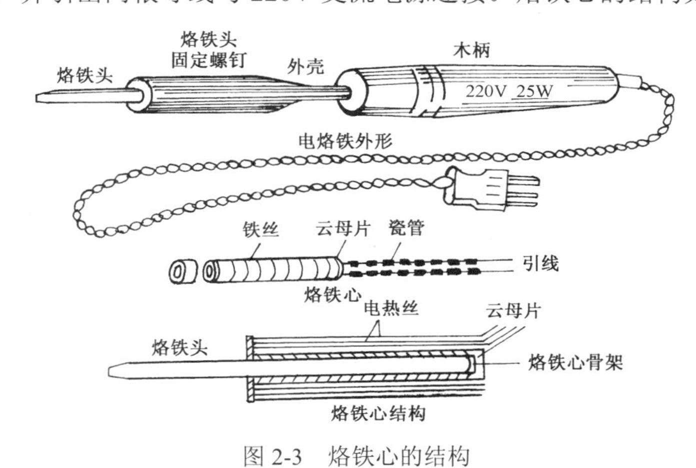

图 2-3　烙铁心的结构

外热式电烙铁一般有 20W，25W，45W，75W，100W，150W，300W 等多种规格。功率越大，烙铁的热量越大，烙铁头的温度也就越高。电烙铁的功率大小一般标在烙铁的手柄上，也可以通过测量烙铁心的电阻来判断，烙铁心的功率规格不同，其内阻也不同。20W 烙铁的阻值约为 2.4kΩ，25W 烙铁的阻值约为 2kΩ，45W 烙铁的阻值约为 1kΩ，75W 烙铁的阻值约为 0.6kΩ，100W 烙铁的阻值约为 0.5kΩ。当我们不知所用的电烙铁为多大功率时，便可测量其内阻值，按参考所给阻值予以判断。要注意，焊接印制电路板时，一般使用 25W 电烙铁。因为功率过大的烙铁，温度太高，容易烫坏元器件或使电路板铜箔翘起或脱落；反之，又由于温度太低使焊锡不能充分熔化，造成焊点的不光滑、不牢固。所以，对电烙铁的功率应根据不同的对象合理选用。

烙铁头是由紫铜材料制成的，它的作用是储存热量和传导热量，它的温度必须比被焊接件的温度高很多。烙铁的温度与烙铁头的体积、形状、长短等都有一定的关系。当烙铁头的体积比较大时，则保持温度的时间就长些。另外，为适应不同焊接物的要求，烙铁头的形状有所不同，常见的有锥形、凿形、圆斜面形等，具体的形状如图 2-4 所示。

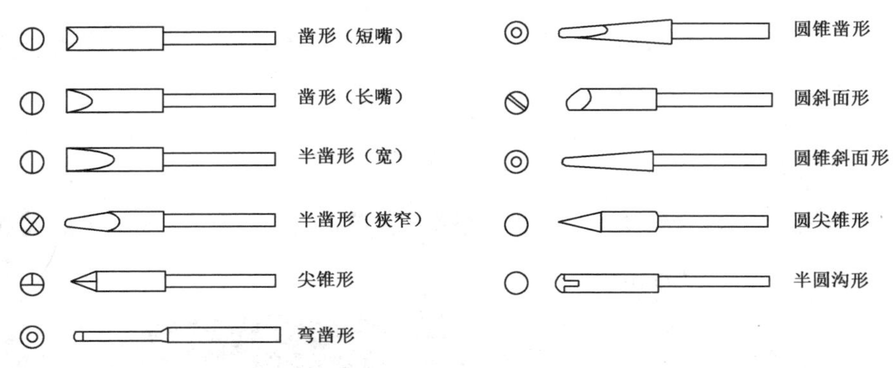

图 2-4 烙铁头的形状

总的来说，外热式电烙铁的特点是：构造简单、价格便宜、体积大、功率范围大，但热效率低，升温慢。

（2）内热式电烙铁

内热式电烙铁的结构如图 2-5 所示，由于烙铁心安装在烙铁头中，因此，称为内热式电烙铁。它具有发热快（通电 2min 左右就可以使用）、体积小、重量轻和省电等优点，得到了广泛的使用。

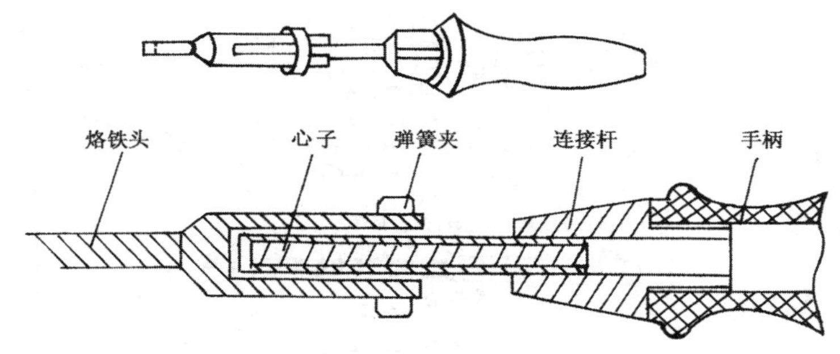

图 2-5 内热式电烙铁的外形与结构

内热式电烙铁的常用规格有 20W，30W，50W 等几种。由于它的热效率高，20W 内热式电烙铁就相当于 25～40W 的外热式电烙铁。内热式电烙铁，比较适用于晶体管等小型电子元器件和印制电路板的焊接。

内热式电烙铁头的后端是空心的，用于套接在连接杆上，并且用弹簧夹固定，当需要更换烙铁头时，必须先将弹簧夹退出，同时用钳子夹住烙铁头的前端，慢慢地拔出，切记不能用力过猛，以免损坏连接杆。

（3）恒温电烙铁

恒温电烙铁的烙铁头温度是可以控制的，根据控制方式的不同可以分为电控的和磁控的恒温电烙铁。目前多采用的是磁控式恒温电烙铁。这种电烙铁借助于电烙铁内部的磁性开关而达到恒温的目的。由于断续加热，可比普通电烙铁节电 50%左右，并且升温速度快。它可以让烙铁头始终保持在适于焊接的温度范围内，焊料不易氧化，可减少虚焊，并提高产品的质量，而且它的温度范围变化小，电烙铁不会发生过热现象，从而可以延长烙铁的使用寿命，防止被焊件因温度过高而损坏。在焊接集成电路、晶体管元器件时，温度不能太高，焊接时间不能过长，否则就会因温度过高造成元器件的损坏，因而对电烙铁的温度要给以限制。而恒温电烙铁正好可以满足这一要求。此外，恒温电烙铁还有体积小，重量轻的优点，可以减轻操作者的劳动强度。

（4）吸锡电烙铁

在电子产品的调试和维修过程中，有时需要拆焊，即从某个焊点上取下所焊元器件。若采用普通的焊锡烙铁，往往会因该焊点上的锡砣不易清除，而难以拆焊。这时，若用吸锡电烙铁进行拆焊，就会非常方便。

吸锡电烙铁是将活塞式吸锡器与电烙铁融为一体的拆焊工具。与普通的电烙铁相比，其烙铁头是空心的，而且多了一个吸锡装置，具有使用方便、灵活、适用范围广等特点。不足之处是每次只能对一个焊点进行拆焊。操作时，接通电源预热 3～5min，然后将活塞柄推下并卡住，把吸锡铁的吸头前端对准欲拆焊的焊点，待焊锡熔化后，按下按钮，活塞便自动上升，焊锡即被吸进气筒内。另外，吸锡器配有两个以上直径不同的吸头，可根据元器件引线的粗细进行选用。每次使用完毕后，要推动活塞三四次，以清除吸管内残留的焊锡，使吸头与吸管畅通，以便下次使用。

2. 电烙铁的选用

由前述可知，电烙铁的种类及规格有很多种，而且被焊工件的大小又有所不同，因而合理地选用电烙铁的功率及种类，对提高焊接质量和效率有直接的关系。如果被焊件较大，使用的电烙铁功率较小，则焊接温度过低，焊料熔化较慢，焊剂不能挥发，焊点不光滑、不牢固，这样势必造成焊接强度及质量的不合格，甚至焊料不能熔化，使焊接无法进行。如果电烙铁的功率太大，会使过多的热量传递到被焊工件上面，使元器件的焊点过热，造成元器件的损坏，致使印制电路板的铜箔脱落，焊料在焊接时向上流动过快，且无法控制。

选用电烙铁时，可以从以下几个方面进行考虑。

（1）焊接集成电路、晶体管及受热易损元器件时，应选用 20W 内热式、25W 的外热式电烙铁或者恒温电烙铁。

（2）焊接导线及同轴电缆时，应先用 45～75W 外热式电烙铁，或 50W 内热式电烙铁。

（3）焊接较大的元器件时，如输出变压器的引线脚、大电解电容器的引线脚、金属底盘接地焊片等，应选用 100W 以上的电烙铁。

另外，经过选择电烙铁的功率大小后，已基本满足焊接温度的需要，但是仍不能完全适应印制电路板中所装元器件的需求。如焊接集成电路与晶体管时，烙铁头的温度就不能太高，且时间不能过长，此时便可将烙铁头的长度进行调整。适当调整烙铁头插在烙铁心上的长度，进而可以控制烙铁头的温度。

3. 电烙铁的使用和注意事项

（1）电烙铁使用前的检查

① 使用前要从外观看看电源线有无破损，手柄和烙铁头有无松动。如有破损或松动，要及时处理和更换，以避免漏电等不安全事故发生；

② 然后用万用表欧姆挡检测电烙铁插头两端，内阻应为 0.5～2kΩ，功率越大，电烙铁的内阻越小。不能有开路和短路，插头和外壳之间的绝缘电阻应在 2～5MΩ之间才能使用，即基本处于绝缘状态。否则应查明原因并排除后再予以使用。

（2）新烙铁在使用前的处理

新烙铁不能买来就用，在经过使用前检查，确认可用后，还必须先对烙铁头进行处理后才能正常使用。

对烙铁头的处理方法叫做搪锡或者上锡，即使用前先给烙铁头镀上一层焊锡。具体的方法是：首先用小刀、锉刀或者细砂纸把烙铁头斜面刮光或者锉成一定的形状，然后接上电源预热。当烙铁头温度升至能熔锡时，很快蘸上松香，然后再均匀地沾上锡。这样，在烙铁头上就会附着一层银白色的锡。经过这样处理后的烙铁就可备用了。

烙铁头通常用紫铜棒锉成不同的形状，以供各种焊接使用，如：当焊接精密电子器件的小型焊接点时，烙铁头常做成锥形；当焊接印制板及一般焊接点时，宜使用内热式圆斜面的烙铁头；焊接印制板时还可以用凹烙铁头和空心烙铁头。焊接装配密度较大的产品时，为避免烫伤周围其他的元器件和导线，又便于接近深处的焊接点，通常选用加长錾式烙铁头，且它的角度根据需要可制成 45°、10°～25°等几种。另外，还常用合金烙铁头，它不需加工，磨损后可报废处理。

当烙铁使用一段时间后，烙铁头的刃面及其周围就会产生一层氧化层，氧化腐蚀严重的会在烙铁头斜面呈现出凹坑，这样便会产生“吃锡”困难的现象，此时可用锉刀等工具锉去氧化层，还原成原来的斜面形状，然后再重新上锡即可（断电操作）。

（3）电烙铁的握法

根据电烙铁的大小、形状和被焊件的位置、大小等要求的不同，电烙铁的握法可分为三种，如图 2-6 所示。图 2-6（a）为反握法，就是用五指把电烙铁的柄握在掌内。此法适用于大功率电烙铁，焊接散热量较大的被焊件。这种握法焊接时动作稳定，长时间焊接不易疲劳。图 2-6（b）所示为正握法，此法使用的电烙铁也比较大，且多为弯形烙铁头的操作，或用直烙铁头在大型机架上的焊接。图 2-6（c）为握笔法，就像手握笔的姿势。此法适用于小功率的电烙铁，焊接散热量少的被焊件。

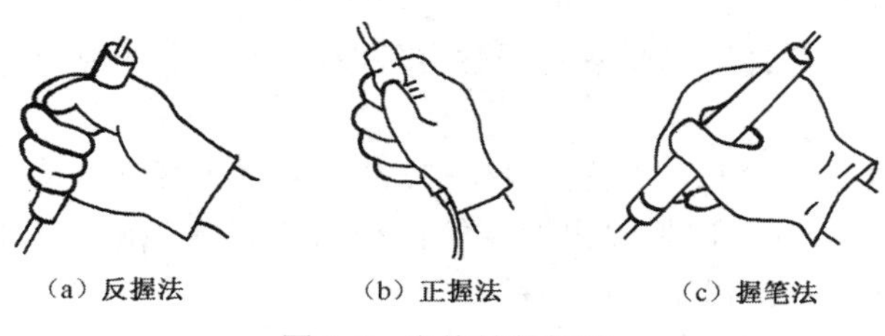

（a）反握法　（b）正握法　（c）握笔法

图 2-6　电烙铁的握法

（4）电烙铁使用的注意事项

① 电烙铁加热后的温度很高，一般都大于 200℃。因此，暂时不用的电烙铁，要放在烙铁架上（一般将烙铁架置于工作台的右前方），更不要用手去触摸烙铁头试温度。以免不小心烫伤别人或自己。

电烙铁在加热时，应避免震动，使用时要轻拿轻放，不能用来敲击。

② 烙铁头要经常保持清洁，可以蘸一些松香剂，也可以用湿的耐高温的海绵擦除烙铁头上的脏物。另外，应间隔一段时间将烙铁头取出，倒去氧化物，重新插入时要拧紧，防止烙铁头和烙铁心烧结在一起。

③ 不可将烙铁头上多余的锡乱甩。

④ 电烙铁不宜长时间通电而不使用，因为这样容易使电烙铁心加速氧化而烧断，同时也将使烙铁头区长时间加热而氧化，甚至被烧“死”不再“吃锡”。所以，在停止使用电烙铁时，应拔出电源插头。

⑤ 更换烙铁心时要注意引线一定不能接错，因为电烙铁有三个接线柱，而其中一个是

接地的，另外两个是接烙铁心两根引线的，它们直接与 220V 交流电源相接。如果接错，则电烙铁外壳就会带电，这样将发生触电事故。

4. 电烙铁使用中的常见故障及维护

电烙铁在使用过程中常见的故障有：电烙铁通电后不热、烙铁头不吃锡、烙铁带电等。下面以内热式 20W 电烙铁为例加以说明。

（1）电烙铁通电后不热

遇到此故障时可以用万用表的欧姆挡测量烙铁电源插头的两端，如果表针不动，说明有断路故障。当插头本身没有断路故障时，即可卸下胶木柄，再用万用表测量烙铁心的两根引线，如果表针仍不动，说明烙铁心损坏，应更换新的烙铁心。如果测量烙铁心两根引线电阻值为 2.5kΩ左右，说明烙铁心是好的，故障出现在电源引线及插头上，多数故障为引线断路，插头中的接点断开。可进一步用万用表的 R×1 挡测量引线的电阻值，便可发现问题。

更换烙铁心的方法是：将固定烙铁心引线螺钉松开，将引线卸下，把烙铁心从连接杆中取出，然后将新的同规格烙铁心插入连接杆，将引线固定在螺钉上，并注意将烙铁心露出的多余引线头剪掉，以防止两根引线短路。

如果当测量插头的两端时万用表的表针指示接近零欧姆，说明有短路故障，多为插头内短路，或者是防止电源引线转动的压线螺钉脱落了，导致接在烙铁心引线上的电源线断开而发生短路。当发现短路故障时，不要通电，以免烧坏熔断器（保险丝），应及时将故障排除后再使用。

（2）烙铁头带电

烙铁头带电除前面所述的电源线错接在接地线的接线柱上的原因外，当电源线从烙铁心接线螺钉上脱落后，又碰到了接地线的螺钉上，也会造成烙铁头带电。这种故障最容易造成触电事故，并造成元件损坏。因此，要随时检查压线螺钉是否松动或丢失。如有松动或丢失应及时配好。

（3）烙铁头不“吃锡”或者出现凹坑

当电烙铁使用一段时间后，就会因氧化而不沾锡，这就是“烧死”现象，也称做不“吃锡”，或者烙铁头出现凹坑氧化腐蚀层。严重时，它的刃面形状也会发生变化。当出现这些情况时，可用细砂纸或锉刀将烙铁头上氧化层及凹坑重新打磨或锉出原来的形状，然后重新镀上焊锡就可继续使用。

（4）其他注意事项

为延长烙铁头的使用寿命，必须注意以下几点：

① 经常用耐高温的湿布、浸水海绵擦拭烙铁头，以保持烙铁头良好地挂锡，并可防止残留助焊剂对烙铁头的腐蚀。

② 进行焊接时，应采用松香或弱酸性助焊剂。

③ 焊接完毕时，烙铁头上的残留焊锡应该继续保留，以防止再次加热时出现氧化层。

5. 其他常用工具

① 尖嘴钳。它头部较细，适用于夹小型金属零件或弯曲的元器件引线，不宜用于敲打物体或夹持螺母。

② 平嘴钳。小平嘴钳钳口平直，可用于夹弯曲的元器件管脚或导线。因其钳口无纹路，所以，适用于导线拉直、整形等。但因钳口较薄，不易夹持螺母或需施力较大的部件。

③ 斜嘴钳。它用于剪焊接后的线头，也可与尖嘴钳合用剥导线的绝缘皮。

④ 剥线钳。它专用于剥有包皮的导线。使用时注意将需剥皮的导线放入合适的槽口，剥皮时不能剪断导线。剪口的槽合拢后应为圆形。

⑤ 平头钳（克丝钳）。其头部较平宽，适用于螺母、紧固件的装配操作。一般适用紧固 M5 螺母，但不能代替锤子敲打零件。

⑥ 镊子。有尖嘴镊子和圆嘴镊子两种。尖嘴镊子用于夹持较细的导线，以便于装配焊接。圆嘴镊子用于弯曲的元器件引线和夹持元器件焊接等，用镊子夹持元器件焊接还起散热作用。

⑦ 螺丝刀。它又称起子、改锥。有“一”字式和“十”字式两种，专用于拧螺钉。根据螺钉大小可选用不同规格的螺丝刀。但在拧时，不要用力太猛，以免螺钉滑口。

另外，钢板尺、盒尺、卡尺、扳手、小刀、锥子等也是经常用到的工具。

2.1.3 焊接材料

焊接材料是实施焊接作业的必备条件，合格的材料是焊接的前提，了解这方面的基本知识，对掌握焊接技术是必需的。

1. 焊料

（1）焊料的种类

焊料是焊接中用来连接被焊金属与易熔的金属及其合金。焊料的熔点比被焊物熔点低，而且要易于与被焊物连为一体。

焊料按其组成成分，可分为锡铅焊料、银焊料、铜焊料。按照使用的环境温度又可分为高温焊料（在高温环境下使用的焊料）和低温焊料（在低温环境下使用的焊料）。

（2）焊料的选用

各种不同的焊料具有不同的焊接特性，应根据焊接点的不同要求来合理选择。在工业生产中，焊接使用的焊料绝大多数是锡铅焊料，俗称焊锡。

锡铅焊料具有熔点低、抗腐蚀性能好、凝固快、成本低、与铜及其他合金的钎焊性能好、导电性能好等优点，具体如下：

① 熔点低。它在 180℃便可熔化，使用 25W 外热式或 20W 内热式电烙铁便可进行焊接。

② 具有一定的机械强度。因锡铅合金的强度比纯锡、纯铅的强度要高，本身重量较轻，对焊点强度要求不是很高，故能满足其焊点的强度要求。

③ 具有良好的导电性。因锡铅焊料属良导体，故它的电阻很小。

④ 抗腐蚀性能好。焊接好的印制电路板不必涂抹任何保护层就能抵抗大气的腐蚀，从而减少了工艺流程，降低了成本。

⑤ 对元器件引线和其他导线的附着力强，不易脱落。

正因为锡铅焊料具有以上的优点，所以，在焊接技术中得到了极为广泛的应用。

锡铅焊料中熔点在 450℃以上的称硬焊料，熔点在 450℃以下的称软焊料。焊料中的主要成分是锡和铅，另外还含有一定量熔点比较低的其他金属杂质，如锌、铜、铁等，它们的熔入，在不同程度上将对焊接造成影响。如焊料中熔入 0.001%的锌，就会对焊接质量产生影响；熔入 0.005%锌时，会使焊点表面失去光泽，焊料的铺展性和润湿性会变差，焊接印制板时容易出现桥接和拉尖。再如焊料中的铁，会使焊料熔点升高，难以焊接。例如焊料中有 1%的铁，焊料就焊不上，并且会使焊料带有磁性。因此，锡铅合金的性能，就要随着锡铅的配比变化而变化。在市场上出售的焊锡，由于生产厂家的不同，其配制比例有很大的差别，为能使其焊锡配比满足焊接的需要，就要选择配比最佳的锡铅焊料。锡铅焊料的状态图，能帮助分析各种比例下锡铅合金焊料的特性。图 2-7 中的 *a* 点为铅的熔点（327℃），*c* 点为锡的熔点（232℃），*abc* 为液相线，就是指任何比例的焊料均以这条线为界，线的上方为液态。*dbe* 线叫做共晶线，*b* 点为共晶点，共晶点的锡铅比例分别为 62.7%和 37.3%，称为共晶合金焊锡，这种合金的熔点和凝固点相同，即 183℃。因这种焊锡不经过半凝固状态，从而缩短了焊接时间。因此，共晶合金是合金焊料中较好的一种，其优点是熔点低、结晶间隔很短、流动性好、机械强度高，所以，在电子产品的焊接中大都采用这种比例的焊锡。

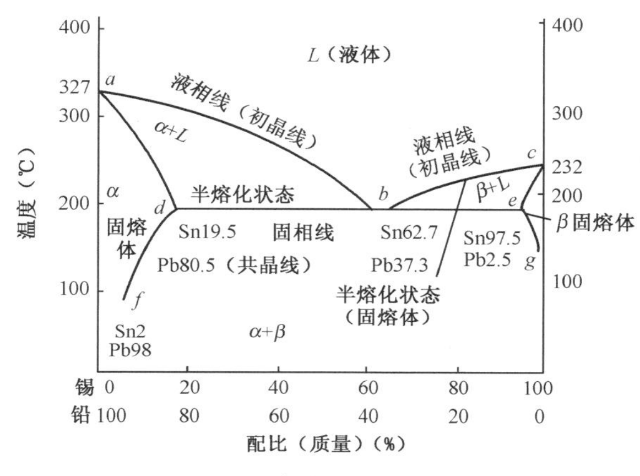

图 2-7　锡铅焊料状态图

常用的焊锡配比是：

- 锡 60%、铅 40%，熔点 182℃；
- 锡 50%、铅 32%、镉 18%，熔点 145℃；
- 锡 35%、铅 42%、铋 23%，熔点 150℃。

焊料的形状有圆片、带状、球状、焊锡丝等几种。常用的是焊锡丝，在其内部夹有固体焊剂松香，即带有松香心的焊锡丝。焊锡丝的直径种类很多。常用有 8mm、4mm、3mm、2mm、1.5mm 等。

抗氧化焊锡是在工业生产中自动化生产线上使用的焊料，如波峰焊等。这种液体焊料暴露在大气中时，焊料极易氧化，这样将产生虚焊，影响焊接质量。为此在锡铅焊料中加入少量活性金属，形成覆盖层保护焊料，不再继续氧化，从而提高焊接质量。

2. 助焊剂

助焊剂简称焊剂，与焊料不同，它主要用来增加润湿性，帮助加速焊接的过程，因而被广泛使用。使用助焊剂可提高焊接质量，保护被焊件表面不受损伤。

（1）助焊剂的作用

① 去除氧化物。在进行焊接时，为能使被焊物与焊料焊接牢靠，就必须要求金属表面无氧化物和其他污物，只有这样才能保证焊锡与被焊物的金属表面固体结晶组织之间发生合金反应，即原子状态的相互扩散。因此，在焊接开始之前，必须采取各种有效措施将氧化物和杂质除去。

除去氧化物与杂质，通常有两种方法，即机械方法和化学方法。机械方法是用砂纸和刀子将其除掉；化学方法则是用焊剂清除，焊剂能熔解并去除金属表面的氧化物和污物并且用焊剂清除具有不损坏被焊物及效率高等特点。因此，焊接时，一般都采用这种方法。

② 防止焊料在加热中的氧化。焊剂除了上述所讲的去氧化物的功能外，还具有加热时防止氧化的作用。焊接时所有的金属在加热过程中几乎都会被氧化，而焊剂能在加热时包围金属表面，在整个金属表面上形成一层薄膜，使金属与空气隔绝，从而起到了加热过程中防止氧化的作用。

③ 降低焊料的表面张力，有助焊料的润湿。当焊料熔化后将贴附于金属表面，但由于焊料本身表面张力的作用，力图变成球状，从而减小了焊料的附着力，而焊剂则有减少表面张力、增加流动性的功能，故增强了焊料附着力，使焊接质量得到了提高。

④ 能加快焊接速度。在焊接中，烙铁头的表面与被焊物的表面之间存在许多间隙，在间隙中充有空气，空气又为隔热体，这样必然使被焊物的预热速度减慢。因焊剂的熔点比焊料和被焊物的熔点都低，故先熔化，并填满间隙和润湿焊点，使烙铁头的热量通过它很快地传递到被焊物上，从而使预热的速度加快。

（2）助焊剂的组成

焊剂一般由活性剂、树脂、扩散剂、溶剂四部分组成。

① 活性剂是焊剂的主要成分，其主要功效在于焊接时帮助去除焊接表面的氧化物，保证焊接质量。通常是用磷苯二甲酸、溴化水杨酸、有机盐酸盐等作为活性剂。虽然活性剂加入量越大焊接效果越好，但会使绝缘电阻变小、介质损耗、防腐蚀性能相应变差，因而活性剂的添加量要根据需要来选择。

② 树脂主要用于保护金属表面和熔融的焊料不被氧化，常用的是松香、改性松香及其他的有机高分子化合物。它的含量增加，焊剂的电绝缘性能、防腐性能会相应提高，但可焊性会相应降低，一般树脂的添加量应在2%～10%为好。

③ 扩散剂的主要作用是在焊接时使熔化的焊料向四面扩散，深入焊缝，同时使部分树脂形成薄膜，保护熔化的焊料表面不被氧化。常用的扩散剂有甘油、松节油之类的油脂和高价醇类。

④ 熔剂的作用是将前三种焊剂全部熔解为液态焊剂。它有乙醇类、脂类、石油类及水等多种类型，一般使用的是廉价的乙醇类。

（3）助焊剂的种类

助焊剂可分为无机焊剂、有机焊剂和树脂型焊剂三大类。在电子产品的生产中，以松香为主要成分的树脂型焊剂占有重要地位，成为专用型号的焊剂。

① 无机焊剂。这种类型的助焊剂的主要成分是氯化锌、氯化氨等的混合物，其熔点约在 180℃以下。它具有化学作用强，助焊性能好，但腐蚀性大的特点。因此，在焊接中一般不用该类焊剂，而只能用在可清洗的金属制品焊接中，用后还必须将焊接部位清洗干净。如果对残留焊剂清洗不干净，就会造成被焊物的损坏。如果用于印制电路板的焊接，将破坏印制板的绝缘性能。市场上出售的各种焊油多数属于这类，用它可作为熔剂使用。

② 有机焊剂。有机系列助焊剂是由有机酸、有机类卤化物等组成的。这种助焊剂的特点是化学作用缓和、助焊性能较好、可焊性高。不足之处是仍有一定的腐蚀性，且残渣不易清洗干净，焊接中分解的胺类等物质会污染空气。所以它通常只是作为活化剂与松香一起使用。

③ 树脂型焊剂。这种焊剂系列中最常用的是在松香焊剂中加入活化剂，即它的主要成

分是松香。松香是一种天然产物，它的成分与产地有关。用做焊剂的松香是从各种松树分泌出来的汁液中提取的，采用蒸馏法加工可形成固态松香。另外，还有松香酒精焊剂，它是指用无水乙醇溶解纯松香配制成 20%～30%的乙醇溶液。这种焊剂的优点是没有腐蚀性，具有高绝缘性能和长期的稳定性及耐湿性。焊接后清洗容易，并形成膜层覆盖焊点，使焊点不被氧化腐蚀。所以在电路的焊接中常常采用松香、松香酒精焊剂。

松香无污染、无腐蚀性，绝缘性能较好，但活性差。所以为提高其活性，在松香焊剂中加入活性剂，就构成了活性焊剂，它在焊接过程中，能去除金属氧化物及氢氧化物，使被焊金属与焊料相互扩散，生成合金。例如：201-1 焊剂就属于此种。另外，松香的化学稳定性差，在空气中易氧化和吸潮，残渣不易清洗，可用改性松香替代。

（4）助焊剂的选用

选用焊剂通常以被焊金属材料的焊接性能及氧化、污染等作为优先考虑因素。另外，电子元器件的引线多数是镀了锡的，但也有的镀了金、银或镍的，所以可根据这些金属的焊接性能的不同和金属分布的不同来选用不同的焊剂。

铂、金、铜、银、锡等金属的焊接性能较强，为减少焊剂对金属的腐蚀，多选用松香焊剂。尤其在手工焊接时，多用的是松香焊锡丝。常用的 HLSnPb39 焊锡丝就非常适合这些金属的焊接。

对于铅、黄铜、青铜等金属可选用有机焊剂中的中性焊剂，因这些金属比上述金属焊接性能差，如用松香焊剂将影响焊接质量。

对于镀锌、铁、锡镍合金等，因焊接较困难，可选用酸性焊剂。当焊接完毕后，必须对残留焊剂进行清洗。

选用焊剂通常还要考虑焊接的方式和焊剂的具体用途。对于手工焊接可使用活性焊接丝或者固体焊剂和糊状焊剂，也可以使用液体焊剂，但浓度要选择相应大一些的。印制板的自动焊接中的浸焊、波峰焊就一定要用液体焊剂。

3. 阻焊剂

焊接中，特别在浸焊和波峰焊中，为提高焊接质量，需要耐高温的阻焊涂料，使焊料只在需要的焊接部位进行焊接，而把不需要焊接的部位保护起来，起到一种阻碍焊接的作用，这种阻碍焊接的材料就叫做阻焊剂。

（1）阻焊剂的优点

阻焊剂可防止拉尖、桥接、短路、虚焊等现象的发生，减少焊接返修率，提高焊接质量；使焊接板面不易起泡、分层，并且除了焊盘外，其他的部位都被它保护起来，同时还可节省焊料；如使用有色的阻焊剂，那么被焊件的板面会整洁、美观。

（2）阻焊剂的类别与选用

阻焊剂按成膜方法，分为热固化型和光固化型两大类，即所用的成膜材料是加热还是光照固化。目前热固化型阻焊剂逐步被淘汰，光固化型阻焊剂被大量使用。

热固化型阻焊剂使用的成膜材料主要是环氧树脂、氨基树脂、酚醛树脂等，一般都需要在 130℃～150℃加热固化。热固化型阻焊剂虽然价格便宜，黏结强度高，但它由于加热固化时间长、温度要求高，被焊件板面容易变形，能源消耗大，不能实现连续化生产等缺点，而不被大量使用。

光固化型阻焊剂使用含有不饱和双键的乙烯树脂、丙烯酸、聚氨酯等成膜材料。在汞灯下照射 2～3min 即可固化，因而可大量节省能源，且便于自动化生产，从而提高了生产效率。

2.1.4 焊接技术

在电子产品的制造、装配、调试过程中离不开焊接。因此，在掌握焊接理论知识的同时，还应正确和熟练地掌握焊接操作技能，确保各种电子产品的质量。电子产品的焊接方法主要有手工焊接、浸焊和波峰焊接等。下面主要介绍手工焊接技术。

1. 焊接前的准备

在检查烙铁头工具完好可用后，就应进行元器件的插装及引线加工成型、镀锡处理等准备工作。

（1）元器件插装

元器件在印制板上的插装方式有两种，一种是立式，另一种是卧式，如图 2-8 所示。

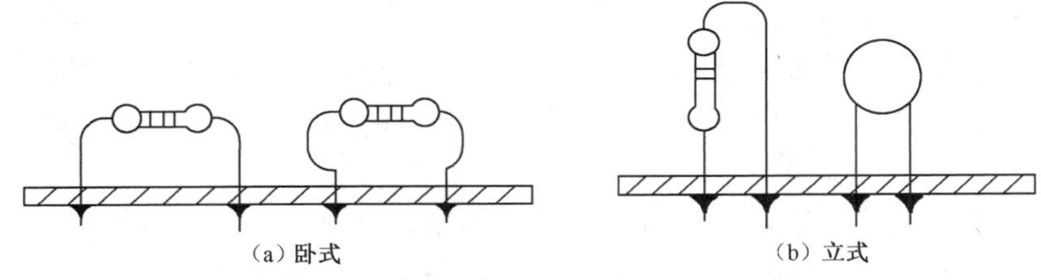

图 2-8 元器件插装方式

① 立式插装：立式插装是指元器件与焊接板间呈垂直放置状态。这种方式占用面积小，但元器件受震动后，容易彼此之间短路，适合于要求排列紧凑密集的产品。采用立式固定的元器件要小型、轻巧，过大、过重会由于机械强度差，易倒伏，造成元器件间的碰撞，而降低整机可靠性。

② 卧式插装：卧式插装指元器件与焊接板间呈平行放置状态，与立式相比，具有机械稳定性好、排列整齐等特点，但占用面积较大。

在元器件插装时，立式和卧式这两种插装方式，各有优缺点，可根据实际情况，灵活选用。

③ 大型元器件的固定：体积大、重量大的大型元器件一般最好不要安装在印制板上。因这些元器件不仅占据了印制板的大量面积和空间，而且在固定这些元器件时，往往会使印制板变形而造成一些不良影响。对必须安装在板上的大型元器件，装焊时应采取固定措施，如图 2-9 所示，否则长期震动引线极易折断。

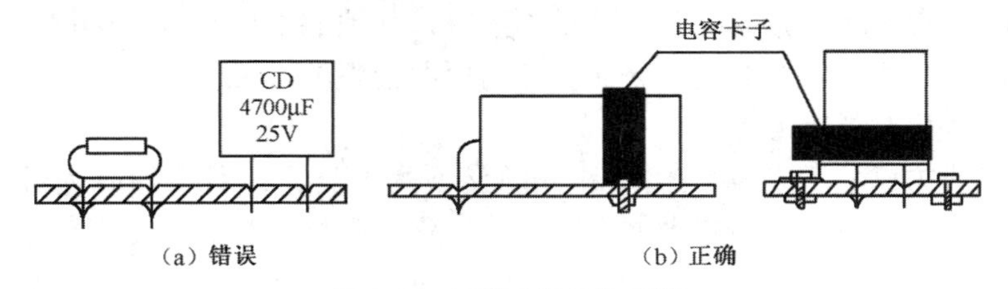

图 2-9 大型元器件的安装

各元器件插装时，还应尽量使所有元器件距离焊接板的高度尺寸保持相对统一。常常我们给定这个距离的尺寸范围约为 2～5mm；如：三极管、电解电容器高度应一致，所有电阻器的高度要一致。这样，就可以使整机显得整齐、美观，具有基本的工艺水平，如图 2-10 所示。

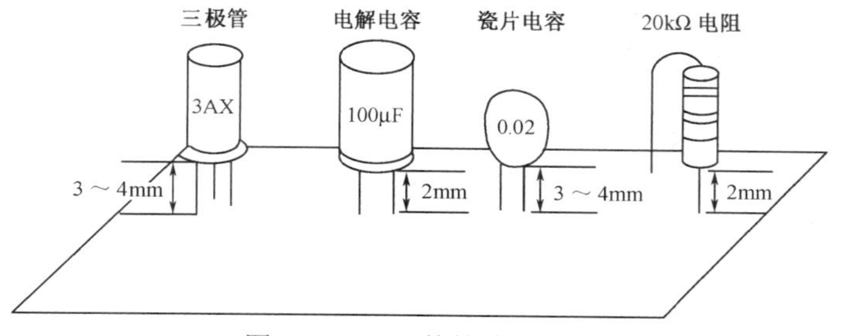

图 2-10　元器件的放置高度

（2）引线跨距

元器件引线弯成的形状是根据焊盘孔的距离及装配上的不同而加工成型。引线的跨距应根据尺寸优选 2.5 的倍数。加工时，注意不要将引线齐跟弯折，并用工具保护引线的根部，以免损坏元器件（一般不严格要求时，我们通常给定元器件的成型尺寸范围为 2～3mm，且弯成近似直角，以免折断引线）。表 2-1 列出了常用的几种引线成型尺寸的要求。

表 2-1　元器件引线成型尺寸　（mm）

名　称	图　例	说　明
直角紧卧式	H, D, R, B, C, L	$H \geqslant 2$　$R \geqslant 2D$ $B \leqslant 0.5$　$L=2.5n$ $C \geqslant 2$
折弯浮卧式	H, D, B, R, C, L	$H \geqslant 2$　$R \geqslant 2D$ $B \geqslant 4$　$L=2.5n$ $C \geqslant 2$
垂直安装式	D, H, R, C, L	$H \geqslant 2$　$R \geqslant 20$ $L=2.5n$　$C \geqslant 2$
垂直浮卧式	D, R, B, C, L	$H \geqslant 2$　$R \geqslant 20$ $B \geqslant 2$　$L=2.5n$ $C \geqslant 2$

成型后的元器件，在焊接时，尽量保持其排列整齐，同类元器件要保持高度一致。各元器件的符号标识向上（卧式）或向外（立式），以便于检查。图 2-11 是几种成型图例。

（3）元器件引线的镀锡处理

镀锡是锡焊的核心过程之一，用液态焊锡使被焊金属表面润湿，形成一层既不同于被焊金属又不同于焊锡的结合层。这一结合层产生后，就会将焊锡与待焊金属这两种性能、成分都不相同的材料牢固地连接起来，如图 2-12 所示。

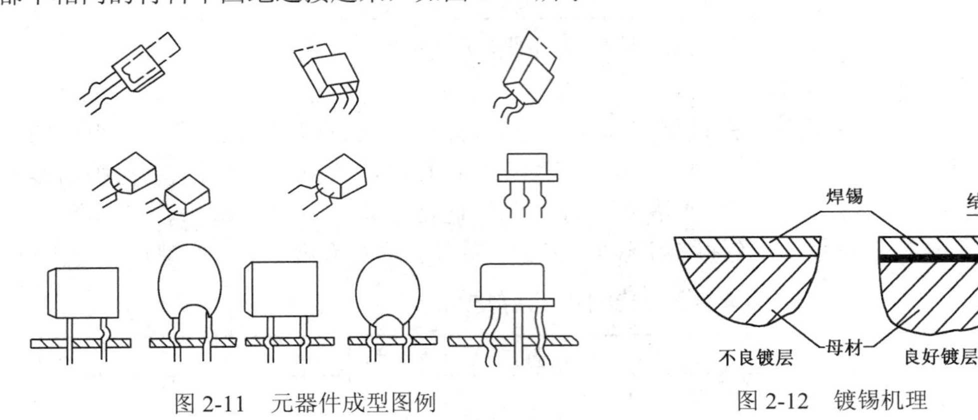

图 2-11　元器件成型图例

图 2-12　镀锡机理

实际的镀锡操作是用焊锡浸润待焊零件的结合处，熔化焊锡并重新凝结的过程。

元器件引线一般都镀有一层薄的钎料，多数是镀了锡金属的，但也有的镀了金、银或镍的。这些金属的焊接性能各不相同，而且时间一长，引线表面就会产生一层氧化膜，影响焊接质量甚至焊接过程。所以，除少数具有良好焊接性能的金属如银、金镀层的引线外，大部分元器件在焊接前都要重新镀锡。

镀锡前，要先将氧化物刮干净，然后可以将它们的引线放在松香或松香水里蘸一下，用电烙铁给引线镀上一层很薄的锡。有氧化现象的引线要先处理掉氧化物，若是镀银的引线，它很容易氧化变黑，必须用小刀将黑色氧化物全部刮去，直到露出铜为止；如是镀金的引线，用干净的橡皮擦几下就可以，刮了反而不好焊接；新的元器件往往是镀铝锡合金的，只要是镀层光亮，也只用橡皮擦干净即可。

镀锡不良的镀层，未形成结合层，这种镀层，很容易脱落。

① 镀锡要点

- 待镀面应清洁：元器件、焊片、导线等金属或者金属合金材料都可能在加工、存储的过程中氧化而带有氧化物或者污物，严重影响焊接。轻则用酒精或丙酮擦洗，严重的腐蚀性污点只能用机械办法去除，包括刀刮或砂纸打磨，直到露出光亮金属为止。
- 足够的加热温度：要使焊锡浸润良好，被焊金属表面温度应接近熔化时的焊锡温度才能形成良好的结合层，而有些元器件不能承受太高的温度。因此，必须根据焊件大小和被焊金属的不同情况掌握恰当的加热时间。
- 选择有效的焊剂：松香是广泛应用的焊剂，但松香经反复加热后就会失效，发黑的松香实际已不起什么作用，应及时更换。

② 小批量生产的镀锡

在小批量生产中，镀锡可用如图 2-13 所示的锡锅，也可用感应加热的办法做成专用锡锅。使用中要注意锡的温度不能太低，否则，不满足润湿所需的温度；也不能太高，否则表面氧化较快。使用过程中，要不断用铁片刮去锡表面的氧化层和杂质。电炉温度用调压器调节。

锡锅镀锡的操作过程如图 2-13 所示，如果镀后立即使用，最后一步蘸松香水可免去。良好的镀层将均匀发亮，没有颗粒及凹凸。

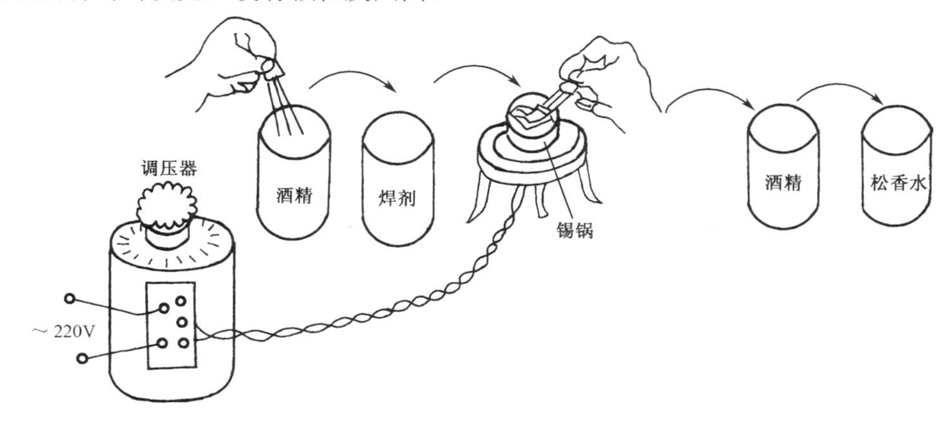

图 2-13　锡锅镀锡操作示意图

在大规模生产中，从元器件清洗到镀锡最后一步，所有工序都采用自动生产线完成。中等规模的生产亦可使用搪锡机给元器件镀锡。

③ 多股导线镀锡

剥导线头的绝缘皮时不要损伤线；剥好的多股导线一定要很好地绞合在一起，否则在镀锡时就会散乱，容易造成电气故障。

为了保持导线清洁及使焊锡容易浸润，绞合时，最好不要用手直接触及导线。可捏紧已剥断而没有剥落的绝缘皮进行绞合。绞合时旋转角一般大约在 30°～45°，旋转方向应与原线心旋转方向一致，如图 2-14 所示。绞合完成后，再将绝缘皮剥掉。

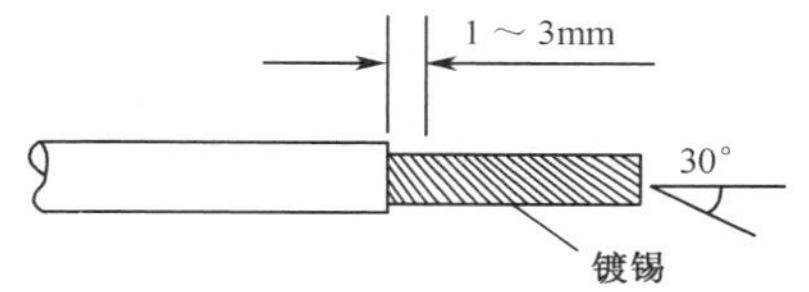

图 2-14　多股导线镀锡

涂焊剂、镀锡都应留有余地。通常镀锡前要将导线蘸松香水，有时也将导线放在有松香的木板上用烙铁给导线上一层焊剂，同时也镀上焊锡，要注意，不要让锡浸入到绝缘皮中，最好在绝缘皮前留 1～3mm 间隔，使之没有锡，如图 2-14 所示。这样对穿套管很有利，同时也便于检查导线有无断股，以及保证绝缘皮端部整齐。

2. 焊接操作方法

手工焊接的具体方法有三工序法和五工序法。

（1）五工序法

五工序法的操作过程如图 2-15 所示。

① 准备施焊：右手送上已蘸好银白色锡的烙铁头，左手拿焊锡丝，然后同时移向待焊点，随时准备焊接，如图 2-15（a）所示。

② 加热焊件：把烙铁头放在待焊件需加热部位进行加热，例如，图 2-15（b）中导线和接线都要均匀受热。此阶段主要目的是让待焊件部位温度升到足够高，以增强该区域金属原子的活性，使更多的金属原子能在浸润阶段做扩散运动。

③ 送入焊丝：加热焊件达到一定温度后，将左手中的焊丝从烙铁对面接触焊件（而不是烙铁），利用焊件自身从电烙铁处吸收的热量将焊丝融化，如图 2-15（c）所示。

④ 移开焊丝：当焊丝熔化一定量后，立即撤离焊丝，如图 2-15（d）所示。此阶段液态焊锡在焊件表面铺开，并对焊件表面进行浸润，金属锡铅原子和部分活性较高的焊件表面金属原子做扩散运动，形成合金区。

⑤ 移开烙铁：焊锡浸润焊盘或焊件的施焊部位后，移开烙铁，如图 2-15（e）所示。此阶段电烙铁撤离后，焊点温度降低，液态焊点开始生成结晶，生成固态结晶焊点。

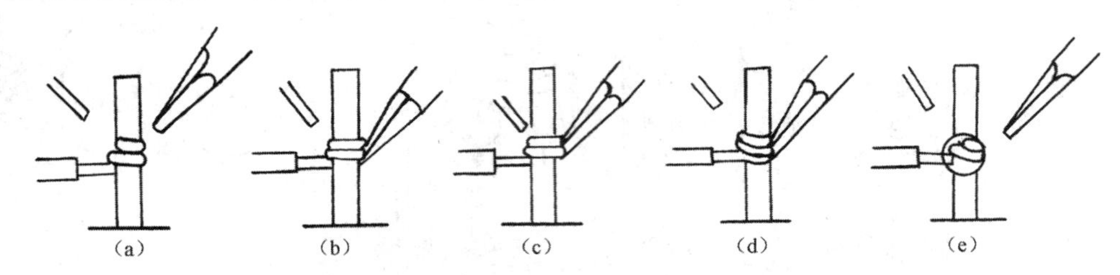

图 2-15　焊锡五步操作法

（2）三工序法

三工序法的操作过程如下：

① 准备阶段：同五工序法步骤①；

② 加热待焊部位并熔化适量的焊料：在焊盘的两侧同时放上烙铁头和焊锡丝，并熔化焊锡丝；

③ 撤离烙铁和焊锡丝：当焊锡丝的扩散范围达到要求时，迅速拿开烙铁和焊锡丝，焊锡丝要略微早于烙铁头撤离。

三工序法多用于热容量小的焊件。

3. 手工焊接要点和注意事项

电子产品组装的主要任务是在印制电路板上对电子元器件进行锡焊。焊点的个数从几十个到成千甚至上万个。如果有一个焊点达不到要求，就要影响整机的质量，因此，在锡焊时，要求做到焊接结束后的每个焊点必须是：焊锡和焊剂量适中、表面光亮、牢固且呈浸润型（即凹面形），杜绝虚焊和假焊现象。

（1）焊接操作要卫生

焊接加热挥发出的化学物质对人体是有害的，如果操作时鼻子距离烙铁头太近会将有害气体吸入。一般烙铁头与鼻子的距离应至少不小于 20 cm，通常以 30 cm 为宜。焊锡丝一般有两种拿法，如图 2-16 所示。

（a）连接锡焊时焊锡丝的拿法　（b）断续锡焊时焊锡丝的拿法

图 2-16　锡焊丝拿法

由于焊丝成分中铅占一定比例，众所周知铅是对人体有害的重金属，因此，操作时应戴上手套或操作后洗手，避免食入。

（2）焊剂、焊料要应用适度

① 适量的焊剂是非常有用的，但不要认为越多越好。过量的松香不仅造成焊点周围需

要清洗，而且延长了加热时间（松香熔化、挥发会带走热量），降低了工作效率。但加热时间不足时，容易夹杂到焊锡中形成“夹渣”缺陷。对开关元件的焊接，过量的焊剂容易流到触点处，从而造成接触不良。

合适的焊剂量应该是松香水仅能浸湿将要形成的焊点，不要让松香水透过印制板流到元件面或插座孔里（如 IC 插座）。对使用松香心的焊丝来说，基本不需要再涂松香水。

② 焊料使用应适中，不能太多也不能太少。过量的焊锡造成浪费而且增加了焊接时间，相应地降低了工作效率，且会因焊点太大而影响美观，同时还易形成焊点与焊点的短路。如在高密度的电路中，过量的锡很容易造成不易觉察的短路。若焊锡太少，又易使焊点不牢固，特别是在板上焊导线时，焊锡不足往往造成导线脱落，如图 2-17 所示。

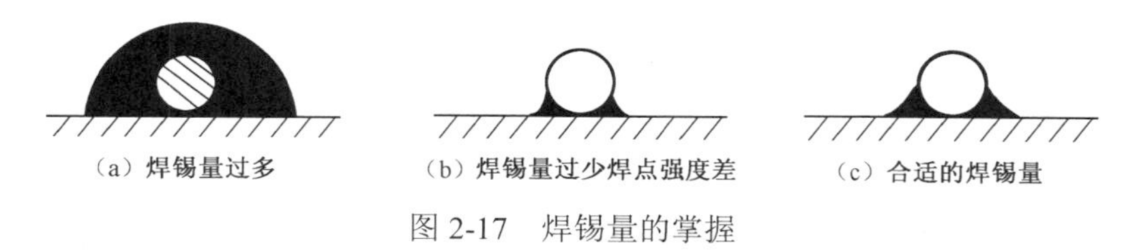

图 2-17　焊锡量的掌握

（3）不要用烙铁头作为运载焊料的工具

有人习惯用烙铁蘸上焊锡去焊接，这样很容易造成焊料的氧化和焊剂的挥发，因为烙铁头温度一般都在 300℃左右，焊锡丝中的焊剂在高温下容易分解失效。

（4）焊点凝固前不要触动

焊锡的凝固过程是结晶过程，根据结晶理论，在结晶期受到外力（焊件移动）会改变结晶条件，形成大粒结晶，焊锡迅速凝固，造成所谓“冷焊”，即表面呈豆渣状。若焊点内部结构疏松，容易有气隙和裂缝，从而造成焊点强度降低，导电性能差，被焊件在受到震动或冲击时就很容易脱落、松动。同时微小的震动也会使焊点变形，引起虚焊。虚焊是指焊料与被焊物表面没有形成合金结构，只是简单地依附在被焊金属的表面上，如图 2-18 所示，所以焊点上的焊料尚未完全凝固时不要触动。

（5）焊接时间要控制恰当

适当的温度对形成良好的焊点是必不可少的，这个温度究竟如何掌握，图 2-19 的曲线可供参考。

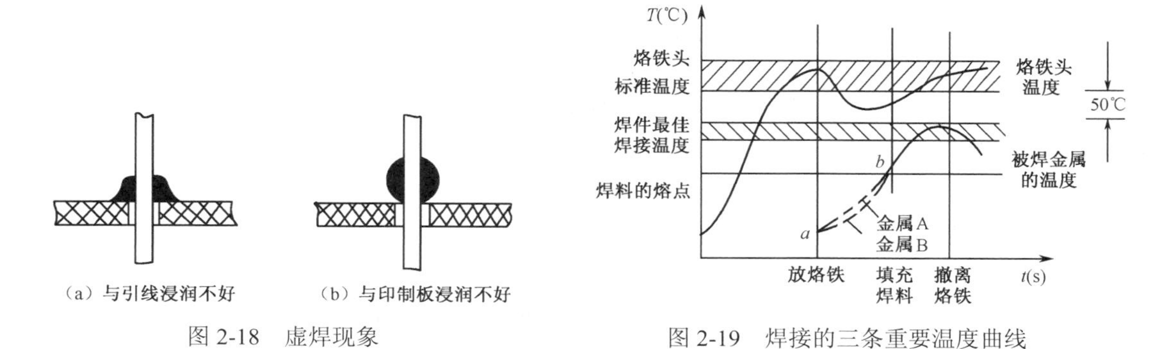

图 2-18　虚焊现象

图 2-19　焊接的三条重要温度曲线

① 关于焊接的三个重要温度

图 2-19 中三条水平线代表焊接的三个重要温度，由上而下第一条水平阴影区代表烙铁头的标准温度；第二条水平阴影区表示为了焊料充分浸润生成合金，焊件应达到的最佳焊接

温度；第三条水平线是焊丝熔化温度，也就是焊件达到此温度时应送入焊丝。两条曲线分别代表烙铁头的焊件温度变化过程，金属 A 和 B 表示焊件两个部分（例如，铜箔与导线，焊片与导线等）。三条竖直线，实际表示的就是前面讲述的操作法的时序关系。

准确、熟练地将以上几条曲线关系应用到实际中，是掌握焊接技术的关键。

② 焊接温度与加热时间

由焊接温度曲线可看出，烙铁头在焊件上的停留时间与焊件温度的升高呈正比，即曲线 *ab* 段反映焊接温度与加热时间的关系。同样的烙铁，加热不同热容量的焊件时，要想达到同样的焊接温度，显然可以用控制加热时间实现。其他因素的变化可同理推断。但是，在实际工作中，又不能仅仅以此关系决定加热时间。例如，用一个小功率加热较大焊件时，无论停留时间多长，焊件温度也上不去，因为烙铁供热容量有限，且焊件、烙铁在空气中有热量损失。此外，有些元器件也不允许长期加热。

③ 加热时间对焊件和焊点的影响

加热时间不足，造成焊料不能充分浸润焊件，形成夹渣（松香）和虚焊。

过量的加热，除可造成元器件损坏外，还有如下危害。

a. 焊点外观变差。如果焊锡已浸润焊件后还继续加热，造成熔态焊锡过热，烙铁撤离时容易造成拉尖，同时出现焊点表面粗糙、失去光泽、焊点发白。

b. 焊接时所加松香焊剂在温度较高时容易分解碳化（一般松香 210℃开始分解），失去助焊剂作用，而且夹到焊点中造成焊接缺陷。如果发现松香已加热到发黑，肯定是加热时间过长所致。

c. 印制板上铜箔剥落。印制板上的铜箔是采用黏合剂固定在基板上的，过多地受热会破坏黏合层，导致印制板上的铜箔脱落。

因此，准确掌握火候是优质焊接的关键。焊点是实焊，才能具有良好的导电性能。焊接整个过程一般在几秒钟之内即可完成。焊接时间太长，焊剂就会因挥发而失去作用，造成焊点表面粗糙、发黑不光亮等缺陷，同时还易烫坏元器件及印制板的铜箔；如焊接时间太短，又达不到焊接温度，焊锡不能熔化与润湿，造成虚、假焊。或者部分形成合金，而其余部分没有形成合金，这种焊点在短期内也能通过电流，用仪表测量也很难发现问题。但随着时间的推移，没有形成合金的表面就要被氧化，此时便会出现时通时断的现象，这势必造成产品的质量问题。

d. 保持烙铁头的清洁且温度合适。焊接时烙铁头长期处于高温状态，又接触焊剂等杂质，其表面很容易氧化并沾上一层黑色杂质，这些杂质几乎形成隔热层，使烙铁头失去加热作用。因此，要随时除去烙铁架上的杂质或用耐高温的湿布、湿海绵随时擦烙铁头；同时，烙铁头的温度应控制在使焊剂熔化较快而又不冒烟为好的情况。因为，温度太高的烙铁头会使焊剂迅速熔化，产生大量烟气，其颜色也很快变黑；但太低的温度，又会让焊锡不易熔化，影响焊接质量，更不要说焊点外表光亮、美观了。

（6）采用正确的加热方法

用烙铁头加热时，要靠增加接触面积加快传热，而不该用烙铁对焊件加力。有人为了加快焊接速度，在加热时用烙铁头对焊件加力，这是徒劳无益且危害不小。它只会加速烙铁头的损耗，而且更严重的是对元器件造成损坏或不易觉察的隐患。

正确办法应该根据焊件形状选用不同的烙铁头，或修整烙铁头，让烙铁头与焊件形成面接触而不是点或线接触，大大提高效率。还应注意，加热应使焊件上需要焊锡浸润的各部分均匀受热，而不是仅加热焊件的一部分。同时，注意偏向需热较多的部分，如图 2-20（a）、（b）、（c）所示。

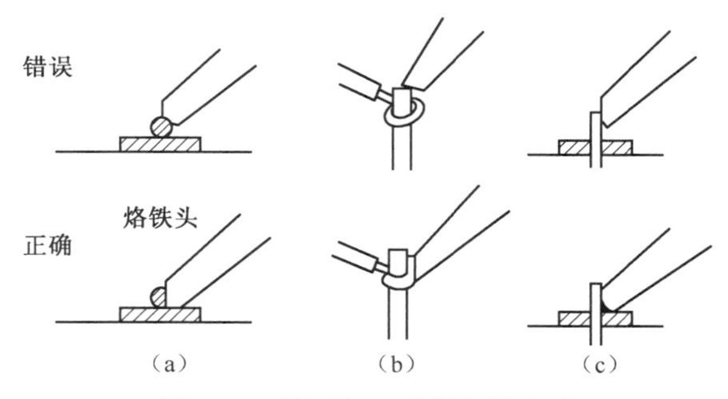

图 2-20 错误与正确的加热方法

4. 烙铁头的撤离

烙铁头的主要用途是熔化焊锡和加热待焊件。然而，烙铁头用完后的撤离，也不可忽视。合理地利用烙铁头并及时撤离烙铁头，可以帮助控制焊料量及带走多余的焊料，而且撤离时角度和方向的不同，对焊点形成也有一定关系。图 2-21 所示为不同撤离方向对焊料、焊点的影响。

图 2-21（a）为烙铁头以斜上方 45° 角撤离，这样会使焊点圆滑、烙铁头带走少量的焊料；图 2-21（b）为烙铁头垂直向上撤离，易造成焊点拉尖，且也只能带走少量焊锡；图 2-21（c）以水平方向撤离烙铁头，能带走大量焊锡；图 2-21（d）是沿焊接面垂直向下撤离烙铁头，可带走大量的焊锡；图 2-21（e）是烙铁头沿焊接面垂直向上撤离，只能带走少量焊锡。

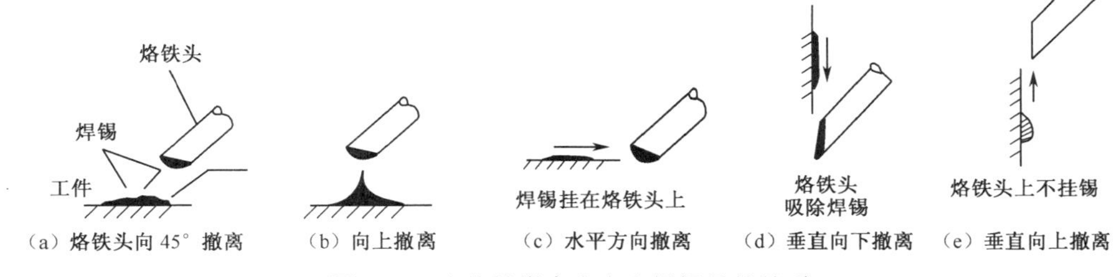

图 2-21 电烙铁撤离方向和焊锡量的关系

5. 拆焊

在电子产品的调试、维修、装配中，常常需要更换一些元器件，即将需要更换的元器件从原来的位置拆下来，这个过程就是拆焊，是焊接的逆向过程。

（1）分点拆焊。对于管脚不太多的电阻、电容等元器件可以用这种方法。操作方法是：一边用烙铁加热元器件的焊点，一边用镊子或者尖嘴钳等工具夹住元器件的引线并轻轻地将其拉出来。但是，分点拆焊方法不宜在一个焊点上反复使用，因为印制导线和焊盘都不能反复加热，否则它们容易脱落，进而造成印制板损坏。

（2）当遇见焊点多且引线硬的元器件需要拆焊时，分点拆焊就较困难。如：IC 或中周等元器件的拆焊。这时可以采用专用拆焊工具如拆焊专用热风枪、专用烙铁头等，或者用吸锡烙铁、吸锡器（前面已提过）等来拆焊。

在没有专用工具和吸锡设备时，可用细铜网、多股导线等吸锡材料来拆焊，方法如下：将吸锡材料浸上松香水贴到待拆焊点上，用烙铁加热吸锡材料，通过它们将热量传给焊点并使焊点熔化。接着，熔化的焊锡被吸附在吸锡材料上，取走吸锡材料，焊点即拆焊完毕。这个方法简单容易，但拆焊后板面较脏，可用酒精等溶剂擦拭干净。

2.1.5 典型焊接方法和工艺

几种典型焊点的操作方法如下。

1. 印制电路板的焊接

印制电路板在焊接之前，必须仔细检查有无断路、短路、是否涂有助焊剂或阻焊剂等，否则会给整机调试带来许多意想不到的麻烦。

焊接前，应对印制板上所有的元器件做好焊前准备工作（整形、镀锡）。焊接时，除特别要求，一般应先焊小的元器件，后焊大的和要求比较高的元器件。晶体管不耐高温，焊接一般放在最后且焊接时间不要超过 5～10s，并使用钳子或镊子夹持管脚散热，防止烫坏管子。焊接完成后的印制电路板上元器件应分布比较整齐，并占用最小的空间。同类元器件要保持高度一致。

用松香作为助焊剂的，焊接完成后需将其清理干净；用无机助焊剂涂过的焊点，焊接完成后一定要将焊接部位擦洗干净，以免腐蚀。

焊接结束后，要检查有无漏焊、虚焊现象。方法是用镊子将每个元件脚轻轻提一提，看是否摇动。若发现摇动，说明焊接不牢固，应重新焊好。

2. 铸塑元器件的焊接

各种有机材料广泛应用于电子元器件的制造，制造工艺采用热铸塑方式，最大的弱点是不能承受高温。当我们对铸塑在有机材料中的导体接点施焊时，如不注意控制加热时间，极其容易造成塑性变形，导致元器件失效或降低性能，造成隐性故障。因此，焊接时必须注意：

① 在元器件预处理时，尽量清理好接点，一次镀锡成功，不要反复。

② 焊接时烙铁头要修整得尖一些，焊接一个接点时不触碰相邻接点。

③ 镀锡及焊接时加助焊剂量要少，防止浸入电接点。

④ 烙铁头在任何方向均不要对接线片施加压力。

⑤ 焊接时间在保证润湿的情况下越短越好。实际操作时在焊件预焊良好时只需用上锡的烙铁头轻轻一点即可。焊接后不要在塑壳未冷却前对焊点做牢固性试验。

3. 簧片类元件的焊接

这类元件的特点是簧片制造时加预应力，使之产生适当弹力，保证电接触性能。如果安装施焊过程中对簧片施加外力，则破坏接触点的弹力，造成元件失效。焊接时应注意：可靠的预焊，加热时间要短，不可对焊接点任何方向加外力，焊锡量要少。

4. 集成电路的焊接

MOS 集成电路特别是绝缘栅型电路，由于输入阻抗很高，稍不慎就会因内部击穿而失效；双极型集成电路则不像 MOS 集成电路那样，但由于内部集成度高，通常管子隔离层很薄，一旦受热过度也容易损坏。IC 引线不能耐高温还要防止静电，因此，焊接时必须非常小心。

集成电路的安装焊接有两种方式：一种是集成电路板直接与印制板焊接；另一种是将专用的插座（IC 插座）焊接在印制板上，然后将集成电路板插入 IC 插座。

在焊接集成电路时，应注意下列事项：

① 集成电路引线如果是镀金的，不要用刀刮，用干净的橡皮擦干净就可以了。

② 对 CMOS 集成电路，如果先前已将各引线短路，焊前不要拿掉短路线。

③ 单个焊点的焊接时间在保证浸润的前提下尽可能短，尽量控制在 3s 时间内完成。

④ 使用烙铁最好是 20W 内热式，接地线应保证接触良好。若用外热式，最好采用烙铁断电余热焊接，必要时还要采取人体接地的措施。

⑤ 使用低熔点焊剂，温度一般不要高于 150℃。

⑥ 工作台上如果铺有橡皮、塑料等易于积累静电的材料，集成电路板及印制板等不宜放在台面上。

5. 导线的焊接

导线同导线之间的焊接同样有下面三种基本形式：绕焊、钩焊、搭焊。通常，导线之间的焊接以绕焊为主，操作步骤如下：

① 去掉一定长度绝缘皮，端头上锡。

② 绞合，施焊。

③ 趁热套上套管，冷却后套管固定在接头处。

对调试或维修中的非生产用临时线，也可采用搭焊的办法，如图 2-22（c）所示。

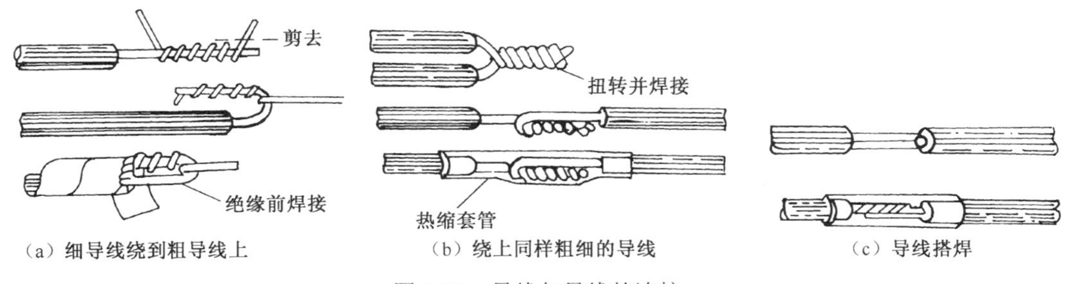

图 2-22　导线与导线的连接

6. 片状焊件的焊接

片状焊件在实际中用途广泛，这类焊件一般都有焊线孔。为了使元器件或导线在焊片上焊牢，需将导线插入焊片孔内绕住，然后再用电烙铁焊好，不应搭焊。如果焊片上焊的是多股导线，最好用套管先套上再焊接，这样既能保护焊点，使其不易和其他部位短路，又能保护多股导线不容易散开，如图 2-23 所示。

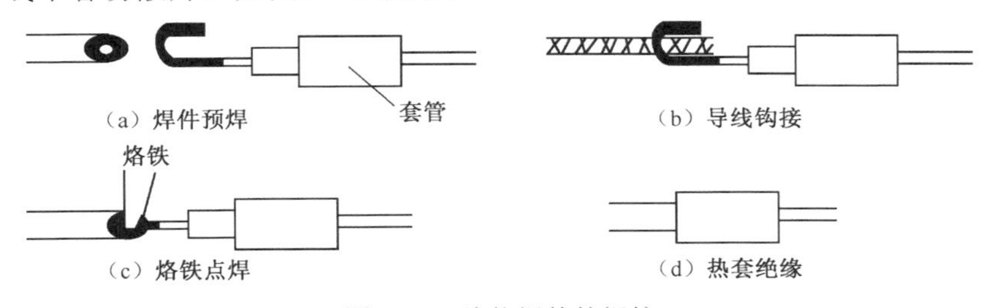

图 2-23　片状焊件的焊接

7. 槽形、板形、柱形焊件的焊接

这类焊件一般没有供绕线的焊孔，连接方法可用绕、钩、搭接，但对某些重要部位，例如电源线处，应尽量采用绕线固定后焊接的办法。焊接注意要点和片状焊件的焊接相同，如图 2-24 所示。这类焊点，每个接点接一根导线，一般都应套上套管。注意套管尺寸要合适，应在焊点未完全冷却前趁热套入，套入后不能自行滑出为好。

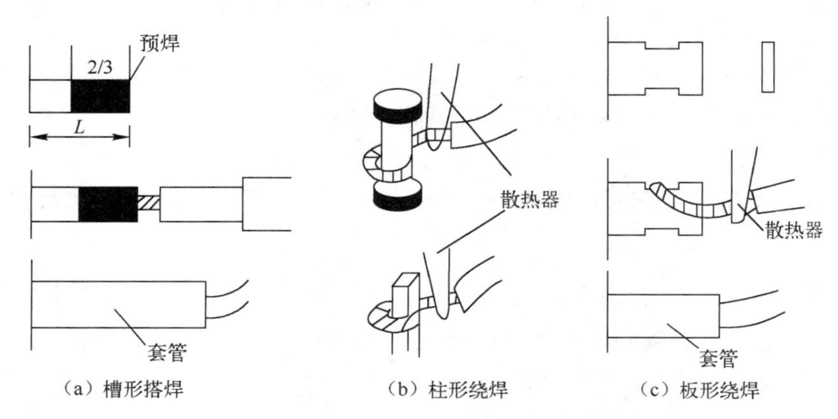

图 2-24　槽形、柱形、板形焊件的焊接

8. 杯形焊件的焊接

这类焊件多见于接线柱和接插件，一般尺寸较大，如焊接时间不足，容易造成虚焊。这类焊件一般和多股导线连接，焊接前应对导线进行镀锡处理。如图 2-25 所示。图示说明：

（a）往杯形孔内滴一滴焊剂，若孔较大用脱脂棉蘸焊剂在杯内均匀涂一层。

（b）用烙铁加热并将焊锡熔化，靠浸润作用流满内孔。

（c）将导线垂直插入到底部，移开烙铁并保持到凝固，注意导线不能动。

（d）完全凝固后立即套上套管。

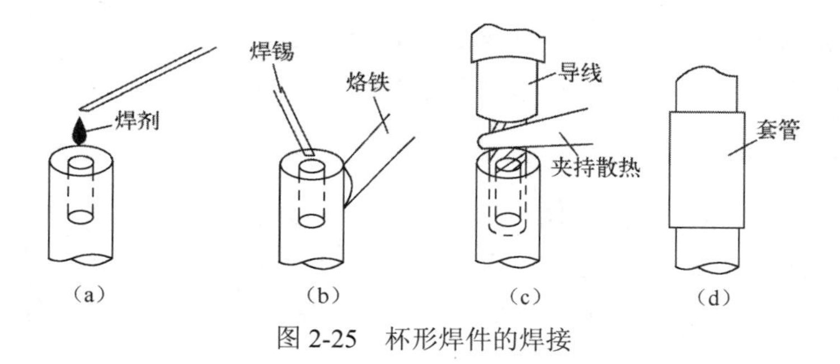

图 2-25　杯形焊件的焊接

2.1.6　焊接质量和缺陷检查

焊接是电子产品制造中的重要环节，一个虚焊点能造成整台仪器设备失效。要在有成千上万个焊点的仪器设备中找出虚焊点来并不容易。因此，焊接的质量显得尤为关键。

1. 焊点的失效分析

连接电子产品的焊接点，在产品有效使用期限内应该能保证不失效。但实际使用中，总有部分焊点会在正常使用期内失效，其原因有外部因素和内部因素两种。

外部因素主要有三点：

① 环境因素。有些电子产品工作在化学环境中，环境中的腐蚀性气体浸入有缺陷的焊点，形成进一步的腐蚀，使焊点失效。

② 机械应力。电子产品在运输或使用过程中，往往受到一定时间的机械振动，使具有重量的电子元器件对焊点施加一定的作用力，反复作用会使有缺陷的焊点失效。

③ 热应力。电子产品使用过程中，发热元器件将热量传到焊点，由于不同材料热胀冷缩性能有差异，对焊点产生热应力，也会使有缺陷的焊点失效。

需要说明的是，焊接合格的焊点是不会受外部因素影响而失效的。外部因素一般通过内部因素发生效果，内部因素主要是虚焊、气孔、夹渣等焊接缺陷，往往在早期检查中不易发现，一旦外部环境达到一定程度，就会使缺陷焊点失效。个别焊点失效可能导致整个产品不能正常工作，甚至更严重的后果。

2. 焊点的规范要求

① 可靠的电气连接。电子产品的焊接同电路通断情况紧密相连。焊点能稳定、可靠地通过一定电流，需要有足够的连接面积和稳定的组织结构。焊锡连接不是靠压力，而是靠结合层达到连接。焊锡如果只有少部分形成结合层，随着条件变化和时间推移，很容易出现问题，而外表上观察，电路依然连接通畅，这是电子产品使用中最棘手的问题，也是必须十分重视的问题。

② 足够的机械强度。焊接不仅起到电气连接作用，而且也是固定元器件机械连接的手段。作为焊锡材料本身机械强度比较低，要想增加强度，需要有足够的连接面积。常见的影响机械强度的缺陷有焊锡过少、焊点不饱满、焊点裂纹及焊点夹渣等。

③ 光洁整齐的外观。良好的焊点要求焊料用量恰到好处，外表有金属光泽，没有拉尖、桥接等现象，并且不伤及导线绝缘层及相邻元器件。良好的外表是焊接质量的直观反映，是合适温度生成合金连接层的标志。

3. 焊接的质量检查

（1）外观检查

在确保需要焊接的每个焊件插装无误的情况下，就要对焊接完成后的每个焊点进行外观检查。一个好的焊点，应该像图 2-26 所示那样，其特点如下：

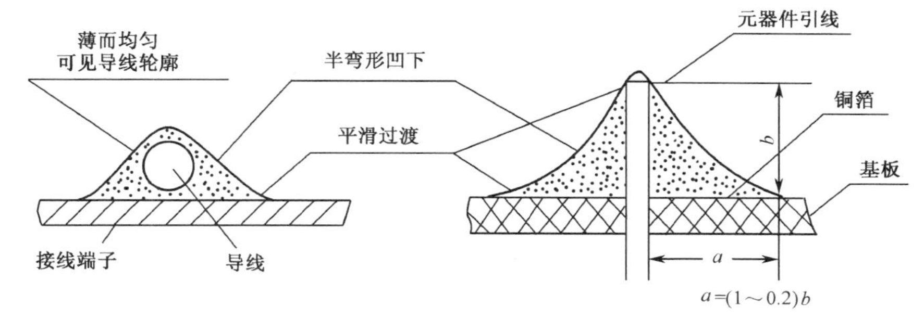

图 2-26　典型焊点外观

① 表面光亮且平滑，无裂纹、针孔和夹渣现象。外形以被焊物为中心，匀称且成裙形分布。

② 焊料的连接呈凹面形（即浸润型），焊料与焊件交界处平滑，接触角尽可能小。

焊接常见的缺陷有：虚焊、假焊、焊料堆积、拉尖等。外观检查除了用目测来观察焊点是否合乎上述标准外，还可用指触、镊子拨动、拉线等方法来处理如元器件断线、焊盘剥离等问题，将所有虚、假焊等现象彻底清除，真正实现实焊。

（2）通电检查

通电检查是检验电路性能的关键，它必须是在外观检查通过后方可进行。只有经过严格的外观检查、通电检查，才不会出现损坏被焊产品、电子测试设备及仪器等现象，另外，还可避免事故的发生。例如，电源连线虚焊，那么通电时，就可能出现连接测试中不上电的现象，更无法通电检测了。

4. 焊点的常见缺陷和质量分析

造成焊接点缺陷的原因很多，在材料和工具一定的情况下，操作的方式方法和操作者的责任心，是决定性因素。图 2-27 所示为导线端子焊接的常见缺陷。表 2-2 列出了焊点缺陷的外观特点、危害及产生原因，可供焊点检查时参考。

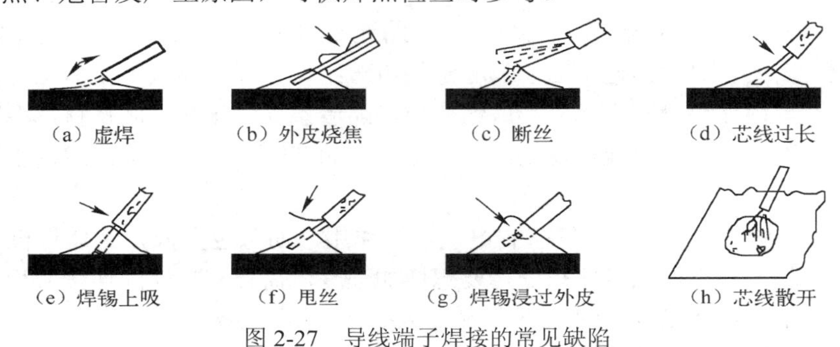

图 2-27　导线端子焊接的常见缺陷

表 2-2　常见焊点缺陷及分析

焊点缺陷	外观特点	危害	产生原因
焊料过多	焊料面呈凸形	浪费焊料且可能包含缺陷	焊锡撤离过迟
焊料过少	焊料未形成平滑面	机械强度不足	焊锡撤离过早
松香焊	焊点中有松香渣	强度不足，导通不良	1. 焊剂过多，或失效 2. 加热不足，焊接时间短 3. 表面存在氧化膜
过热	焊点发白且无金属光泽，表面比较粗糙	焊盘易剥落	1. 烙铁功率过大 2. 加热时间过长
冷焊	表面呈豆腐渣状颗粒	强度低，导电性不好	焊料未凝固时焊件抖动
虚焊	焊料与焊件接触角过大，不平滑	强度低，导通不良	1. 焊件清理不够 2. 助焊剂不足 3. 焊件加热不充分

续表

焊点缺陷	外观特点	危　害	产生原因
不对称	焊锡未流满焊盘	强度不足	1. 焊料流动性不好 2. 助焊剂不足 3. 焊件加热不充分
松动	导线或元器件引线可移动	导通不良	1. 焊料未凝固前焊件移动 2. 引线未处理好
拉尖	出现尖端	外观不佳	1. 焊件加热不足 2. 焊料不合格
桥接	相邻搭接	电气短路	1. 焊料过多 2. 烙铁撤离方向不对
针孔	焊点中有孔	焊点易被腐蚀	焊盘孔与引线间隙过大
气泡	焊料突起，内部有空洞	导通不良	引线润湿性不良
剥离	焊点剥落	电气断路	焊盘镀层不良

2.1.7　焊盘脱落检测与处理

在电子产品的电路板焊接阶段，常常会遇到焊盘脱落的现象，从而导致电子产品无法正常工作。更有甚者，对焊盘脱落只是草草处理而没有从根本上解决问题，反而给自己的故障排查工作留下隐患。

1. 焊盘脱落的原理

需从焊点的构造入手，来解析其焊盘脱落的原因。焊点的构造如图 2-28 所示。焊点主要由焊料、元件引线和信号层铜箔的焊盘组成。信号层铜箔分为两个部分：①焊盘，焊盘一般以圆形铜箔的形式裸露在空气中，以方便进行焊接，形成圆形的焊点；②印制导线，其主要作用是连接各个具有电气连接关系的焊盘。由于圆形焊盘以外的 PCB 板被绿色阻焊剂覆盖，故印制导线也为绿色的阻焊剂所覆盖，这层阻焊剂形成一个很好的保护层，可以防止印制导线被氧化或损坏。

焊盘脱落的现象主要表现为处于信号层铜箔的焊盘与 PCB 基板脱离，在严重的情况下会与信号层铜箔的印制导线部分断裂，丧失了与印制导线的导通关系，如图 2-29 所示。焊盘脱落的原因在于，印制电路板在制作时，是由热压力将信号层铜箔和印制导线压制在一起形成的，因此两者的热膨胀系数是不同的。当焊接点在焊接时，由于焊接时间过长或反复焊接造成温度过高，焊盘铜箔反复膨胀就会与 PCB 基板脱离，而印制导线由于受到阻焊层覆盖作用的保护，容易和焊盘断开，从而导致焊点与印制导线失去电气连接关系。

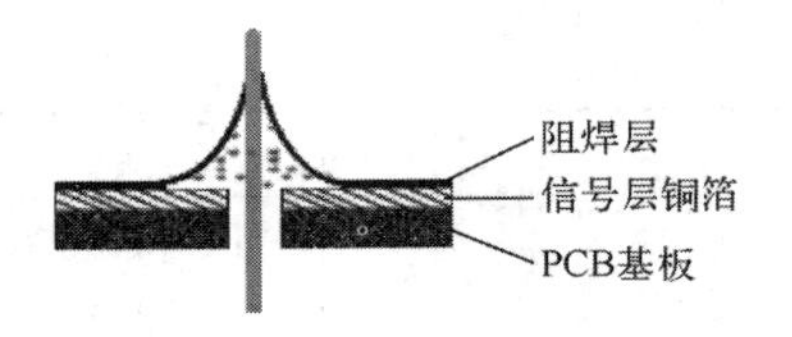

图 2-28　焊点的结构

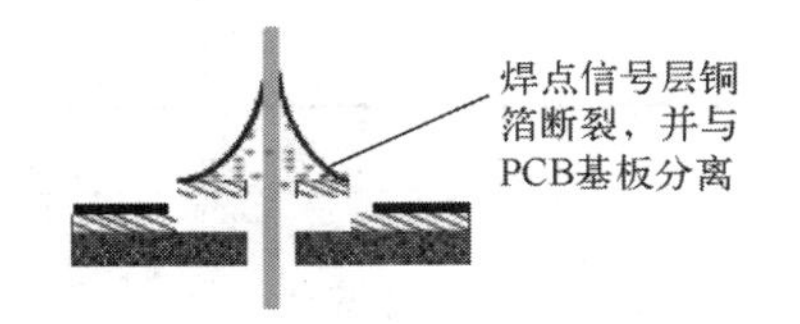

图 2-29　焊盘脱落表象

2. 焊盘脱落的检测

焊盘脱落的主要表征是焊点功能的失效，焊点主要有两大功能，一是建立电气连接关系，二是起机械固定作用。当焊盘脱落时，很显然就丧失了上述两大功能。因此焊盘脱落的检测也是围绕着这两大功能展开的。

从电气连接角度着手检测，可通过万用表测电阻、电流或电压参数进行检测。由于信号层铜箔的断裂处往往在焊点自身重力的作用下，存在着藕断丝连的情况。一般情况下，用万用表进行参数检测焊盘脱落的方法效率不高。而通过从机械固定功能的角度进行检测，往往能收到比较好的效果。例如，用镊子夹住可疑焊点摇动一下，一旦镊子能摇动焊点，就说明该点机械固定功能已丧失，即可检测出该点焊盘脱落。如果电路板比较小巧，可将图 2-29 的电路板翻转过来，使元件面朝上，焊接面朝下，然后用电烙铁对该焊点加热，使焊锡融化，用电烙铁轻轻一刮，利用液态焊锡自身重力，就可以把引线上的脱落铜箔焊盘及液态焊锡刮落下来。

3. 焊盘脱落的处理

焊盘脱落的处理就是要恢复焊点的功能，因此，焊点的修复也是围绕着这两大功能展开的，其过程如图 2-30 所示。

① 处理引线上的废料。将引线上的焊锡及脱落焊盘等废料用吸锡电烙铁处理干净，恢复引线焊接前的状态，如图 2-30（a）所示。

② 刮出印制导线。用小刀将覆盖在左侧印制导线上方绿色的阻焊剂刮开，直到完全露出黄铜颜色的印制导线，有条件的可用松香清洗一下印制导线上附着的杂质，如图 2-30（b）所示。

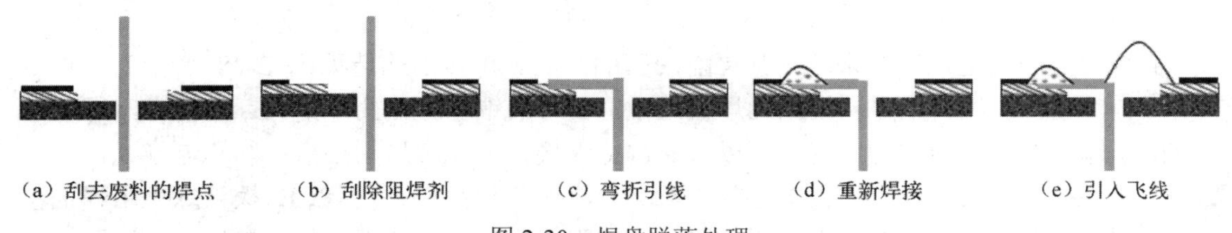

图 2-30　焊盘脱落处理

③ 将元件引线压紧在印制导线上。将元件引线弯折至刮开阻焊层的印制导线上，让其尽可能和印制导线靠近，如图 2-30（c）所示。

④ 焊接后恢复焊点的机械固定作用。将元件引线与印制导线做焊接处理，形成新的焊点，这样元件引线就可牢固地焊接在 PCB 板上，恢复了该点的固定作用，如图 2-30（d）所示。

⑤ 恢复焊点的电气连接作用。该处焊点形成后，只恢复了部分电气连接作用，要注意观察右侧尚有印制导线还未恢复电气连接作用，故对右侧印制导线处，需刮开阻焊剂后，用

飞线将其和引线连接，如图 2-30（e）所示。最后对飞线做焊接处理，使元件引线与信号层印制导线完全恢复电气连接作用。

2.2 印制电路板

随着电子工业的发展，尤其是半导体集成电路的广泛应用及微电子技术的迅速发展和应用，传统的手工布线、接线工艺已越来越不能满足电子产品安装和接线的复杂化要求。迫切需要改进印制板工艺技术，并向着高密度、高精度、大面积、细线条的方向发展。

印制电路板（PCB，Printed Circuit Board）是以绝缘基材为母板（覆铜板），并按预定设计在其上用印制的方法布线来代替电子元器件底盘及导线，实现电路原理图的电气连接和电气、机械性能要求的布线板。完成了印制线路或印制电路布线加工的板子，可简称为印制板。

2.2.1 印制电路板的设计

印制电路板的设计是将电路原理图转换成印制板图，并确定加工技术要求的过程。印制板设计通常有人工设计和计算机辅助设计（CAD）两种方法。它的质量好坏，直接关系到元器件在焊接装配、调试中是否方便及整机的技术性能。

印制电路板的设计包括：确定印制板母板尺寸、形状、外部连接和安装方法；布设导线和元器件位置；确定印制导线的宽度、间距；焊盘的直径、孔径等。同一张原理图，不同的设计者会有不同的设计方案。

1. 印制电路板的概况

（1）覆铜箔板

覆以金属箔的绝缘板称为覆箔板，其中覆以铜箔制成的覆箔板称为覆铜箔板。覆铜箔板按基板材料分为四类。

① 酚醛纸基覆铜箔板。它由绝缘渍纸或棉纤维浸以酚醛树脂，两面衬以无碱玻璃布，在其一面或两面覆以电解紫铜箔，经热压而成。它的缺点是机械强度低、易吸水和耐高温较差。因其价格便宜，在一般民用电子产品中使用，但在恶劣环境下不宜使用。

② 环氧酚醛玻璃布覆铜箔板。它由无碱玻璃布浸以酚醛树脂，并覆以电解紫铜箔，经热压而成。因环氧树脂黏结力强，电绝缘性能好，既耐化学溶剂，又耐潮湿高温，可用于环境恶劣和超高频电路中，但其价格较贵。

③ 环氧玻璃布覆铜箔板。它由玻璃布浸以双氰胺固化剂的环氧树脂，并覆以电解紫铜箔，经热压而成。它的基板透明度好、电气和机械性能好且耐高温耐潮湿。

④ 聚四氟乙烯玻璃布覆铜箔板。它由无碱玻璃布浸渍四氟乙烯分散乳液，覆以经氧化处理的电解紫铜箔，经热压而成。它具有优良的介电性能和化学稳定性，是一种耐高温、高绝缘的新型材料。最大特点是适应范围宽，适用于尖端产品和高频微波设备中。

（2）印制电路板的分类

习惯上按印制电路的分布来划分印制电路板。

① 单层印制电路板。在厚度为 1～2mm 绝缘基板一面印制有导电线路的印制板。

② 双层印制电路板。在基板两面都印制有导电线路的印制板。

③ 多层印制电路板。由两层以上导电线路及绝缘基板经层压合而成的印制板。

④ 软性印制电路板。在由层状塑料或其他软质绝缘材料制作基板的一面或两面印制导电线路的印制板，可将其卷曲放入设备内部，用环氧树脂灌注成一体。

（3）印制电路板对外连接方式

印制电路板只是整机的一个组成部分，因此存在印制电路板的对外连接问题，即印制电路板之间互连或印制电路板与其他部件相互连接。连接方式可采用插头座、转接器、跨接导线等多种形式。

① 跨接导线连接方式

这是一种最简单、廉价而且可靠的连接方式，不需要任何接插件。只需将导线从印制板上被焊点背面设有的专用穿线孔处穿过，与板外元器件或其他部件直接焊牢即可。如收音机中的喇叭、电池盒，电子设备中的旋钮电位器、开关等，都是用此种方式焊接的。

a. 印制板上的导线对外焊点尽可能在板的边缘，并按一定尺寸排列或捆扎整齐。通过线卡或其他紧固件将线与板固定，避免整机内部布线混乱而导致整机可靠性降低或者因移动而折断，如图 2-31、图 2-32 所示。

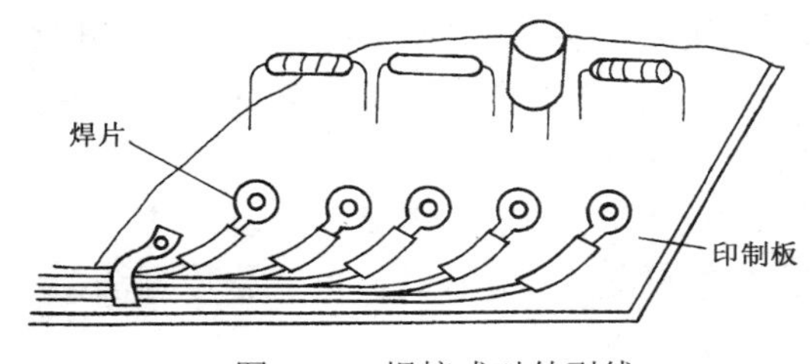

图 2-31　焊接式对外引线

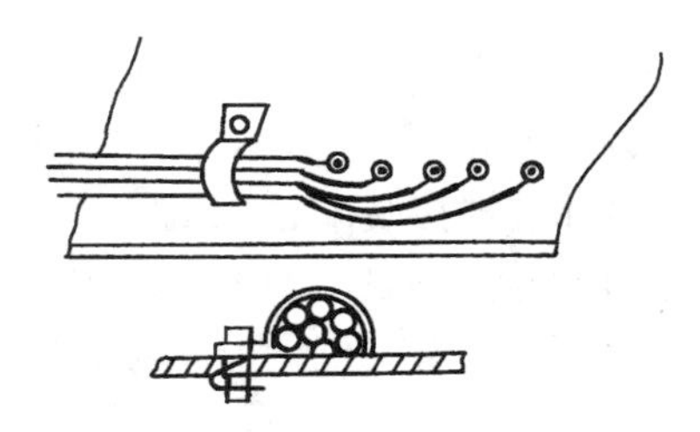

图 2-32　引线与板固定

b. 同一电气性质的导线最好用同一颜色的导线，以便于维修。如电源导线采用红色，地线导线采用黑色等。

② 印制板/插座方式

这种连接方式是在印制电路板边缘做出印制插头，与专用印制电路板插座相连接。该方式互换性、维护性较好，适合大批量标准化生产。如图 2-33 所示，为典型的带印制插头的印制电路板，插座与印制板或底板又有簧片式和插针式两种，实际中以插针式为主。

图 2-33　带印制插头的印制电路板

③ 插头/插座方式

印制板对外连接的插头座种类很多，其中常用的有如下几种：

a. 条形连接器如图 2-34 所示，连接线数从两根到十几根不等，线间距有 2.54mm 和 3.96mm 两种，插座焊接在印制板上，插头用压接方式连接导线。一般用于印制板对外连接线数不多的地方。如计算机上的电源线、声卡与 CD-ROM 音频线等。

b. 矩形连接器如图 2-35 所示，连接线数从 8 根到 60 根不等，线间距为 2.54mm，插头采用扁平电缆压接方式，用于连接线数较多且电流不大的地方。如计算机的硬盘、数据信号线以及并/串口的连接线等。

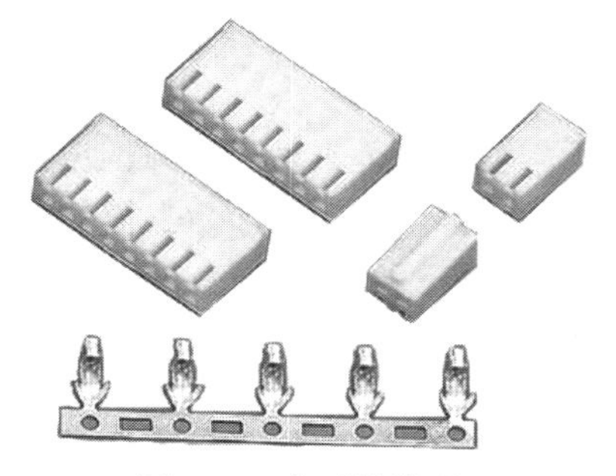

图 2-34　条形连接器

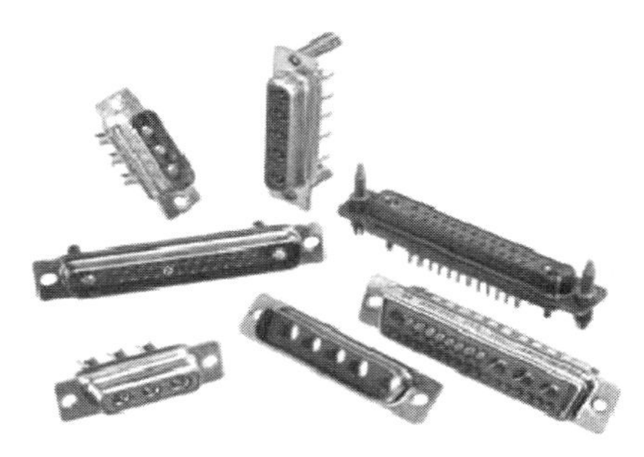

图 2-35　矩形连接器

c. D 形连接器如图 2-36 所示，有可靠的定位和紧固，常用连接线数有 9,15,25,37 根几种，用于对外移动设备的连接。如计算机的串/并口对外连接等。

d. 圆形连接器如图 2-37 所示，在印制电路板对外连接中这种连接器主要用于一些专门部件，如计算机键盘、鼠标等的连接。

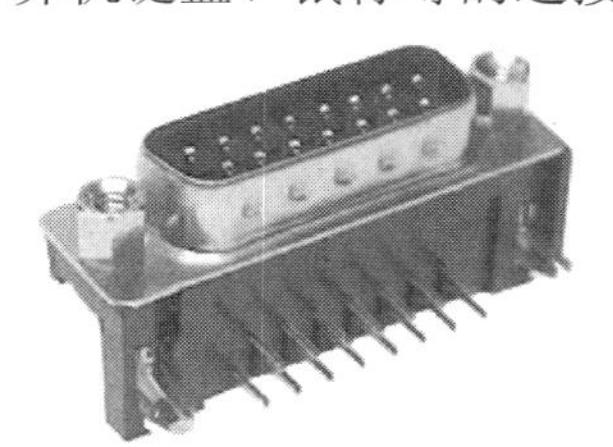

图 2-36　D 形连接器

图 2-37　圆形连接器

2. 印制电路板的设计要求

印制电路板的设计首先需要准确实现电路原理图的连接关系，避免出现“短路”和“断路”这两个简单而致命的错误。其次对于一块设计优良的印制电路板，板材、安装方法的选择也应该重视，板材的选择或安装不正确、元器件布局布线不当等，都可能导致 PCB 不能可靠地工作，早期失效甚至根本不能正确工作，如多层板和单、双面板相比，设计时要容易得多，但就可靠性而言却不如单、双面板。从可靠性角度，结构越简单，使用面越小，板子层数越少，可靠性越高。当然一块印制电路板从制造、检验、装配、调试到整机装配、调试，直到使用维修，无不与印制板的合理与否息息相关。例如，板子形状选得不好，使得加工困难；引线孔太小，使得装配困难；板外连接选择不当，使得维修困难等。每一个困难都可能导致成本增加，工时延长。当然，作为一件成熟的产品，还需要从经济角度来考虑，如果板材选低价位的，板子尺寸尽量小，连接用直焊导线，表面涂覆用最便宜的，选择价格最低的加工厂，印制板制造价格就会下降。同时，这些廉价的选择可能造成工艺性、可靠性变差，使得制造费用、维修费用上升，总体经济性不一定合理。

因此设计印制电路板时应根据具体产品，综合考虑以上设计要求，在实践中不断总结经验，养成对产品负责和严谨的作风。下面介绍一些有用的经验：

① 合理是相对的：如输入/输出、交流/直流、强/弱信号、高频/低频、高压/低压等，它们的走向应该是呈线形的（或分离的），不得相互交融，其目的是防止相互干扰。最好的走向是按直线，但一般不易实现；最不利的走向是环形，所幸的是可以设置隔离带来改善。对于直流、小信号、低电压 PCB 设计的要求可低些。

② 接地是必需的：小小的接地点不知有多少工程技术人员对它做过多少论述，足见其重要性。一般情况下要求共地点，例如前向放大器的多条地线应汇合后再与干线地相连等。现实中，因受各种限制很难完全办到，但应尽力遵循。

③ 电源干扰是存在的：一般在原理图中仅画出若干电源滤波/去耦电容，但未指出它们各自应接于何处。其实这些电容是为开关器件（门电路）或其他需要滤波/去耦的部件而设置的。布置这些电容应尽量靠近需要它的元器件，离得太远就没有作用了。有趣的是，当电源滤波/去耦电容布置合理时，接地点的问题就显得不那么明显了。

④ 布设印制导线的技巧：有条件做宽的线绝不做细；高压及高频线应圆滑，不得有尖锐的倒角，拐弯也不得采用直角。地线应尽量宽，最好使用大面积覆铜，这对接地点问题有相当大的改善。

⑤ 后期制作会遇到的一些问题：过孔太多，沉铜工艺稍有不慎就会埋下隐患，设计时应尽量减少过孔；同向并行线条密度太大，焊接时容易连成一片，线密度应视焊接工艺的水平来确定；焊点距离太小，不利于人工焊接，只能以降低工效来解决焊接质量，焊点最小距离的确定应综合考虑焊接人员的素质和工效；焊盘或过孔尺寸太小，或焊盘尺寸与钻孔尺寸配合不当；导线太细，而大面积的未布线区又没有设置覆铜，容易造成腐蚀不均匀，即当未布线区腐蚀完后，细导线很有可能腐蚀过头；设计时需要考虑增大地线面积和抗干扰能力。这些问题只有在印制电路板制作完成后才会发现，所以对于初学者一定要引起警惕。

3. 元器件的布局与布线

元器件的布局与布线决定了板面的整齐美观程度和印制导线的长度，也在一定程度上影响着整机的可靠性。

① 元器件布设在板的一面，每个引脚单独占用一个焊盘。

② 元器件在整个板面上应疏密一致，布设均匀、整齐美观，以便于加工、安装和维护。

③ 元器件布设的位置应避免相互影响，不可上下交叉和重叠排列，相邻元器件间保持一定间距，并留出安全电压间隙 200V/mm；元器件放置的方向应与相邻印制导线交叉。

④ 元器件安装高度尽量低，以提高稳定性和防止相邻元器件碰撞。

⑤ 根据在整机中安装状态确定元器件轴向位置，为提高元器件在板上的稳定性，使元器件轴向在整机内处于竖立状态；大而笨重的元器件如变压器等，可安装在主印制板外的辅助底板上，利用附件将它们紧固，以利于加工与装配。

⑥ 元器件两端跨距应稍大于元器件轴向尺寸，弯脚处应留出距离，以防止齐根弯曲损坏元器件。

⑦ 元器件在印制电路板上的排列方式可分为不规则排列、规则排列和网格排列三种。

不规则排列如图 2-38 所示，元器件轴线方向彼此不一致，在板上的排列顺序也无一定规则，看起来杂乱无章，不便于机械装配。但印制导线布设方便，可减少线路板的分布参数，抑制干扰，特别适用于高频电路中。

规则排列指元器件轴线方向一致，并与板的四边垂直或平行，如图 2-39 所示，这种方式排列规范，整齐美观，便于安装、调试、维修。但布线受方向、位置的限制而变得复杂，引线可能较长。这种排列方式常用于元器件种类少、数量多的低频电路中。

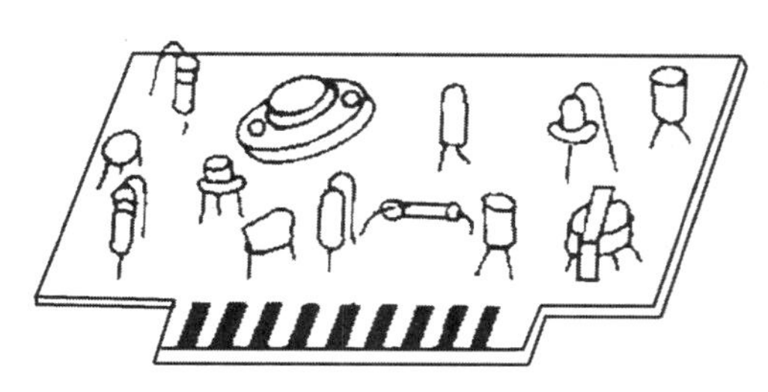
图 2-38　不规则排列

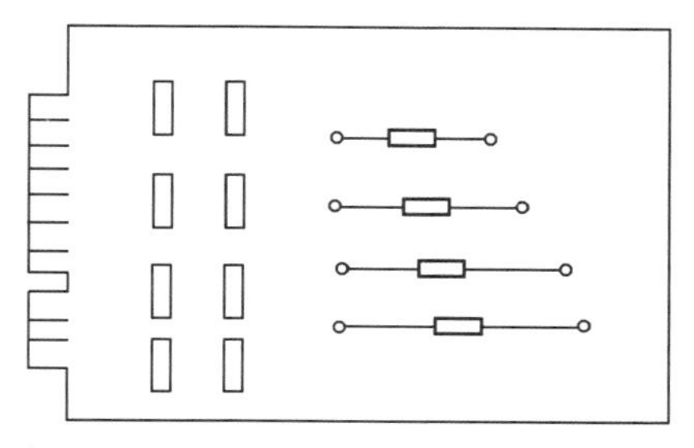
图 2-39　规则排列

网格排列是指印制电路板上的每一个线孔均位于网格坐标上，如图 2-40 所示。通用的网格尺寸为 2.54mm，为等距正交网格，在高密度布线环境下也使用 1.27mm 或更小的尺寸。该排列方式使印制电路板上元器件整齐美观，便于调试维修，有利于大批量自动化生产。

作为印制电路板设计者，需要根据所设计的产品在用途、成本方面的具体要求来综合考虑选用不同的排列方式。在电路性能及生产工艺允许的范围内应选用规则排列且有利于减小生产成本。

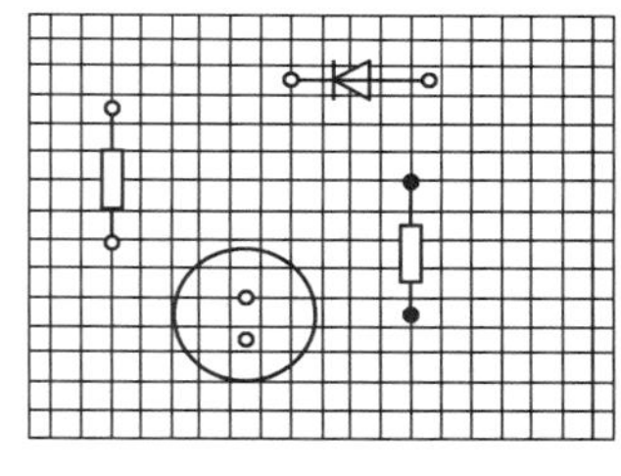
图 2-40　网格排列

4. 焊盘及印制导线

（1）焊盘的尺寸与形状

印制接点是穿线孔周围的金属部分，又称焊盘，供元器件引线穿孔焊接用。

① 焊盘的尺寸

焊盘的尺寸与穿线孔的尺寸有关并取决于穿线孔的尺寸。一般焊盘直径尺寸比穿线孔直径大 0.1～0.4mm，相邻的焊盘之间可穿过 0.3～0.4mm 宽的印制导线。一般焊盘的宽度为 0.5～ 1.5mm，穿线孔直径比元器件引线直径大 0.2～0.3mm。

② 焊盘的形状有圆形、岛形、长方形、椭圆形、卵圆形、切割圆形等。

圆形焊盘（见图 2-41）与穿线孔为同心圆，外径一般为 2～3 倍孔径，直径大于引线 0.2～0.3mm。设计时，如板尺寸允许，焊盘可尽量大，以免焊盘在焊接过程中脱落。圆形焊盘使用最多，尤其在规则排列和双面板设计中。

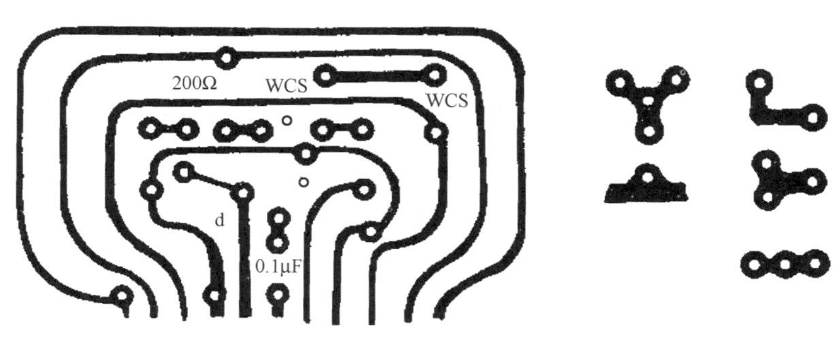

图 2-41　圆形焊盘

各岛形焊盘（见图 2-42）之间的连线合为一体，犹如水上小岛，故称岛形焊盘，常用在元器件不规则排列中，可在一定程度上起抑制干扰的作用，并能提高焊盘与印制导线的抗剥强度。

椭圆形、卵圆形、切割圆形焊盘都是为了使印制导线容易从相邻焊盘间经过而设计的，它是从圆形焊盘经拉长或拉长切割而成的。同时，在焊盘设计时可根据实际情况进行灵活地修改，如图 2-43 所示。

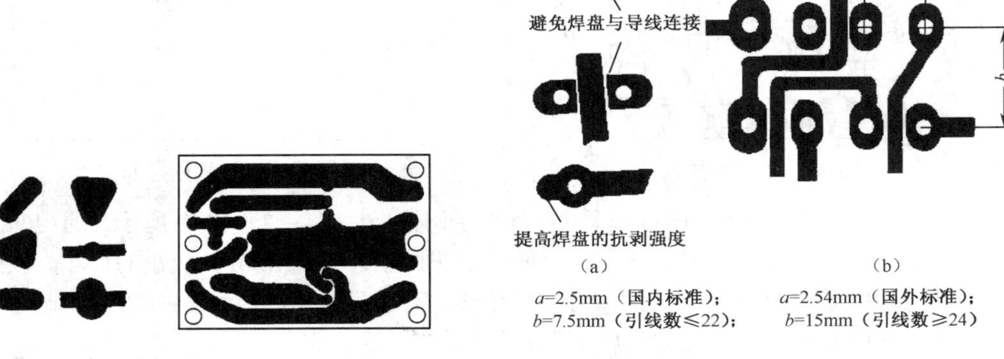

图 2-42　岛形焊盘　　　　图 2-43　灵活设计焊盘

（2）印制导线的尺寸和形状

① 印制导线的形状

印制导线的形状应尽量简捷且美观，在设计时要遵循：

a. 同一印制板上导线的宽度尽量一致，地线（各级电路的地线应自成封闭回路）除外。

b. 印制导线应平直，避免弯、尖角。

c. 印制导线尽量不要出现分支现象。

d. 电源部分的印制导线应和地线紧紧布设在一起，以减小因电源线耦合而引起的干扰。

图 2-44 列举出了一般优先选用和避免采用的印制导线形状，供参考。

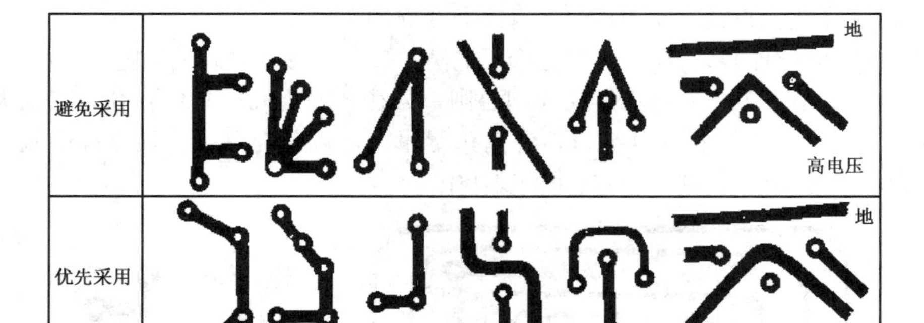

图 2-44　印制导线的形状

② 印制导线的宽度

关于印制导线的宽度主要应考虑它所能承受的电流大小。一般导线宽度在 0.3～1.5mm 之间。对于电源线和接地线，由于载流量大的缘故，一般取 1.5～2mm。有些对电路要求高的场合，导线宽度还要适当调整，如在导线中间切槽处理。

③ 印制导线间的距离

考虑安全电压间隙为 300V/mm，最小间隙不要小于 1.5mm，否则会引起相邻导线间出现跳火、击穿或飞弧现象，从而导致基板表面炭化或破裂。在板面允许的情况下，印制导线宽度间隙一般不小于 1mm。

5. 孔的设计尺寸

（1）引线孔

引线孔有电气连接和机械固定双层作用。孔过小安装困难，焊锡不能润湿金属孔；孔过大容易形成气孔等焊接缺陷。引线孔的孔径大小应大于元器件引线直径，其范围为 0.2～0.4mm。

（2）过孔

其作用主要为多层板之间在不同板层间的电气连接，尺寸越小则布线密度越大，一般电路过孔直径可取 0.6～0.8mm，高密度板可减小到 0.4mm，甚至用盲孔方式，即过孔完全用金属填充。

（3）安装孔

安装孔用于固定大型元器件和印制板，按照安装需要选取，最好排列在坐标格上。

（4）定位孔

定位孔用于印制电路板的加工和检测，一般采用三孔定位方式，孔径根据装配工艺确定。

2.2.2 印制电路板的制造工艺

在所设计的电子产品和设备中，印制电路板需要考虑到电气和机械性能多方面的作用。应根据电路原理图设计原理将元器件合理安排到印制电路板图上，并将设计好的印制电路板图转化到覆铜板上，经过腐蚀、清洗、钻孔以及抗氧化处理等过程，制成最终的印制电路板。这一系列过程属于印制电路板制造工艺的内容。

1. 印制电路板的排版工艺

前面介绍了元器件在印制电路板上的排列方法主要包括不规则排列、规则排列和网格排列三种。下面介绍在排版过程中需要考虑的电气干扰问题。

（1）印制电路板的地线设计

电路中接地点的概念表示零电位，其他电位均相对于接地点而言。在实际的印制电路板上，地线并不能保证是绝对零电位，往往存在一个很小的非零电位值，由于电路中的放大作用，这个小小的电位可能产生影响电路性能的干扰——地线共阻抗干扰。消除地线共阻抗干扰的方法主要有如下几种：

① 加粗地线

若地线很细，接地电位则随电流的变化而变化，导致电子设备的定时信号电平不稳，抗噪声性能变坏。因此应将地线尽量加粗，使它能通过三倍于印制电路板的允许电流。若有可能，地线宽度应大于 3mm。

② 单点接地

单点接地（也称一点接地，如图 2-45（a）所示）是消除地线干扰的基本原则，即将电路中本单元（级）的各接地元器件尽可能就近接到公共地线的一段或一个区域里，如图 2-45（b）所示；也可以接到一个分支地线上，如图 2-45（c）所示。

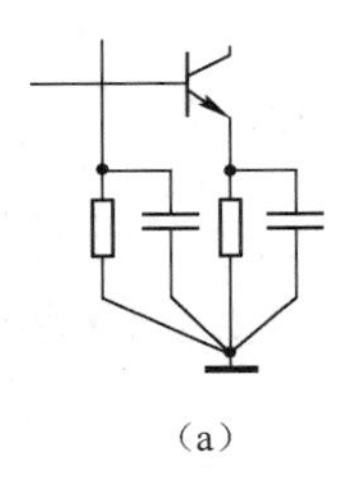

（a）

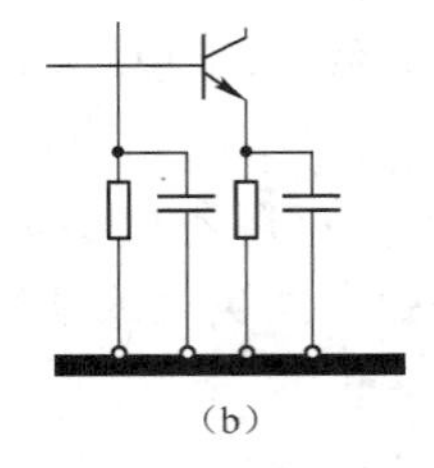

（b）

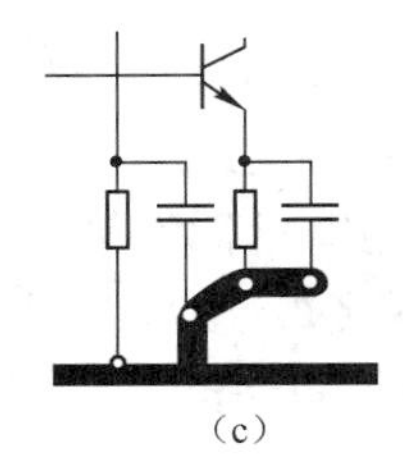

（c）

图 2-45　单点接地方式

当印制电路板由多个单元电路组成，或者一个电子产品由多块印制电路板组成时，同样应该采用单点接地方式来消除地线干扰，如图 2-46 所示。

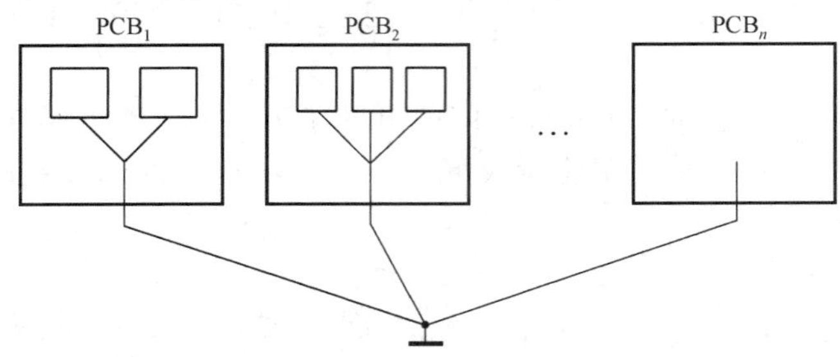

图 2-46　多板多单元单点接地方式

③ 合理设计板内地线布局

通常印制电路板都有若干个单元电路，板上的地线是用来连接电路各单元或各部分之间接地的。板内地线布局主要应防止各单元或各部分之间的全电流共阻抗干扰。

● 板内地线布局的要求

① 各部分（必要时各单元）的地线必须分开，即尽量避免不同回路电流同时流经某一段公用地线。

a. 在高频电路和大电流回路中，尤其要讲究地线的接法。把“交流电”和“直流电”分开，是减小噪声通过地线串扰的有效方法。

b. 电路板上既有高速逻辑电路，又有线性电路，应使它们尽量分开，两者的地线不要相混，分别与电源端地线相连。同时要尽量加大线性电路的接地面积。

c. 对于既有小信号输入端、又有大信号输出端的电路，它们的接地端务必分别用导线引到公共地线上，不能公用一根地线。

② 为消除或尽量减少各部分的公共地线段，总地线的引出点必须合理。

③ 为防止各部分通过总地线的公共引出线而产生的共阻抗干扰，在必要时可将某些部分的地线单独引出。特别是数字电路，必要时可以按单元、按工作状态或按集成块分别设置地线，各部分并联汇集到一点接地，如图 2-47（b）所示。

④ 设计只由数字电路组成的印制电路板地线系统时，将地线做成闭环回路可以明显提高抗噪声能力。因为印制电路板上有很多集成电路元器件，尤其遇有耗电多的元器件时，因受地线粗细的限制，会在地线上产生较大的电位差，引起抗噪声能力下降。若将接地结构形成环路，则会缩小电位差值，提高电子设备的抗噪声能力。

● 印制电路板内地线布局的方式

① 并联分路式。该方式适用于印制电路板内有几个子电路（或几级电路），各子电路（各级电路）地线应该分别设置，并联汇集到一点接地，如图 2-47（a）所示。

② 汇流排接地式。该方式适用于高速数字电路，如图 2-47（c）所示。布设时印制电

路板上所有 IC 芯片的地线与汇流排接通。汇流排由 0.3～0.5mm 铜箔板镀银而成，直流电阻很小，又具有条形对称传输线的低阻抗特性，可以有效减小干扰，提高信号传输速度。

③ 大面积接地式。该方式适用于高频电路，如图 2-47（d）所示，布设时印制电路板上所有能使用的面积均布设为地线。采用这种布线方式的元器件一般都采用不规则排列，并按信号流向布设，力求最短的传输线和最大的接地面积。

④ 一字形地线式。该方式适用于印制电路板内电路不复杂的情况，如图 2-47（e）所示。布设时要注意地线足够宽且同一级电路接地点尽可能靠近，总接地点在最后一级。

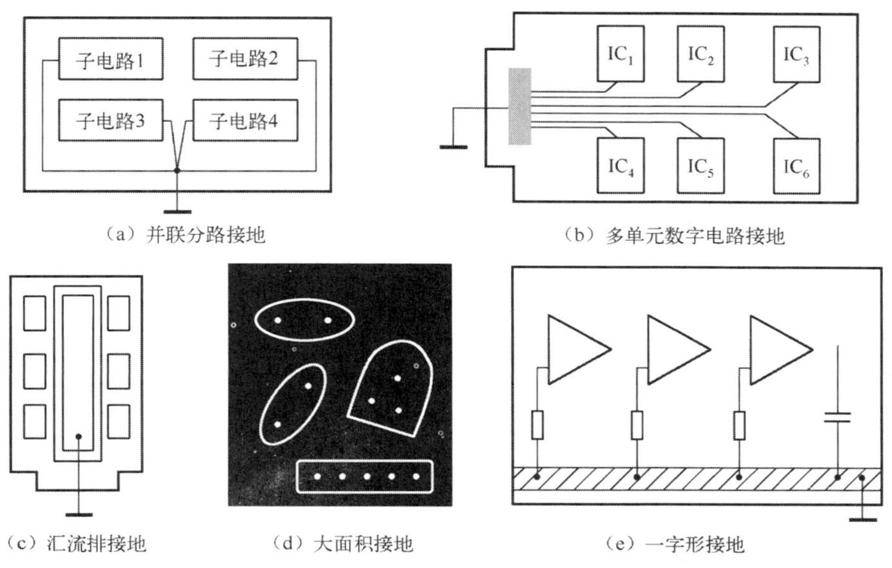

（a）并联分路接地　（b）多单元数字电路接地

（c）汇流排接地　（d）大面积接地　（e）一字形接地

图 2-47　印制电路板地线布局方式

（2）印制电路板的电源线设计

任何电子设备都需要电源供电，绝大多数直流电源是由交流电通过降压、整流、稳压后供出的。供电电源质量会直接影响整机的技术指标。因此在排版设计中电源及电源线的合理布局对消除电源干扰有着重要的意义。

① 电源的布局

电源布局时尽可能安排在单独的印制板上。可以使电源印制板的面积减小，便于放置在滤波电容和调整管附近，有利于调试和检修设备时将负载与电源断开。而当电源与电路合用印制电路板时，布局中应避免电源与电路元器件混合布设或电源与电路合用地线。这样的布局不仅容易产生干扰，同时也给维修带来麻烦。

② 电源线的布局

尽管电路中有电源的存在，合理的电源线布设对抑制干扰仍有着决定性作用。

a. 根据印制电路板电流的大小，尽量加宽电源线宽度，减小环路电阻。同时使电源线、地线的走向和数据传递的方向一致，这样有助于增强抗噪声能力。

b. 在设计印制电路板时，应尽量将电源线和地线紧紧布设在一起，以减小电源线耦合所引起的干扰。

c. 去耦电路应布设在各相关电路附近，而不要集中放置在电源部分。这样既影响旁路效果，又会在电源线和地线上因流过脉动电流而造成串扰。

d. 由于末级电路的交流信号往往较大，因此在安排各部分电路内部电源走向时，应采用从末级向前级供电的方式，如图 2-48 所示。这样安排对末级电路的旁路效果最好。

（3）印制电路板的电磁干扰与抑制

电磁兼容性是指电子设备在各种电磁环境中能够协调、有效地进行工作的能力。印制电路板上的元器件连接紧凑密集，若设计不当则会产生电磁干扰，给整机工作带来麻烦。电磁干扰无法完全避免，只能在设计中设法抑制。

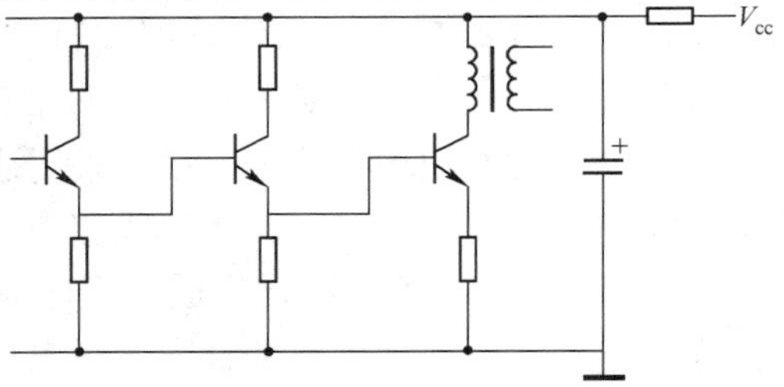

图 2-48　电路内部电源走向

① 采用正确的布线策略

a. 选择合理的导线宽度。由于瞬变电流在印制导线上所产生的冲击干扰主要是由印制导线的电感成分造成的，因此应尽量减小印制导线的电感量。印制导线的电感量与其长度成正比，与其宽度成反比，因而越短的导线对抑制干扰越有利。同时为了避免印制导线之间的寄生耦合，抑制印制电路板导线之间的串扰，在布线的时候也要注意应该尽可能拉开导线间的距离。

b. 避免形成环路。印制电路板上环形导线相当于单匝线圈或环形天线，使电磁感应和天线效应增强。布线时最好按信号流向顺序，尽可能不要迂回穿插，尽可能避免形成环路或减小环形面积。

c. 远离干扰源或交叉通过。布线时信号线要尽量远离电源线、高电平导线这些干扰源。如果实在无法躲避，最好采用井字形网状布线结构交叉通过。对于单面板用"飞线"过渡；对于双面板印制导线交叉通过，交叉孔处用金属化孔相连。

d. 反馈布线方法。反馈元器件和导线连接输入和输出，设置不当容易引入干扰。布线时输出导线要远离前级元器件，避免干扰，如图 2-49 所示。

e. 印制导线屏蔽。有时某种信号线密集地平行排列，而且无法摆脱较强信号的干扰，可采取大面积屏蔽地、专置地线环、使用专用屏蔽线等措施来解决干扰的问题。

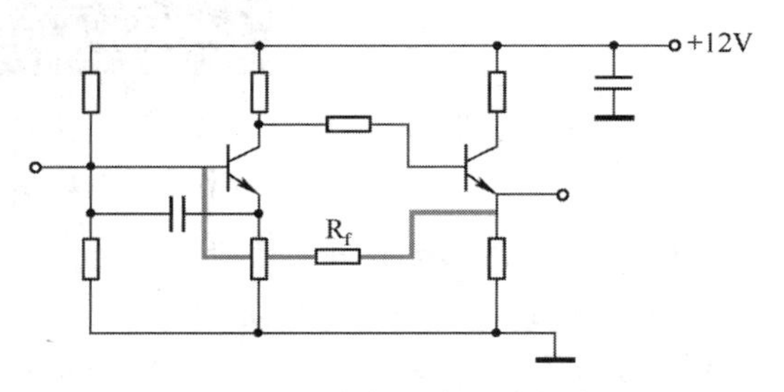

图 2-49　放大电路反馈布线

② 远离干扰磁场

扬声器、电磁铁、永磁式仪表等元器件由于自身特性所形成的恒定磁场，会对磁棒、中周线圈等磁性元器件和显像管、示波管等电子束元器件造成影响。因此元器件布局时应尽可能使易受干扰的元器件远离干扰源，并合理选择干扰与被干扰元器件的相对位置和安装方向。

③ 配置合适的去耦电容

在印制电路板的抗干扰设计中，为防止电磁干扰通过电源及配线传播，在印制板的各个关键部位配置适当的滤波去耦电容已成为印制电路板设计的常规做法。

去耦电容通常在电路原理图中并不反映出来。要根据集成电路芯片的速度和电路工作频率选择电容量（可按 $C=1/f$，即 10MHz 取 0.1μF），速度越快、频率越高，则电容量越小且需使用高频电容。

去耦电容一般配置原则如下：

a. 电源输入端跨接一只 10～100μF 的电解电容器（如果印制电路板的位置允许，采用 100μF 以上的电解电容器效果会更好），或者跨接一只大于 10μF 的电解电容和一只 0.1μF 的陶瓷电容并联。当电源线在印制板内走线长度大于 100mm 时应再加一组。该处的去耦电容一般可选用钽电解电容。

b. 原则上每个集成电路芯片都应布置一个 0.1μF～680pF 的瓷片电容，这种方法对于多片数字电路芯片更不可少。如遇印制板空隙不够，可每 4～8 个芯片布置一只 1～10pF 的钽电解电容。要注意的是，去耦电容必须要加在靠近芯片的电源端（V_{cc}）和地线（GND）之间，如图 2-50 所示。

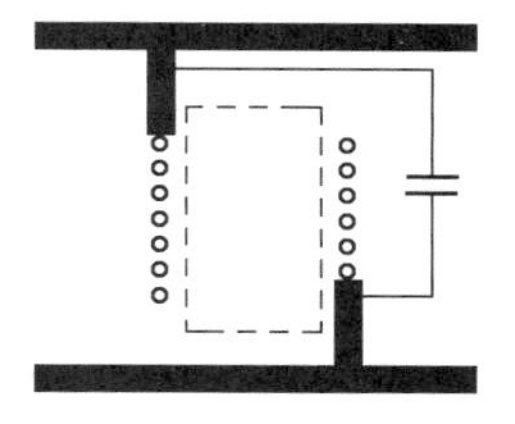

图 2-50　布设去耦电容

c. 去耦电容的引线不能太长，尤其是高频旁路电容不能有引线。

2. 印制电路板的图纸绘制

从电路原理图到印制电路板图的设计过程，通常是通过手工绘制或计算机 CAD 设计来实现的。印制电路板图不是将电路原理图简单连线而成，需要综合考虑电路及元器件等多方面的因素，在设计过程中一定要遵循规范的设计步骤，才能使设计满足整机性能及成本方面的要求。

印制电路板图设计过程主要包括如下四个步骤：

（1）绘制外形结构草图，即整体布局

整体布局是指在整机结构、电路原理图，以及元器件选型等内容基本确定的情况下，从设计的印制电路板工作环境、工作原理、电路参数及元器件的尺寸封装形式出发，确定整机的结构和元器件的摆放位置。

印制电路板的形状一般根据机箱外壳设计成长方形或矩形，在考虑长宽比例的时候要考虑印制板的机械强度；其次要根据整机重心安排元器件的位置，使印制板固定牢固，因此需要首先绘制外形结构草图。草图设计是在印制电路板外形尺寸基本确定的情况下，大致安排外部元器件的摆放方式及其引线、电源线、地线的走向。图 2-51 所示为温度控制器电路板的板外连接草图。如图 2-52 所示为计算机上一种插卡的外形尺寸草图。

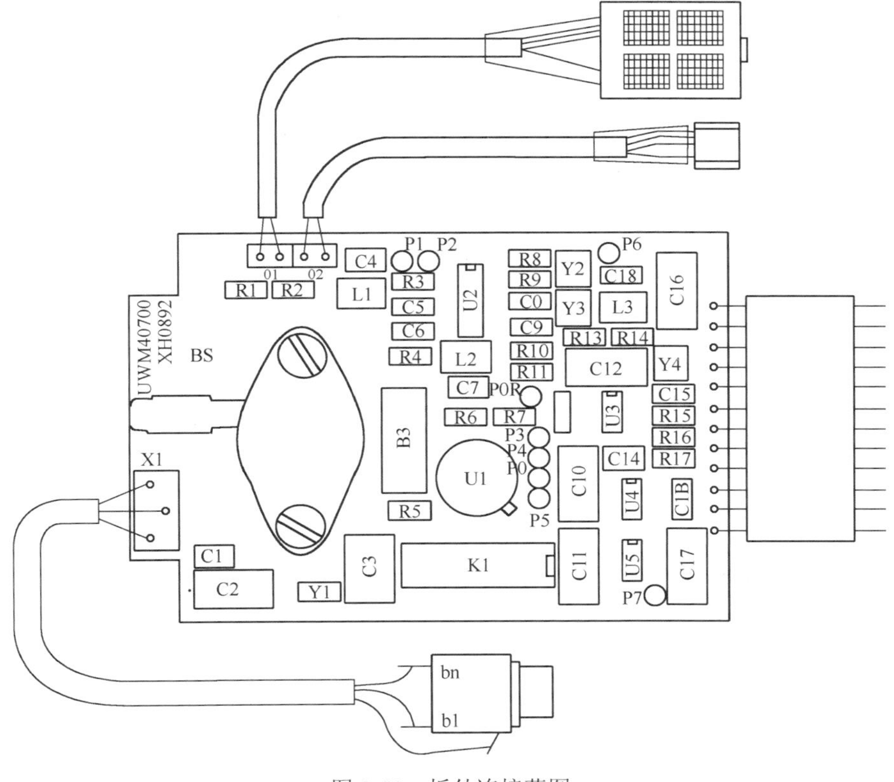

图 2-51　板外连接草图

（2）绘制单线不交叉图

电路原理图一般只表现出信号的流程及元器件在电路中的作用，以便于分析和阅读电路原理，从来不考虑元器件的尺寸、形状及引出线的排列顺序。如果仅仅根据电路原理图的顺序来对印制电路板排版，将安排元器件的位置、导线的位置等工作同时放在第一步进行，就会导致一旦中途需要修改设计方案，之前的工作全部作废。在手工设计时，首先要绘制不交叉单线图。除了应该注意处理各类干扰并解决接地问题外，不交叉单线图设计的主要原则是保证印制导线不交叉地连通。具体方法及步骤如下：

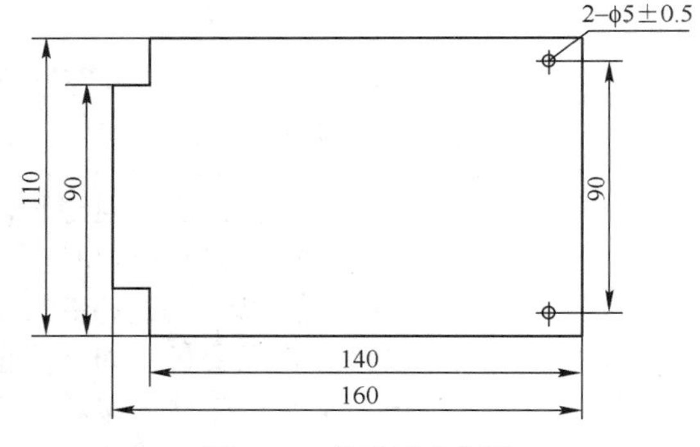

图 2-52　外形尺寸草图

① 将原理图应放置在印制板上的元器件根据信号流或排版方向依次画出，集成电路要画出封装管脚图。

② 按原理图将各元器件引脚进行连接。在印制板上导线交叉是不允许的，要避免这一现象，一方面要重新调整元器件的排列位置和方向；另一方面可利用元器件中间跨接（如让某引线从别的元器件脚下的空隙处“钻”过去或从可能交叉的某条引线的一端“绕”过去），以及利用“飞线”跨接这两种办法来解决。

单线不交叉图除了对元器件的连接有要求以外，对连接元器件的导线的要求是：导线尽可能短，尽可能少，减少冗余的迂回，减少电路的反应时间。

对于需要采用少量“飞线”来解决电路连通问题的电路，采用单面板布线方式，如果电路较复杂，可采用双面板的一面作为另外一面的跨接线解决；同时如果电路较为复杂且在元器件数量比较多的情况下，作为初学者需要注意在单个元器件引脚间穿过的印制导线数目不能过多，要根据设计规范安排好导线的宽度及导线的间距；在采用跨接线方式时，需考虑导线和导线平行放置可能引起的有害耦合现象。

单线不交叉图绘制方法举例如图 2-53 所示。对于初学者，面对电路原理图，需要切实读懂电路原理，通过绘制多张草图来熟悉电路，相互比较优缺点，然后进入绘制单线不交叉图阶段，这是手工设计印制电路板的一个重要阶段，往往不可能一次性画好，总会存在种种不妥之处需要改进，绘制的好坏直接决定了印制电路板性能的优劣。

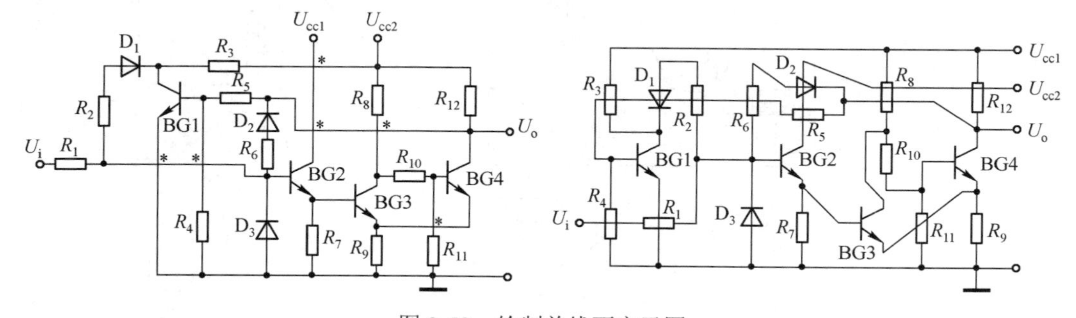

图 2-53　绘制单线不交叉图

（3）绘制排版布局草图

单线不交叉图绘制完成后，可大体确定元器件及导线的布局和走向。但是单线不交叉图的绘制是基于原理图来设计的，所以元器件的比例和实际并不是严格的 1∶1 关系，同时导线的粗细也没有考虑，所以绘制排版布局草图的目的就是严格按照覆铜板大小及元器件外形参数、导线宽度及间距来设计布局草图。具体步骤如下：

① 安排穿线孔的位置

穿线孔的位置首先取决于元器件引脚之间的跨度，同时还应考虑到识图的方便和覆铜板尺寸的影响。具体来说，安排在覆铜板边缘的穿线孔要与板边缘保持一定的间隙，有相连的穿线孔时尽量以印制导线长度最短为原则，使连接在一起的穿线孔位于水平的位置，同时也有利于安装人员识别导线的走向。

② 安排导线的走向

在设计安排印制导线走向的时候，需要遵守的基本原则是：在电路原理图的基础上，导线尽可能短，尽可能少分支。具体来说，有如下五点需要注意：

① 印制导线间的夹角≥90°；

② 印制导线转弯处尽量采用斜线；

③ 印制导线的安排使元器件排列整齐；

④ 尽量少采用圆弧形印制导线方式；

⑤ 印制导线跨度较大时可采用分叉或岛形方式处理。

（4）绘制制板工艺底图

印制电路板的设计定稿后，需要绘制制板用的工艺底图（或黑白底片）。参照外形结构草图和单线不交叉图，要求板面尺寸、焊盘位置、印制导线的连接与走向、板上各孔的尺寸及位置，都要与覆铜板面大小一致。

绘制时，最好在方格纸或坐标纸上进行。具体步骤如下：

① 画出板面的轮廓尺寸，边框下面留出一定空间，用于说明技术要求。

② 板面内四周留出不设置焊盘和导线的一定间距（一般为 5～10mm）。绘制印制板的定位孔和板上各元器件的固定孔。

③ 确定元器件的排列方式，用铅笔画出元器件的外形轮廓。注意元器件的轮廓与实物对应，元器件的间距要均匀一致。这个步骤其实是进行元器件的布局，可在遵循印制板元器件布局原则的基础上，采用如下几个办法进行：

a. 实物法。将元器件和部件样品在板面上排列，寻求最佳布局。

b. 模板法。有时实物摆放不方便，可按样本或有关资料制作有关元器件和部件的图样样板，用以代替实物进行布局。

c. 经验对比法。根据经验参照可对比的已有印制电路来设计布局。

④ 确定并标出焊盘的位置。

⑤ 画印制导线。可不必按照实际宽度来画，只标明走向和路径，但要考虑导线间的距离。

⑥ 核对无误后，重描焊盘及印制导线，描好后擦去元器件实物轮廓图，使手工设计图清晰明了。

⑦ 标明焊盘尺寸、导线宽度及各项技术要求。

⑧ 对于比较复杂的双面印制电路板来说，还要考虑如下几点：

a. 手工设计图可在图纸的两面分别画出，也可用两种颜色在图纸的同一面画出。无论用哪种方式画，都必须让两面的图形严格对应。

b. 元器件布设在板的一面，主要印制导线布设在无元器件的一面，两面的印制导线尽量避免平行布设，应当力求相互垂直，以便减小干扰。

c. 印制导线最好分别画在图纸的两面，如果在同一面上绘制，应该使用两种颜色以示区别，并注明这两种颜色分别表示哪一面。

d. 两面对应的焊盘要严格一一对应，可用针在图纸上扎穿孔的方法，将一面的焊盘中心引到另一面。

e. 两面需要彼此相连的印制导线，在实际制板过程中采用金属化孔实现。

f. 在绘制元器件面的导线时，注意避让元器件外壳和屏蔽罩等可能产生短路的地方。

常用绘制工艺底图的方法和手段除了上述介绍的手工绘制外，随着计算机及相关技术的发展，可采用计算机绘图（第 5 章中详细介绍）和光绘的方式，这样得到的底图品质和精确度较高，适合制作比较复杂、幅面较大的印制电路板。

3. 印制电路板的手工制作

印制电路板的制作方法主要采用减成法，减成法是目前生产印制电路板最普遍采用的方式。即先将基板上敷满铜箔，然后用化学或机械方式除去不需要的部分，最终留下印制电路。具体来说，印制板制作的工艺流程大致有如下几步：

下料→丝网漏印→腐蚀→去除保护膜→钻孔→成型→涂助焊剂→检验。

印制电路板的手工制作方法大致有如下四种：

（1）描图蚀刻法

这是一种十分常用的制板方法。由于最初使用调和漆作为描绘图形的材料，所以也称漆图法。具体步骤如下：

① 下料

按实际设计尺寸剪裁覆铜板（剪床、锯割均可），去四周毛刺。

② 覆铜板的表面处理

由于加工、储存等原因，覆铜板的表面会形成一层氧化层。氧化层会影响底图的复印，在复印底图前应将覆铜板表面清洗干净。具体方法：用水砂纸蘸水打磨，用去污粉擦洗，直至将底板擦亮为止，然后用水冲洗，用布擦干净后即可使用。这里切忌用粗砂纸打磨，否则会使铜箔变薄，且表面不光滑，影响描绘底图。

③ 拓图（复印印制电路）

所谓拓图，即用复写纸将已设计好的印制板排版草图的印制电路拓在已清洁好的覆铜板铜箔面上。注意复印过程中，草图一定要与覆铜板对齐，并用胶带纸粘牢。拓制双面板时，板与草图应有三个不在一条直线上的点定位，如图 2-54 所示。

复印时，描图所用笔的颜色应与草图有所区别，以便于区分已描过的部分和没描过的部分，防止遗漏。复印完毕，认真复查是否有错误或遗漏，复查无误后再把草图取下。

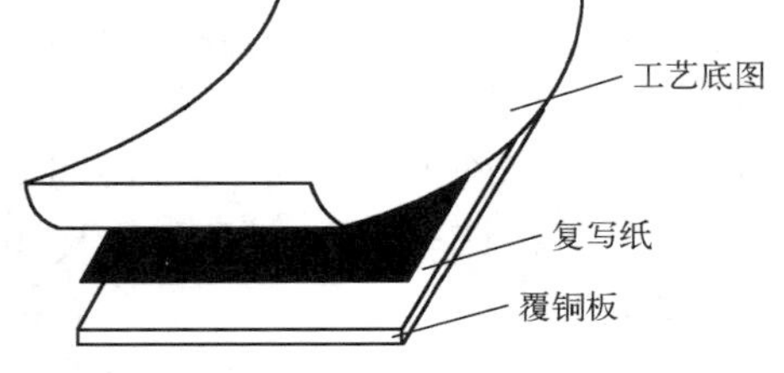

图 2-54　复印底图

④ 钻孔

拓图后检查焊盘与导线是否有遗漏，然后在板上打样冲眼，以样冲眼定位打焊盘孔：

用小冲头对准要钻孔的部位（焊盘中央）打上小凹痕，便于打孔时不偏移位置。打孔时注意钻床转速应取高速，钻头应刃磨锋利。进刀不宜过快，以免将铜箔挤出毛刺，注意保持导线图形的清晰，清除孔的毛刺时不要用砂纸。

⑤ 描图（描涂防腐蚀层）

为把覆铜板上需要的铜箔保存下来，就要将这部分涂上一层防腐蚀层，也就是在所需要的印制导线、焊盘上加一层保护膜。所涂的印制导线宽度和焊盘大小要符合实际尺寸。

首先准备好描图液（防腐液），一般可用黑色的调和漆，漆的比例要适中。描图液可采用各种抗三氯化铁蚀刻的材料，如虫胶油精液、松香酒精溶液、蜡、指甲油等。在实践中，也可采用油性笔来为覆铜板描图，其购置容易，使用方便，具有较强的可操作性。描图时应先描焊盘：用适当的硬导线蘸漆料，漆料要蘸得适中，描线用的漆稍稠，点描时注意与孔同心，大小尽量均匀，如图 2-55（a）所示。焊盘描完后再描印制导线，可用鸭嘴笔、毛笔等配合尺子，注意直尺不要与板接触，可将两端垫高，以免将未干的图形蹭坏，如图 2-55（b）所示。

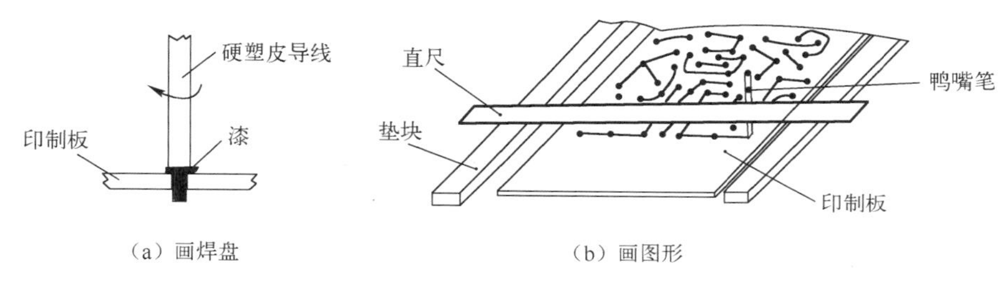

（a）画焊盘　（b）画图形

图 2-55　描图

在使用油性笔为覆铜板描图时，首先，需要注意查看所购买的笔是否为油性笔。通常的错误是将记号笔代替油性笔进行描图，记号笔的涂料为非油料性质，是非常容易擦除的，它所形成的涂层不足以在铜箔上形成防腐蚀层。如果防腐蚀层失效，进入腐蚀阶段，覆铜板上的铜箔将会全部被腐蚀掉，而无法形成信号层，从而导致制板失败。其次，要适当加厚油墨涂层的厚度，确保油墨干燥后形成足够强度的保护膜，以抵御在腐蚀阶段腐蚀剂的腐蚀和冲刷，对保护膜下方的铜箔形成良好的保护，从而制作出合格的信号层铜箔。

⑥ 修图

描好的印制板应平放，让板上的描图液自然干透，形成良好固态保护膜。在使用油性笔描图后，可将描图完毕的覆铜板放于通风口处晾干。判断油墨是否干燥的方法是将白纸覆盖在覆铜板的描图面，轻轻按压白纸，然后把白纸揭开，若白纸上无明显墨痕，说明固态保护膜已生成。

同时检查线条和焊盘是否有麻点、缺口或断线，若有应及时填补、修复。再借助直尺和小刀将图形整理一下，沿导线的边沿和焊盘的内外沿修整，使线条光滑，焊盘圆滑，以保证图形质量。

⑦ 蚀刻（腐蚀电路板）

三氯化铁（$FeCl_3$）是腐蚀印制板最常用的化学药品，用它配制的蚀刻液一般浓度在 28%～42%之间，即用 2 份水加 1 份三氯化铁。配制时在容器里先放入三氯化铁，然后放入水，同时不断搅拌。盛放腐蚀液的容器应是塑料或搪瓷盆，不得使用铜、铁、铝等金属制品。

将描修好的印制板浸没到溶液中，控制在铜箔面正好完全被浸没为限，太少不能很好地腐蚀印制板，太多容易造成浪费。

在腐蚀过程中，为了加快腐蚀速度，要不断轻轻晃动容器和搅动溶液，或用毛笔在印制板上来回刷洗，但不可用力过猛，防止漆膜脱落。如嫌速度还太慢，也可适当加大三氯化铁溶液的浓度，但浓度不宜超过 50%，否则会使板上需要保存的铜箔从侧面被腐蚀；另外也可通过给溶液加温来提高腐蚀速度，但温度不宜超过 50℃，太高的温度会使漆层隆起脱落以致损坏漆膜。

蚀刻完成后应立即将印制板取出，用清水冲洗干净残存的腐蚀溶液，否则这些残液会使铜箔导线的边缘出现黄色的痕迹。

由于三氯化铁污染性较强，不利于环境保护。目前多采用白色粉末状的绿色环保腐蚀剂，按腐蚀剂和水 1∶4 的比例加入到腐蚀机中。腐蚀机有配套加热管可提供加热功能，有条件的话，可给腐蚀机添加一个供气的气泵，通过气泡可促使腐蚀液充分混合流动，加快腐蚀进程。

腐蚀后的废液不可直接排入下水道，以免污染环境。可将废液倒入石灰粉中，充分搅拌，即可完成无害化处理。

⑧ 去膜

用热水浸泡后即可将漆膜剥落，未擦净处可用水砂纸轻轻打磨去膜。清洗漆膜后，用碎布蘸去污粉反复在板面上擦拭，去掉铜箔氧化膜，露出铜的光亮本色。为使板面美观，擦拭时应固定某一方向，可使反光方向一致，看起来更加美观。擦拭后用水冲洗、晾干。

⑨ 修板

将腐蚀好的印制电路板再次与原图对照，用刀修整导线的边沿和焊盘的内外沿，使线条光滑，焊盘圆滑。

⑩ 涂助焊剂

涂助焊剂的目的是为了便于焊接，保护导电性能，保护铜箔，防止产生铜锈。

防腐助焊剂一般用松香、酒精按 1∶2 比例配制而成：将松香研碎后放入酒精中，盖紧搁置一天，待松香溶解后方可使用。

首先必须将印制电路板的表面做清洁处理，晾干后再涂助焊剂：用毛刷、排笔或棉球蘸上溶液均匀涂刷在印制电路板上，然后将板放在通风处，待溶液中的酒精自然挥发后，印制电路板上就会留下一层黄色透明的松香保护层。

（2）贴图蚀刻法

贴图蚀刻法是利用不干胶条（带）直接在铜箔上贴出导电图形代替描图，其余步骤同描图法。由于胶带边缘整齐，焊盘亦可用工具冲击，故贴成的图形质量较高，蚀刻后揭去胶带即可使用，方便快捷。

贴图法有如下两种方式：

① 预制胶条图形贴制。按设计导线宽度将胶带切成合适宽度，按设计图形贴到覆铜板上。电子器材商店有各种不同宽度贴图胶带，也有将各种常用印制图形如 IC、印制板插头等制成专门的薄膜，使用更为方便。无论采用何种胶条，都要注意贴粘牢固，特别是边缘一定要按压紧贴，否则腐蚀溶液侵入将使图形受损。

② 贴图刀刻法。这种方法是图形简单时用整块胶带将铜箔全部贴上，画上印制电路后用刀刻法去除不需要的部分。此法适用于保留铜箔面积较大的图形。

（3）雕刻法

上面所述贴图刀刻法亦可直接雕刻铜箔而不用蚀刻直接制成印制电路板。方法是在经过下料、清洁板面、拓图这些步骤后，用刻刀和直钢尺配合直接在板面上刻制图形：用刀将铜箔划透，用镊子或用钳子撕去不需要的铜箔，如图 2-56 所示。

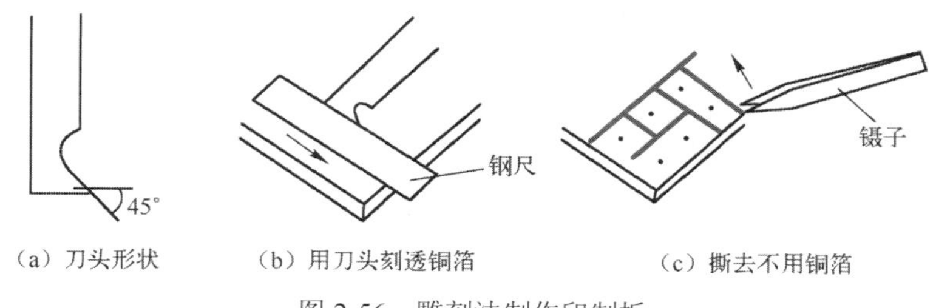

（a）刀头形状　（b）用刀头刻透铜箔　（c）撕去不用铜箔

图 2-56　雕刻法制作印制板

另外，也可以用微型砂轮直接在铜箔上削出所需图形，与刀刻法同理。

（4）热转印蚀刻法

这种方法主要采用了热转印的原理，借助于热转印纸“转印”图形来代替描图。主要设备及材料有激光打印机、转印机、热转印纸等。

热转印纸的表面通过高分子技术进行了特殊处理，覆盖了数层特殊材料的涂层，具有耐高温不粘连的特性。

激光打印机的“碳粉（含磁性物质的黑色塑料微粒）”受硒鼓上静电的吸引，可以在硒鼓上排列出精度极高的图形及文字。打印后，静电消除，图形及文字经高温熔化热压固定，转移到热转印纸上形成热转印纸版。

转印机有“复印”的功效，可提供近 200℃的高温。将热转印纸版覆盖在覆铜板上，送入热转印机。当温度达到 180.5℃时，在高温和压力的作用下，热转印纸对融化的墨粉吸附力急剧下降，使融化的墨粉完全贴附在覆铜板上，覆铜板冷却后板面上就会形成紧固有图形的保护层。

制作方法如下：

① 用激光打印机将印制电路板图形打印在热转印纸上。打印后，不要折叠、触摸其黑色图形部分，以免使版图受损。

② 将打印好的热转印纸覆盖在已做过表面清洁的覆铜板上，贴紧后送入热转印机制板。只要覆铜板足够平整，用电熨斗熨烫几次也是可行的。

③ 覆铜板冷却后，揭去热转印纸。

其余蚀刻、去膜、修板、涂助焊剂等步骤同描图法。

4. 印制电路板的检验

印制电路板在制作完成后还需要通过必要的检验手段，才能进入后续的焊接装配工序，因此印制电路板的质量检验是非常重要的步骤。

（1）外观检验。肉眼观察或者借助简单的工具检查印制电路板上所有待制部分是否违背原设计要求，所制部分是否有遗漏未完成。具体来说，主要从如下几个方面检查：印制导线的完整性，有无短路和断路及焊盘是否有毛刺现象；焊盘孔及其他孔大小是否符合要求，有无漏打或打偏现象；助焊剂及阻焊剂涂抹是否合适均匀；板面边缘有无破损和卷曲；标注说明是否合理、清晰。

（2）连通性检验。一般借助万用表来检验印制电路板图是否连通。

（3）可焊性检验。可焊性通常用润湿、半润湿、不润湿来区别。

润湿：焊料在待焊处能充分漫流形成黏性连接。

半润湿：润湿不佳造成焊料回缩现象，大部分焊料都形成焊料球。

不润湿：完全不润湿，表面丝毫未涂上焊料。

此外还有铜箔抗剥强度、镀层附着力、金属化孔抗拉强度等多种检验指标，根据具体印制电路板要求进行选择测试。

第 3 章　综合实训选题

电子理论的发展与工艺技术的提高，使得新产品、新设备层出不穷。电子产品的发展方向是智能化、微型化、集成化和声表面化。作为组成电子产品的各种电子元器件则由大、重、厚向小、轻、薄方向发展，另一个突出的特征就是由有引线向无引线方向发展。伴随着无引线电子元器件及其他先进技术和工艺的应用，电子产品将逐步实现高度智能化、微型化、集成化和声表面化。为了更好地学习先进技术，我们必须掌握电子产品的生产工艺和生产的基本知识。本章将从电子产品的装配与调试的角度，介绍电子产品生产的基本知识和多个电子产品的综合实训实例。

3.1　电子产品的生产安全

安全是人类从事各种工作、学习和娱乐的基本保障。随着电子产品的高速发展，现代人的生活几乎离不开电，人类也更加重视用电安全。在长期生活实践中，人类总结了安全用电的经验，积累了丰富的安全用电的知识和数据，以防患于未然。

3.1.1　触电伤害

人体有体电阻，是能够导电的，只要有足够的（大于 3mA）电流流经人体就会对人体造成伤害，这就是我们通常所说的触电。由于触电伤害事先根本无法预测，因此一旦发生触电伤害，后果可能会十分严重。

影响触电伤害的主要因素有以下几个方面。

（1）电流大小

人体是存在生物电流的，电流流经人体的大小直接关系到人的生命安全，当电流小于 3mA 时不会对人体造成伤害，人类利用安全电流的刺激作用制造医疗仪器就是最好的证明。电流对人体的作用见表 3-1。

表 3-1　电流对人体的作用

电流（mA）	对人体的作用	电流（mA）	对人体的作用
< 0.7	无感觉	10～30	引起肌肉痉挛，短时间无危险，长时间有危险
1	有轻微感觉	30～50	强烈痉挛，时间超过 60s 即有生命危险
1～3	有刺激感，电疗仪器一般取此电流	50～250	产生心脏室性纤颤，丧失知觉，严重危害生命
3～10	有痛苦感，可自行摆脱	>250	短时间内（1s 以上）造成心脏骤停，体内电灼伤

（2）人体电阻

人体电阻是一个不确定的电阻，它随人体皮肤的干燥程度的不同而不同。人体电阻还是一个非线性电阻，它随人体的电压变化而变化。从表 3-2 中可以看出，人体电阻的阻值随电压的升高而减小。

表 3-2　人体电阻的阻值随电压的变化

电压（V）	12	31	62	125	220	380	1000
电阻（kΩ）	16.5	11	6.24	3.5	2.2	1.47	0.64
电流（mA）	0.8	2.8	10	35	100	268	1560

（3）电流种类

电流种类不同对人体造成的损伤也不同。交流电会同时造成电伤与电击，而直流电一般只会引起电伤。频率在 40～100Hz 的交流电对人体最危险，而我们日常使用的电网的工频为 50Hz，就在这个危险频率范围内，因此特别要注意用电安全。当交流频率为 20000Hz 时交流电对人体的伤害很小，一般的理疗仪器采用的就是接近 20000Hz 而偏离 100Hz 较远的频率。

（4）电流作用时间

电流对人体的伤害程度同其作用时间的长短密切相关。我们知道电流与时间的乘积也称为电击强度，用来表示对人体的危害。触电保护器的一个重要技术参数就是额定断开时间与漏电电流的乘积应小于 30 mA·s，实际使用的产品可以达到小于 3 mA·s，因此能有效地防止触电事故的发生。

3.1.2　预防触电

预防触电是安全用电的核心，在电的安全使用中任何一种措施或保护器都不是万无一失的，要想预防触电，最安全的方法莫过于提高对于安全的警惕性，和提高对于安全知识的认识。

（1）安全制度

在各种用电场所都制定了各种安全使用电气的制度，这些制度是人们在工作实践中不断积累并经总结制定的，我们一定要严格遵守，千万不可麻痹大意。

（2）安全措施

① 在所有使用市电的场所安装漏电保护器。

② 所有用电的电器及配电装置都应安装保护接地或保护接零。

③ 正常情况下的带电部分，一定要加绝缘保护，并置于人不容易碰到的地方。例如输电线、电源拖板等。

④ 随时检查所有电器插头、电线有无破损及老化。

⑤ 手持电动工具应尽量使用安全工作电压。常用安全电压为 36V 或 24V，特别危险的场所应使用 12V。

（3）安全操作

① 在任何情况下检修电路和电器都要确保断开电源，并将电源插头拔下。

② 遇到不明情况的电线，应认为它是带电的。

③ 不要用湿手开关或插拔电器。

④ 尽量单手操作电工作业。

⑤ 遇到大容量的电容器要先行放电，方可进行检修。

⑥ 不在带病或疲倦的状态下从事电工作业。

（4）安全产品

理论上，凡是进入市场的产品安全性能都有保证，但实际上，一些不合格的产品往往给用户造成安全事故。作为用户选择由国家权威安全检验部门即中国电工产品认证委员会（CCEE）检测通过的产品，是安全的根本保证。CCEE 是国际电工委员会电工产品安全认证组织（IECEE）批准的国家认证组织，检测标准符合国际标准，并有统一的认证标志。

3.1.3 电子装配安全操作

电子实习、电子实验、电子产品研制和电器维修的基本特点是个人操作，整个制作过程弱电比较多，但是也少不了带有强电，一般常用电动工具（例如电烙铁、电钻、电热风机等）、仪器设备和制作装置大部分需要接市电才能工作，因此安全用电是电子装配操作的重点。将安全用电的观念贯穿在工作的全过程，是安全的根本保证。任何制度，任何措施，都需要由人来贯彻执行，忽视安全是最危险的隐患。

（1）安全用电基本措施

① 工作室内的电源应符合国家电气安全标准。

② 工作室内的总电源应装有漏电保护开关。

③ 工作室或工作台上应有便于操作的电源开关。

④ 从事电力电子技术工作时，应设置隔离变压器。

⑤ 调试、检测较大功率电子装置时，工作人员不应少于两人。

⑥ 测试、安装电子线路应采用单手操作。

（2）防止烫伤

烫伤在电子产品装配操作中发生较为频繁，这种烫伤一般不会造成严重后果，但会给操作者带来痛苦和伤害，所以要注意以下几点操作规范，可以有效地避免烫伤。

① 工作中应将电烙铁放置在烙铁架上，并将烙铁架置于工作台右前方。

② 观察电烙铁的温度时，应用电烙铁头去熔化松香，千万不要用手触摸电烙铁头。

③ 在焊接工作中，要注意被加热熔化的松香及焊锡溅落到皮肤上造成的伤害。

④ 通电调试、维修电子产品时，要注意电路中发热电子元器件（散热片、功率器件、功耗电阻）可能会造成烫伤。

（3）预防机械损伤

机械损伤在电子产品装配操作中发生较为少见，但违反安全操作规定仍会造成严重伤害的事故。例如：

① 在钻床上给印制板钻孔时，留长发或戴手套操作是严重违反钻床操作规程的。

② 使用螺丝刀紧固螺钉时，螺丝刀打滑，伤到手。

③ 剪断印制板上元器件的引线时，被剪断的引线溅伤眼睛。

这些事故只要严格遵守安全操作规定，是完全可以避免的。

3.1.4 电气消防与触电急救

（1）电气消防

① 发现电子装置、电线等冒烟起火时，要尽快切断电源。

② 灭火时不可将身体或者灭火工具触及电子装置和电缆。

③ 发生电气火灾时，应用沙土、二氧化碳或四氯化碳等不导电的灭火介质，绝对不能使用泡沫或水进行灭火。

（2）触电急救

① 发生触电事故时，千万不要惊慌失措，必须以最快的速度使触电者脱离电源。这时最有效的措施是切断电源。在一时无法或来不及寻找电源的情况下，可用绝缘物（竹杆、木棒或塑料制品等）移开带电体。

② 抢救中要记住触电者未脱离电源前，千万不可直接或通过导体接触触电者，其本身是一个带电体，否则可能会造成抢救者触电伤亡。

③ 触电者脱离电源后，还有心跳、呼吸的应尽快送医院抢救。

④ 如果心跳已停止的应立即采用人工心脏挤压法，使伤者维持血液循环；如果呼吸已经停止的应立即采用对口人工呼吸法；如果心跳、呼吸全停止时，应同时采用以上两种方法，并且边急救边送往医院。

3.2 电子产品生产的基本知识

3.2.1 生产工艺的重要性

电子产品在国民经济的各个领域中的应用越来越广泛。一个企业在生产电子产品时，其基本任务就是把各种原料和材料经过各种工艺操作，最终制成合格的产品。生产工艺是组织生产和指导生产的重要手段，同时也是降低成本、减轻劳动强度和提高电子产品质量的重要保证。

电子产品的内涵非常广泛，既包括电子材料、电子元器件，又包括将它们按照既定的装配工艺程序、设计装配图和接线图组合而成的整体成品。电子产品是按一定的精度标准、技术要求、装配顺序安装在指定的位置上，再用导线把电路的各部分相互连接起来，组成具有独立性能的整体。

一台完善、优质、使用可靠的电子产品，除了要有先进的线路设计、合理的结构设计、采用优质可靠的电子元器件及材料之外，制定合理、正确、先进的装配工艺，以及操作人员根据预定的装配程序，认真细致地完成装配工作都是非常重要的。

3.2.2 电子产品的装配

电子产品的装配是指按照设计要求和工艺规程，将各种电子元器件、零部件及整件装接到印制电路板、机壳、面板等规定的位置上，并组成具有一定功能电子产品的过程。电子产品的装配工作主要是指机械装配和电气安装。它是生产过程中非常重要的一个环节，直接影响着产品的质量。在实际生产过程中，电子产品的装配包括装配准备、部件装配和整机装配三个阶段。由于电子产品的技术要求、复杂程度等实际情况存在不同，从而导致装配工艺也有所不同。生产实践证明，良好的电接触是保证电子产品质量和可靠性的重要因素，电子产品发生故障跟电气安装的质量有密切关系。例如，焊接时若出现虚焊、假焊、混焊、错焊和漏焊，将会造成接线松脱、接点短路或开路；高频装置中如果接线过长、布线不合理，将会造成高频电路工作不稳定或不正常。因此要使装配出来的产品达到预期的设计标准，就必须十分注重装配质量，生产操作人员务必严肃认真地做好每一道细小的生产环节。

装配工作是一项复杂而细致的工作。电子产品的装配应遵循以下原则：先轻后重、先铆后装、先里后外、先低后高，上道工序不得影响下道工序。

1．装配前的准备

（1）技术准备工作

技术准备工作主要是指阅读、了解产品的图纸资料和工艺文件，熟悉部件和整机的设计图纸、技术条件及工艺要求等。

（2）生产准备工作

① 准备好所需工具、夹具和量具。

② 根据工艺文件中的明细表，准备好全部材料、零部件和各种辅助用料。

准备好装配所需的电子元器件后，为了保证生产出来的电子产品能够长期可靠地工作，同时也为了避免给装配以后的调试、检验工作带来不必要的麻烦，就必须在装配前对所使用的电子元器件进行检测。检测电子元器件应遵循“先看后测”的原则，也就是对电子元器件先进行外观质量的检查，外观质量合格再进行电气参数测量。

a．外观质量检查的一般标准。外形尺寸、电极引线的位置和直径应该符合产品标准外形图的规定。外形应完好无损。电极引线不应有影响焊接的氧化层和伤痕。各种型号、规格标志应清晰、牢固，对于有分挡和极性符号标志的元器件，其标志应该清晰，不能模糊不清或脱落。对于电位器、可变电容器等可调元器件，在其调节范围内应活动灵活、平滑、松紧适当，无机械杂音。开关类元器件应保证接触良好，动作迅速灵活。

b．参数性能检测。经过外观质量检查合格的元器件，应再进行电气参数测量。首先要根据元器件的质量标准或实际使用的要求选用合适的仪器，再使用正确的测量方法进行测量。测量结果应该符合该元器件的相关指标，误差应在标称值允许的误差范围以内。不同的元器件有不同的测量方法，具体的测量方法在这里不一一介绍。但有以下两点必须注意：

一是绝不能因为购买的元器件是正品就不进行检测。要知道即便是新的正品元器件也有可能存在问题，如果将未经检验的元器件安装焊接到了电路板上，而该元器件又恰好存在质量问题，那么就会造成电路不能正常工作，给以后的整机调试带来困难。

二是要避免因测量方法不正确而造成的不良后果。如用晶体管特性图示仪测量二极管或三极管时，要选择合适的功耗电阻；用指针式万用表测量电阻时，应使指针指在刻度盘的中央附近。

2．装配操作的基本要求

① 零件和部件应清洗干净，妥善保管待用。

② 备用的元器件、导线、电缆及其他加工件，应满足装配时的要求。例如，元器件引出线校直、弯脚等。

③ 采用螺钉、铆钉连接等机械装配的工作应按质按量完成好，防止松动。

④ 采用锡焊方法进行电气安装时，应将已备好的元器件、引线及其他部件焊接在安装底板所规定的位置上，然后清除一切多余的杂物和污物，送交下一道工序。

3. 装配工艺的技术要求

技术要求包括两个方面：一是机械装配；二是电气安装。

（1）机械装配的工艺要求

① 螺钉连接

根据安装图纸及说明选用规定的螺钉、垫圈，采用合适的工具把它拧紧在指定的位置上。

② 铆钉连接

装配图纸上一些需要连接并不再拆动的地方常采用铆钉连接。在铆接前应按图纸要求选用铆钉，铆接时应符合铆加工的质量标准。

③ 胶接及其他

对需要胶接的部件，要选用符合胶接的黏合剂，并按黏合剂工艺要求胶接好连接件。

（2）电气安装的工艺要求

电气安装应确保产品电气性能可靠，外形美观而且整齐、一致性好。电气安装的工艺要求是：

① 对电气安装所用的材料、元器件、零部件和整件均应有产品合格证；对元器件应按抽检规定进行抽检，在符合要求的情况下才允许使用，否则不得用于安装。

② 装配时，所有的元器件应做到方向一致，整齐美观；标识面应朝外，以便检查。

③ 被焊件的引出线、导线的芯头与接头，应根据整机的工艺文件要求，分别采用插接、搭接或绕接等方式固定。对于一般家用电器，较多使用插接方式焊接。

④ 元器件引出线、裸导线不应有切痕或钳伤。如需要套绝缘套管，应在引线上套上适当长度和大小的套管。多股导线的芯线加工后不应有断股现象存在。

4. 装配的注意事项

（1）机械装配的注意事项

① 当安装部位全部是金属件时，应使用钢垫圈，以保护安装面不被螺钉帽或螺母擦伤，并且可增大螺母的接触面积，以减小连接件表面的压强。

② 紧固成组螺母时必须按照一定的顺序，交叉、对称地逐个拧紧。如果把某一个螺丝拧得过紧，就容易造成被紧固件倾斜或扭曲，再拧紧其他螺钉时会损坏强度不高的零件。螺钉拧紧的顺序和程度对装配精度和产品寿命有很大影响，不能大意。

③ 大功率晶体管都应安装散热片。在安装散热片时，要保证散热片和晶体管表面的清洁，并使之良好地接触。如有需要还可以在散热片与晶体管之间加装云母片，并在云母片的两面都涂上硅油，这样可使接触面更加密合，以提高散热效率。

④ 为了防止电磁能量的传播或为将其限制在一定的空间范围内，需要给某些器件加装屏蔽罩，给某些单元电路加装屏蔽盒，给某些部件加装隔离板，或者有些导线需要采用金属屏蔽线。在用铆接和螺钉连接的方式安装屏蔽件时，安装部位一定要清洁，可用酒精或汽油事先将安装部位清洗干净。如果接触不良就会产生缝隙分布电容，达不到良好的屏蔽效果。

（2）电气安装的注意事项

① 元器件的位置

根据电路图中各部分的功能确定元器件在印制板上的位置，并按信号的流向将元器件顺序地安装，以便于调试。中频变压器等较大的元器件要与电路板吻合。同一类元器件在电路板上的安装高度应一致，尽量做到美观、整齐。以元器件引脚高度来说，一般晶体管为5～10mm，瓷片电容为2～5mm，电解电容为0～5mm。

② 集成电路的插装

插装集成电路时首先应该认清方向，明确管脚的排列次序，以正确的方向插装，千万不能装反。所有集成电路的插入方向要保持一致，谨防在插装过程中弯折损坏管脚。焊接时速度要快，以免因焊接温度过高而烫坏集成块。除集成电路以外，其他有极性的元器件如晶体管、电解电容等在插装时也要注意极性，不能插反。

③ 导线的选用和连接

导线直径应和印制板插孔直径相一致，导线过粗会损坏插孔，导线过细则会与插孔接触不良。

为了便于检查电路，根据不同用途，导线可以选用不同的颜色，以示区别。一般习惯上电源正极用红线，电源负极用蓝线，地线用黑线，信号线用其他颜色的线等。

若用面包板做电路方案试验时，注意连接用的导线要紧贴在面包板上，避免接触不良。连线不允许跨越在集成电路上，一般应从集成电路周围通过，尽量做到横平竖直，这样便于检查线路和更换器件。

5．电子产品装配中的常见故障

对大多不需要调试的电子产品来说，一般有以下几种常见故障：元器件的位置或极性接错，假焊、虚焊；元器件在焊接过程中被烫坏（如三极管、集成电路烫坏）、元器件引脚损坏、元器件不合要求；印制电路板上的铜箔翘起；焊点焊锡过多造成短路、搭线等。

在焊接前，先要检查元器件的好坏和测量其参数是否合乎要求，并将要焊接的元器件引线及焊点擦刮干净，涂上松香酒精溶液，然后上一层均匀的焊锡，最后再进行焊接，焊点应该光滑、不搭锡，元器件的引线要高出印制板 3mm 左右。焊接完毕后可轻轻向上拉一拉元器件引线，看看焊点是不是牢固，有无松动，若有松动要重新焊接，以便消除虚焊和假焊。焊接三极管时要用镊子夹住管脚，以扩大散热面，防止烫坏三极管。为了可靠起见，焊好后可用万用表再检测一下，看看有无烫坏。

组装电路时，注意电路之间要共地。正确的组装方法和合理的布局，不仅使电路整齐美观，而且能提高电路工作的可靠性，便于检查和排除故障。

3.2.3 电子产品的调试

电子产品装配完毕后要进行的下一道工序就是调试。电子产品的装配过程是把所有的元器件按照设计图纸的要求连接起来了，但由于各种电子元器件比如电阻、电容、电感、三极管等的参数具有离散性，线路接地点、元器件装配位置对分布参数的影响等，使产品的性能产生一定的偏差，不能够在组装完毕后就立即达到预定技术条件的要求。为了使产品的技术指标能完全符合规定，实现预定功能，电子产品在组装完毕后要对其进行调试。调试是保证电子产品质量的重要工序，切不可忽视。

调试包括调整与测试两方面的内容。调整主要是对电路中的元器件参数进行调整，比如对电路中的电感线圈或变压器的磁芯、微调电阻器、电位器、微调电容器等可调元器件进行调整，以及机械传动装置和与电气性能指标有关的调谐系统等的调整。测试主要是利用各种仪器、仪表来测量单元电路或整机的各项技术指标。调试工作的主要内容包括：明确产品调试的目的和要求；正确合理地选择和使用调试所需的仪器仪表；按照调试工艺对各单元电路或整机进行调整和测试，调试完毕以后，可用封蜡或点漆等方法固定元器件的调整部位；分析和排除调试中出现的故障；做好调试记录，准确记录电路各部分的测试数据和信号波形，以便分析和运行时参考；编写调试工作总结，提出改进意见等。

调试电路的方法一般有两种。一种是整机调试的方法。这种方法适用于电路比较简单的小型整机，比如晶体管收音机、简易充电器、小型稳压电源等，在整个电路安装焊接完毕以后进行一次性的整机调试。由于电路简单，所以其调试过程也比较简单。另一种是分单元调试的方法。这种调试方法是把一个总电路按框图上的功能划分成若干个单元电路，先分别对各单元电路进行安装和调试，在完成各单元电路调试的基础上逐步扩大安装和调试的范围，最后完成整机的调试。这种方法适合复杂整机的调试。这样做既便于调试，又可以及时发现和解决问题。

3.3 收音机的基础知识——无线电波

收音机是无线电电台广播的接收装置，因此在介绍收音机的工作原理、安装与调试方法之前，先对无线电波的特性、传播与接收等基本知识进行介绍。这对下一节内容的学习将会大有帮助。

3.3.1 无线电波的概念

在中学物理中我们已经学习过有关波的基本知识，我们知道波究其实质就是物质运动的一种形式，是一种运动着的物质。在空间中存在着形形色色、各种各样的波。有些波是人体能够直接感知的，比如声波、水波、地震波、可见光波等。可有的波却是无影无形、无声无息的，是我们听不到、看不见，也摸不着的，但它们却真实的存在着。我们所要介绍的无线电波就是这样的一种波。

我们已学习过电磁学的基本知识，我们知道在通有交流电的导线周围存在变化的磁场，变化着的磁场会产生出变化的电场，而变化着的电场又将在它周围更远的地方产生出变化的磁场，这样磁场和电场不断地交替产生（它们的变化方向是相互垂直的），电磁场在四周空间传播开来了，我们把这种向四周空间传播的电磁场就称为电磁波。也就是说电磁波实际上就是不断变化着的电场和磁场。无线电波是电磁波的一种，其传播速度与光波相同，只是波长（或频率）不同而已。

电磁波的频带极宽，其频谱差不多从几个赫兹到 10^{16}MHz，它包括音频、射频（即无线电波的频率）、红外线、可见光、X 射线、γ 射线、宇宙射线等。一般地说，频率从几千赫到几十万兆赫的电磁波都称之为无线电波。频率（或波长）不同的无线电波，其传播规律不同，应用也不同，所以人们通常把无线电波分成几个波段。表 3-3 列出了按波长划分的波段名称、相应的波长和频率范围，以及它们的主要用途。

表 3-3　无线电波段的划分

波段名称		波长范围	频率范围	频段名称	应用范围
极长波		10^5m 以上	3kHz 以下	极低频（ELF）	专用
超长波		10^5～10^4m	3～30kHz	甚低频（VLF）	海上导航
长波		10^4～10^3m	30～300 kHz	低频（LF）	电报、海上导航
中波		1km～100m	300～3000 kHz	中频（MF）	无线电广播、海上导航
短波		100～10m	3～30 MHz	高频（HF）	电报、无线电广播
微波	超短波（米波）	10～1m	30～300 MHz	甚高频（VHF）	广播、电视、导航、雷达、移动通信
	分米波	10～1dm	300～3000 MHz	特高频（UHF）	电视、雷达、导航、接力通信
	厘米波	10～1cm	3～30 GHz	超高频（SHF）	数字通信、卫星通信、接力通信
	毫米波	10～1mm	30～300GHz	极高频（EHF）	雷达、导航、通信

从上表我们可以看出其中的中波、短波和超短波应用于无线电广播。

3.3.2　无线电波的传播

无线电波在空间的传播速度为 3×10^8m/s。波在一个振荡周期内所传播的距离叫做波长。波长、频率与传播速度的关系可用下式表示：

$$\lambda=v/f$$

式中，λ为波长；v为传播速度；f 为频率。如果 v 的单位是 m/s，f 的单位是 Hz，则波长的单位是 m。

【例】　频率为 3000kHz 的无线电波，其波长是多少？

解：　$\lambda=v/f=3\times10^8/3000\times10^3=100\text{m}$

由上式可知，当波速一定时，频率与波长成反比，即频率越高，波长越短；频率越低，波长越长。

无线电波的传播主要有四种途径：一是沿地面传播，叫地面波；二是在空间沿直线传播，叫空间波；三是依靠电离层的折射和反射传播，叫天波；四是利用对流层的散射来传播。并非所有的无线电波都同时具有这四种传播能力，而是视波长而定的，波长不同的无线电波在空间的传播特性是不相同的。

传播分类如下。

1．地面波

地面波是沿着地球表面传播的波。由于地球表面的电性质比较稳定，故地面波的传播比较稳定。但因为地表是具有明显电阻的导体，所以当地面波贴着地面传播时，会在地表中感应出传导电流，电流在地表电阻中会产生损耗，从而使其在传播过程中不断地被地面吸收而逐渐减弱，也就是说将有一部分能量被消耗掉。这种损耗与波长及其他一些因素有关，波长越长，频率越低，则损耗越小，反之波长越短，频率越高，则损耗越大。所以中波和长波比较适合采用地面波传播，而短波以下由于在传播过程中衰减太快，而不宜采用地面波传播。

2．空间波

空间波是指从发射端的天线发射出的电波在空间完全沿直线传播，直接到达接收端天线的电波。这种电波只要在传播途中没有碰到能吸收或反射电波的障碍物，其传播损耗是很小的。但它有一个突出的弱点，就是传播距离较短。这是因为地球的表面是一个球面而非平面，所以当它远距离传播时就会被球形的地球表面所阻挡。因而空间波一般只能在 50～60km 的视距范围内传播。空间波的传播距离与发射天线、接收天线的高度有很大关系，天线越高，则传播距离越远。基于空间波稳定可靠的优点，调频广播、电视广播和很多通信都采用空间波。

3．天波

在地球表面包裹着几百公里厚的大气层，大气层由低到高可分为对流层、平流层和电离层。电离层处于最外层，该层的空气分子受到太阳和其他星球射来的各种射线的照射而被电离，产生出离子和电子，故而这层大气被称之为电离层。由于电离层能导电，因此它能够反射电磁波，但它对于不同波长的无线电波，其反射特性是不一样的。电离层除了对电波有反射作用外，还有吸收作用，波长越长，电离层对它的吸收作用越大，因此一般中波和长波不宜用天波传播，因为电离层对它的吸收作用太大。对于超短波及波长更短的其他波虽然电离层对它们的吸收作用很少，但它们却不能被电离层反射而是穿越了电离层，故它们也不能用天波传播。因此就只有短波适宜进行天波传播，它可以在地面和电离层之间来回反射，能够远距离的传播，甚至可进行环球通信。但它也有一个显著的缺点，那就是不稳定，这是由电离层的密度和高度都很不稳定所引起的，它同太阳的活动程度以及地球与太阳的相对位置等诸多因素有关。

4．散射波

散射波是利用对流层对电磁波的散射来传播的波。我们知道，距离地面大约 20km 的那一层大气是对流层，由于它离地面最近，所以受地球表面的地形、气候等因素的影响较大，有着很多旋涡气团，形成了不均匀区。当电磁波通过不均匀介质时会产生散射，因此利用对流层的散射现象就可以传播无线电波。但是由于旋涡气团的产生和存在都是随机的，所以不能直接简单地用于广播或通信，而是需要经过专门的设备进行处理。

3.3.3　无线电波的发射

我们知道，利用天线可以把无线电波向空中发射出去。但天线的长度必须和电波的波长相对应，才能有效地发射，而且只有频率相当高的电磁场才具有辐射能力，因此必须利用频率较高的无线电波才能传送信号。我们把无线电发射机中产生的高频振荡信号作为载波，将音频信号加到载波上去，这个过程叫做调制，把经过调制以后的高频振荡信号叫做已调信号。再利用传输线可把已调信号送到发射天线，变成无线电波，最后发射到空间去。经过调制以后可以使广播信号有效地发射，而且不同的电台可以采用不同的载波频率，使彼此之间互不干扰。

无线电波的发射过程大致包括三个环节：一是声音的变换与放大，这一部分的信号频率较低，因此称为低频部分；二是高频振荡的产生、放大、调制和高频功率放大，这一部分的信号频率较高，因此统称为高频部分；三是用天线将无线电波发射出去。无线电波的发射过程见图 3-1 所示。

话筒和音频放大器的作用，是把声音变换成调制器所需要的一定强度的音频电信号。高频振荡器的作用是产生高频正弦振荡，即载波。载波的频率叫做载频。例如中央人民广播电台第一套节目的频率是 540kHz，就是指它的载频是 540kHz。在无线电发射机中，高频振荡器所产生的高频振荡的频率不一定就是所需要的载波频率，而可能是所需载频的若干分之一，并且它的功率一般也比较小，所以就需要用倍频器把高频振荡器所产生的高频振荡的频率提高到所需要的数值，然后再用高频放大器放大到调制器所需要的强度。调制器的作用是将音频信号调制到载波上，成为已调信号。然后再用高频功率放大器将已调信号进行放大，最后由传输线送至天线，从而实现无线电波的发射。

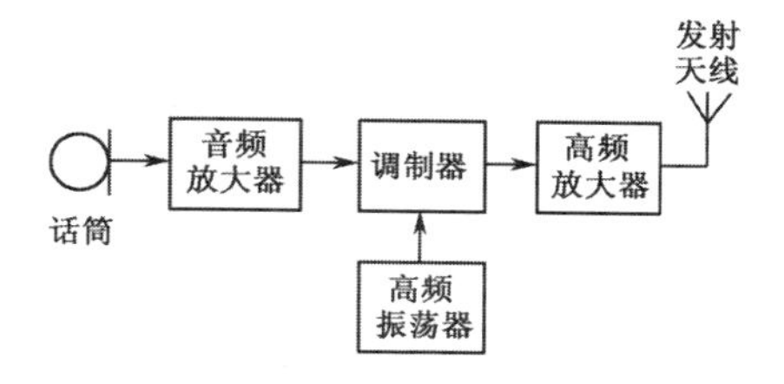

图 3-1 无线电波发射过程图

把音频信号作用到高频载波上去的过程称为调制，而用来运载音频信号的无线电波称为载波。对于无线电广播来说，载波一般都是正弦波，即

$$U(t)=U_{\mathrm{m}}\sin(\omega t+\theta)$$

式中，$U(t)$ 为高频载波的瞬时值；U_{m} 为高频载波的振幅；ω 为高频载波的角频率；θ 为高频载波的初相位。

如果分别使 U_{m}、ω、θ 这三个量按照另外某个信号的规律来变化，即按照调制信号的规律来变化，我们就可以得到三种不同的调制方式，即调幅（改变 U_{m}）、调频（改变 ω）和调相（改变 θ）。

目前通用的广播制式有调幅和调频两种。所谓调幅是指高频载波的幅度随音频信号的变化而成正比例变化，但其频率和初相位保持不变。利用这种调制方式得到的已调波，我们把它称之为调幅波（如图 3-2 所示）。所谓调频是指高频载波的频率随音频信号的变化而成正比例变化，但其幅度和初相位保持不变。利用这种调制方式得到的已调波，我们把它称之为调频波。

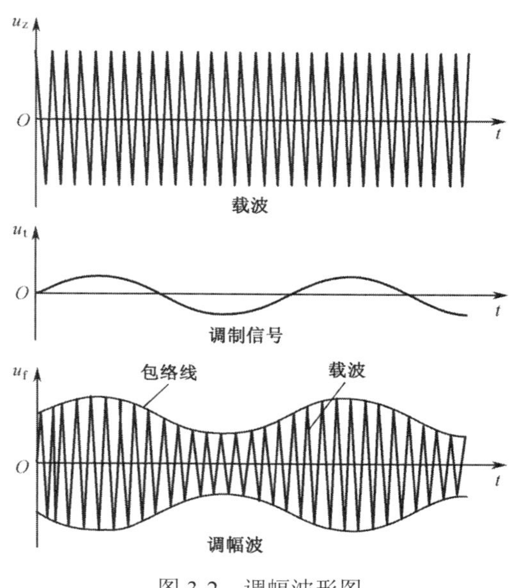

图 3-2 调幅波形图

3.4 实训选题 1——收音机的安装与调试

3.4.1 超外差收音机工作原理

调幅收音机有三个基本功能，一是把空中的无线电波转变成高频电信号，完成这一功能的设备是接收天线；二是解调，即把调制在高频载波上的音频信号从已调幅高频信号上检出来，这个过程通常叫做检波，完成这一功能的电路叫做检波器；三是把检波后得到的音频

信号重新转变成声波，这一功能由扬声器或耳机来完成。

收音机的种类很多，按照电路结构可分为直接检波式、直放式（也可叫直接放大式或高放式）和超外差式；以接收波段分，可分为长波、中波和短波收音机；以通道分，有单通道调幅收音机和立体声调幅收音机；按供电方式分，有电池式、交流式和交直两用式收音机等。

为了保证无线电接收机有足够的灵敏度和选择性，现代的无线电广播接收机，不论是收音机还是收录机，不管是调幅接收还是调频接收，几乎都采用了超外差原理。所谓超外差是指把已调高频信号变换成固定中频信号的过程。图 3-3 是超外差式收音机的方框图。

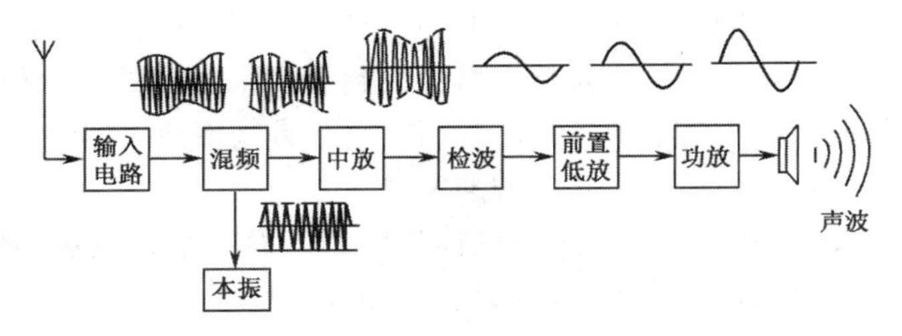

图 3-3　超外差式收音机方框图

由天线感应得到的电台信号，经输入电路的选择（有的再经高频放大）进入变频器。变频器将外来已调幅高频信号变成另一个频率的信号（这个信号的频率一般都要比高频已调信号的频率低），但是并不改变其包络形状，即没有改变其调制规律，也就是没有改变已调幅高频信号上的调制信号。经过变频以后的已调制信号叫做中频已调信号，简称中频信号。在变频过程中，不管输入的已调高频信号的频率是多少，经过变频器变频后一律成为一个频率固定的中频信号。我国规定中频频率为 465kHz。中频放大器（简称中放）的作用是放大变频器送来的中频信号，使放大后的信号满足检波器的要求。经中频放大后的中频信号仍然是调幅信号，所以要用检波器（也叫解调器）把原来的音频调制信号解调出来，滤出残余的中频分量，再由低频（或叫音频）电压放大器、功率放大器放大，最后送到扬声器发出声音。

图 3-4 为超外差收音机电路原理图。首先分析各级的直流通路。变频级 BG_1 中 R_1 为基极偏置电阻，R_3 为发射极电流负反馈电阻，可以稳定工作点。中放级 BG_2、BG_3 中 R_4 是 BG_2 的基极偏置电阻，R_6 为发射极电流负反馈电阻。当 R_4 减小时，BG_2 集电极电流增加，其发射极电流也相应增加。检波级 D_1 从经过中放级放大的中频已调信号中检出音频信号（音频信号是低频信号）。前置低放级 BG_4、BG_5 中 R_{10}、R_{11}、R_{12} 是 BG_4 的基极偏置电阻，R_{10} 是 BG_5 的基极偏置电阻，R_{14} 是 BG_5 的发射极电流负反馈电阻。功率放大级 BG_6、BG_7 构成功率放大电路，R_{15}、C_{12}、C_{17} 组成电源去耦电路。

整机交流信号的通路分析如下：

磁性天线将感应来的信号送到由 B_1 的初级与 C_{1a} 组成的谐振回路中，转动双联电容器将谐振回路调谐在要接收的信号频率上，然后通过 B_1 的次级把选出的高频信号耦合到变频级 BG_1 的基极。

线圈 B_2 与 BG_1 组成本机振荡回路，所产生的本机振荡电压通过 C_6 注入 BG_1 的发射极。

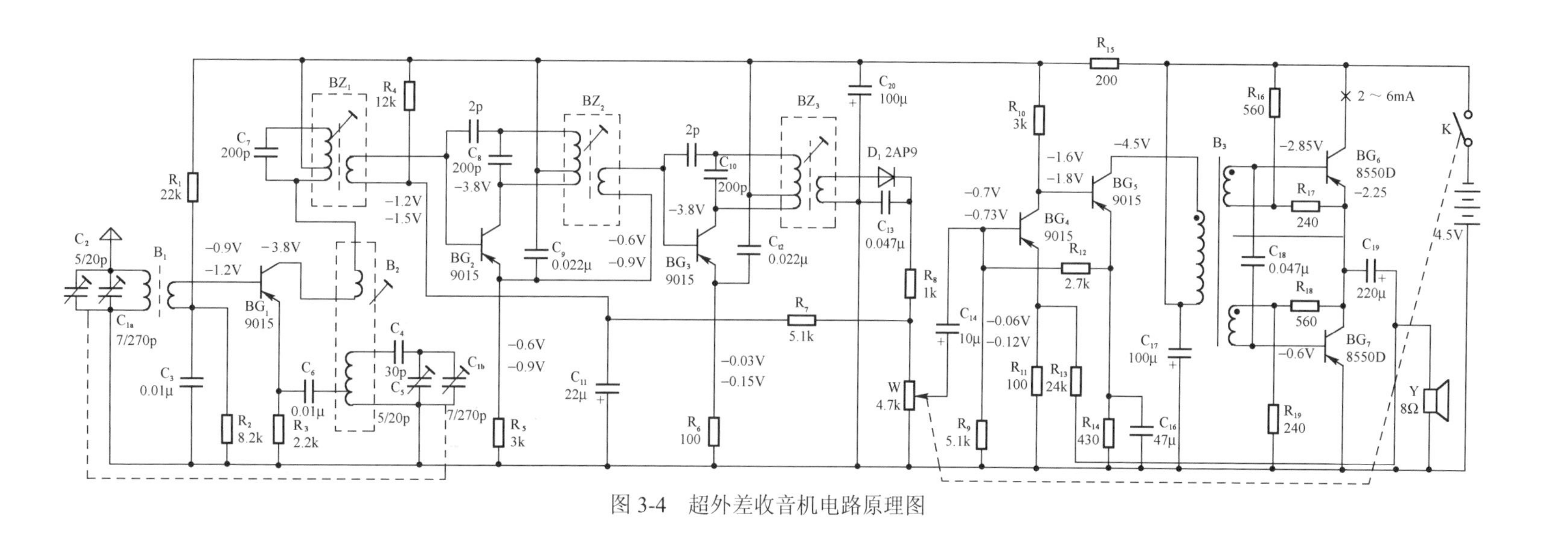

图 3-4 超外差收音机电路原理图

本机振荡信号的频率设计比电台高频信号的频率高出 465kHz，此两个信号送入 BG_1 管进行混频后，送出来的信号频率除了原有的两种频率外，还有这两种频率的和、差等频率成分，再经 BZ_1 初级组成的选频电路，可选出差频成分，即 465kHz 的中频信号，经 BZ_1 次级耦合到 BG_2 进行第一级中频放大，放大后的中频信号由 BZ_2 送到 BG_3 进行第二级中频放大。经两级中放后的信号由第三级中频变压器 BZ_3 耦合到检波二极管 D_1 进行检波，C_{13} 将检波后的残余中频滤掉。检波后的直流分量通过 R_7 加到中频放大级 BG_2 的基极进行自动增益控制。C_{11} 是音频旁路电容，使音频成分不回馈给 BG_2。检波后的音频电流在电位器 W 上产生电压降并通过 C_{14} 耦合到 BG_4 和 BG_5 组成的前置低放级。两级前置放大后的音频信号经过 B_3 耦合到 BG_6、BG_7 组成 OTL 功率放大电路。经功率放大后的音频信号经过输出 C_{19} 耦合到扬声器。

3.4.2 安装方法与静态调整

在安装元器件前首先把机壳及装饰标牌安装好。

在进行电池卡的安装时负极弹簧片要卡在机壳左边的卡槽里。正极焊片弯折部分朝下插入机壳右边的卡槽里。

1．元器件的安装方法

在安装超外差式收音机时，为了能较顺利地进行调试，初学者最好采取安装一部分调试一部分的方法。这样，各部分间互相影响小。即使有故障，寻找范围比较小，便于排除。

在印制电路板上进行整机安装，可分两个步骤，先安装低频放大部分，再安装变频及中频放大部分。

安装低频放大部分又可分两步进行，第一步安装 OTL 功率放大部分。首先焊好输入变压器 B_3，然后再焊 C_{17}、C_{18}、C_{19}、BG_6、BG_7（R_{16}、R_{18} 在调整时再焊）。焊 C_{17}、C_{19} 时要注意极性不能焊反。由于元器件是从印制电路板的无铜箔一面插入，因此引脚很容易插错。这里向初学者介绍一个防止插错的方法：找一个电解电容器或其他两根引线的元件，把引线剪成一根长，一根短（可称它为定位元器件）。比如要焊 C_{19} 这个电解电容器时，可把定位元器件按电路板图所示位置，从有铜箔的一面插入，长引线从 C_{19} 正极孔插入，短引线从 C_{19} 负极孔插入，如图 3-5（a）所示。然后把电路板翻到无铜箔那面，长引线穿出的插孔就是 C_{19} 的正极，短引线对应的插孔就是 C_{19} 的负极。边拔出定位元器件，边插入 C_{19} 即可。其他电容、电阻都可以按这种方法插好。

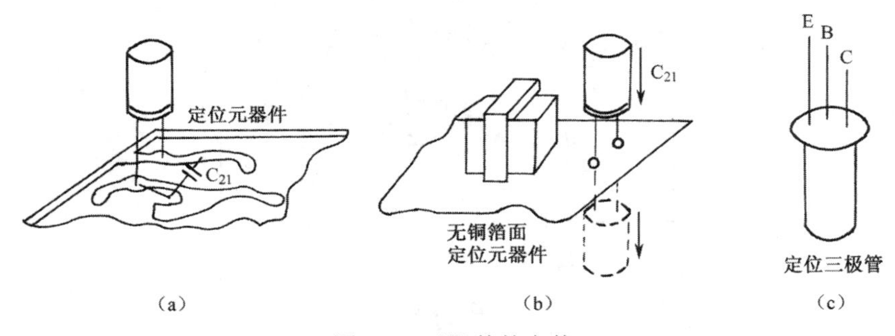

图 3-5　元器件的安装

焊接三极管时，可利用一只坏三极管作为一个定位元器件。把它的三根引线剪成三个不同的长度，如图 3-5（c）所示。长引线定位 E、次长的定位 B、最短的定位 C，然后从印制板铜箔一边对准 E、B、C 三个插孔，插入定位元器件，把电路板翻过来，从无铜箔的一面插入所要安装的三极管即可。

安装元器件时，除了引脚位置要正确外，还要注意安放高度。如三极管引线一般在电路板上留出 3mm。电解电容器、瓷片电容器、电阻器的引线离印制电路板的高度如图 3-6 所示。安装电阻器时，可全部采用竖焊，而且注意色环电阻第一环最好朝上。

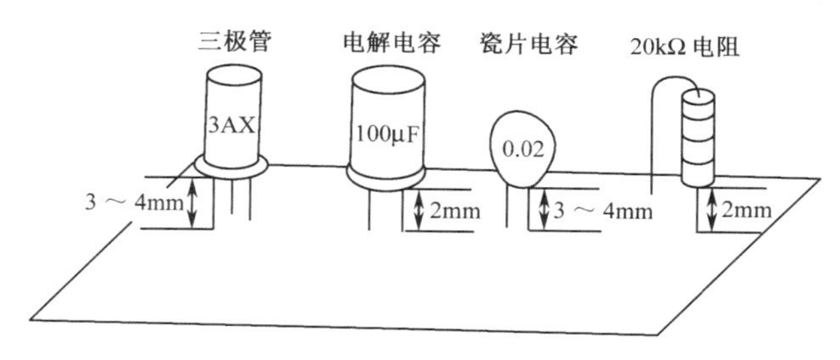

图 3-6 元器件的放置高度

各元器件焊好后，三极管、电解电容器高度应一致。所有电阻器的高度要一致。这样，就可以使整机显得整齐、美观，具有基本的工艺水平。

2. OTL 功放级的调整

调整 OTL 功放级可先调整电阻 R_{16}，再调整 R_{18}。先将地线与电源正极切断（两处），R_{13} 是负反馈电阻，先断开，全部调好后再连接上。把 BG_6 集电极与电源负极间用一根辅助线连好。用电阻及 $R_{外}$（阻值为 510～820Ω）代替 BG_7 及其有关电路，即把 $R_{外}$一端接中点 K，另一端接电源正极。用万用表检测中点对地电压。OTL 功放级工作点调整原理如图 3-7 所示。

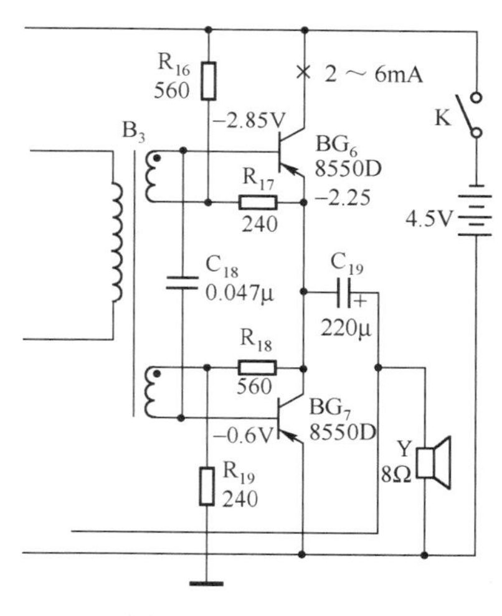

图 3-7 OTL 功放级

调整 R_{16} 时，需用一个 1kΩ 电位器串联一个 300Ω 电阻连接在 R_{16} 位置上。调整时把电位器顺时针旋到底（轴对自己，焊片朝上），然后慢慢地逆时针方向旋转电位器，直到 K 点对地电压或 BG_6 集电极与发射极的电压为 $E_C/2$ 即 2.25V 为止。此时 BG_6 集电极电流约为 4～2.7mA（$R_{外}$为 510Ω 时电流约为 4mA，$R_{外}$为 820Ω 时电流约为 2.7mA）。再把代替电阻 $R_{外}$去掉，恢复原电路 R_{17} 阻值不再变动，焊上一个与 R_{16} 阻值一样的固定电阻。然后调整 R_{19}（可利用调 R_{17} 时的电位器和电阻），使中点对地电压恢复为 $E_C/2$ 即 2.25V。

中点对地电压调好后，可以复测一下 BG_6、BG_7 的电流。因 BG_6 与 BG_7 是串联的，所以流过两管的电流相等。可以测一下 BG_6 的电流值。断开 BG_6 集电极到电源负极的连线，把电流表（可拨在 10mA 左右）串入断开点。当看到电流表指示在 2～6mA 之间时，就可以封好测试口。如发现电流大于 6mA 就要按上述调整中点对地电压的步骤重新检查，直到正常为止。

3．前置低放级的安装与调整

按照上面介绍的使用定位元器件的方法，把 BG_4、BG_5 及相关的电阻电容安装到印制电路板上。接通电源，把 R_{12}（阻值 2.7kΩ）焊在印制电路板放铜箔那面的 BG_4 基极和 BG_5 发射极之间。用万用表检查 BG_5 发射极与地之间电压，把黑表笔接发射极，红表笔接电源正极。此时，电压值如在 0.7～0.9V 之间，即可把 R_{12} 的引线剪短后紧贴印制电路板焊好，这一级就调好了。若电压表指示数值大于 0.9V，应减小 R_{12} 阻值，即换一个阻值略小于 2.7kΩ 的电阻；若电压表指示数值小于 0.7V，则要加大 R_{12} 阻值，换大于 2.7kΩ的电阻。因本机配套供应时已选好 BG_4、BG_5 的放大倍数，所以 R_{12} 阻值一般不会偏离 2.7kΩ太多。

接着可试一下整个低频放大级是否正常。接好电源和扬声器，用手拿镊子的金属部分，碰触 C_{14} 正极，扬声器里应发出很响的嘟嘟声。否则应检查电路中有无短路和断路现象，电容器、电感器有无损坏。

4．变频、中放、检波级的安装与调试

低频放大级装好后，其他各级可一次安装好。注意电位器旋轴应在无铜箔那面，中间的三个焊片要用辅助线和电路连接好。

安装中波振荡线圈和中频变压器时，要注意变压器的型号和磁帽颜色（B_2 红色，BZ_1 黄色、BZ_2 白色、BZ_3 黑色）不要装错。各个变压器的引出脚要和电路板焊好，但屏蔽罩的引出脚暂时不要焊在电路板上，待收音机收到广播后再把引出脚焊好。在焊接磁性天线线圈时，一定要把线圈头上的纱包与漆皮去掉，可用火柴烧一下，同时镀上锡，然后焊到电路板上。

除两个偏置电阻 R_1、R_4 暂不装外，其他元器件都按印制板所示装好。有的套件中电容器 C_2 选用的是拉线电容，这在整机联调时会带来不方便，有条件的可换成 5/20pF 的微调电容。

各级安装好后，先调整第一、二中放级的工作点。接通电源，把 R_4 接在印制电路板有铜箔一面，用电压表测量 BG_2 发射极与地之间的电压，如在 0.5～0.7V 之间，即可把 R_4 引线剪短，紧贴在电路板上焊好（注意引线不要和其他焊点短路）。如果 BG_2 发射极与地之间的电压小于 0.5V，需减小 R_4 的值；如大于 0.7V 则应加大 R_4 的阻值。BG_2 调整好后，BG_3 一般不用调整即可达到发射极规定的电压值 0.25～0.4V。

对变频级进行调整时把 R_1 装在印制电路板有铜箔的那面，用万用表测量 BG_1 发射极与地之间电压，如果在 0.6～0.8V，即可把 R_1 的引线剪短，并紧贴电路板焊好。由于电阻的两个焊点在电路板上的跨度较大，因此需在电阻引线上穿上塑料套管，这样可防止和其他焊点短路。如 BG_1 发射极与地之间电压小于 0.6V，可减小 R_1 阻值；如大于 0.8V，则要加大 R_1 阻值。在调测 BG_1 工作点时，还可看一下本机振荡是否起振。具体方法按图 3-8 所示，用手捏改锥金属部分，碰触振荡连定片，如电压表指示数下降，表示电路已起振，否则就要检查 B_2、C_6、C_4 等元器件是否正常，必要时可更换 BG_2 试一试。

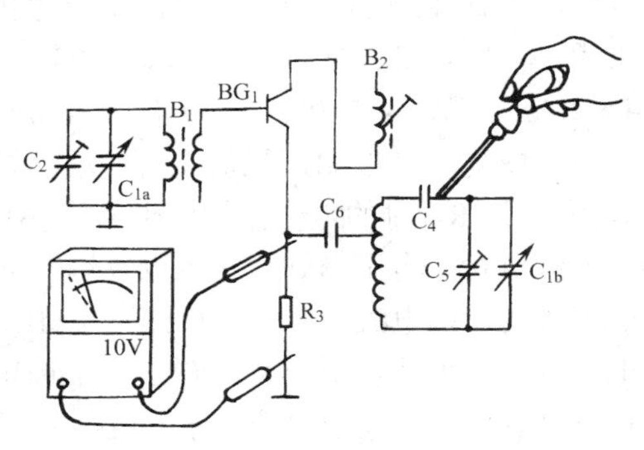

图 3-8　检查起振方法

各级直流工作点分别调好后，可测一下整机总直流电流。方法如下：安装好电池，在电位器开关关断的情况下，把电流表分别接电位器

开关两端，黑表笔接开关与电池负极连接的一边，红表笔接开关另一端。整机总电流应在10mA 左右，如果与这个值相差太多，就要检查一下电路中是否有短路和断路现象。如正常，整个收音机直流工作点就全部调好了。完成整机直流工作状态的调试后，可以进行交流调试：调整中频、频率覆盖范围和灵敏度。

3.4.3 整机交流信号的调整

1. 调整中频放大级频率

调整方法是：先转动双联可变电容器收听一个声音比较弱的电台（因为以弱信号电台为标准，灵敏度的高低变化容易被辨别），然后按照 BZ_3、BZ_2、BZ_1 的顺序微调每个中频变压器的磁心，直至听到声音最大为止。注意在转动磁心时，最好使用无感起子（如有机玻璃、竹皮、塑料等做成的起子），而且调整时动作要慢、要轻。只要左右稍微调一下即可。调整时还应随时控制音量电位器，使收听到的电台声音不要太大。因为人的听觉对微弱声音的变化较灵敏。

有时会把中频变压器调乱。遇到这种情况，可用下列方法来调整：用一个 100pF 的电容一头接标准收音机的第三中频变压器次级，以取出中频信号。另一头接入被调收音机双联电容器输入连接两机地线，如图 3-9 所示。随后接通两机的电源开关，用标准收音机收一电台，把被调收音机拨在频率最低端（靠近 530kHz 一边），同时还要避免外来电台干扰。

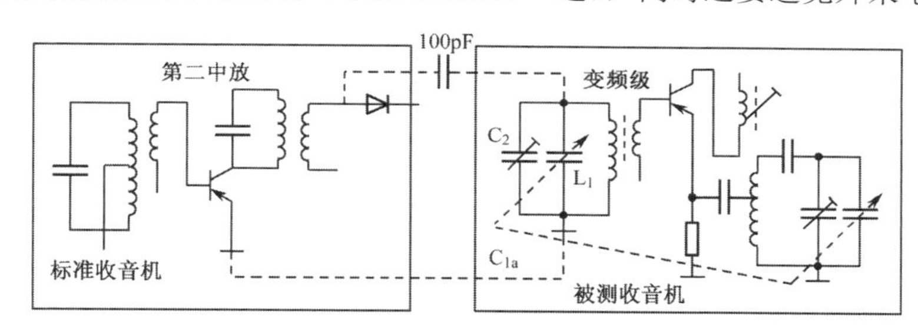

图 3-9　调整中频变压器的方法

然后，由后级（阳）向前级调整被调收音机的中频变压器，一直调到被调收音机中收到的电台声音最大为止（标准收音机传送过来的中频信号）。

2. 调整频率范围

超外差式收音机在中波段工作的频率范围应为 525～1605kHz。

（1）低频端的调整

在低频端选一电台，如选购 639kHz 的电台（具体收到的电台频率是多少，可用一台好的收音机对照）。这时，可看一下被调收音机双联旋钮上的红色刻度线应大致在刻度盘 600kHz 左右。如刻度线指示的数值比 639kHz 低（如 600kHz），应将中波振荡线圈 B_2 的磁心往里旋（增大电感量）。因为振荡频率 $f=\dfrac{1}{2\pi\sqrt{LC}}$，其中：π为 3.14，$L$ 为电感量，C 为电容量。所以增大电感量后为保持接收电台频率不变就要减小电容量，即把可变电容器的旋钮逆时针旋转。此时旋钮上的刻度线就可向大于 600kHz 的方向偏转。一边调 B_2 磁心，一边转动可变电容器旋钮，直到旋钮刻度线指到 639kHz 位置时听到该频率电台广播，低频端就调好了。调整方法见图 3-10 左部所示。反之，就要将中波振荡线圈 B_2 的磁心往外旋一些（减小电感量），此时双联旋钮刻度就可顺时针旋转，指到 639kHz 位置时，听到该频率电台的播音。经过以上调整，低频端的最低频率（双联旋钮顺时针转到底）就可达到 525kHz 左右。

（2）高频端的调整

在频率高端选一个电台，如选 1476kHz 的电台（用成品收音机对照）。这时，看旋钮刻度线的指示，如果大于 1476kHz 刻度，这时可以减小 C_3（拉线电容）的容量值，即拉出拉线电容动片的金属丝。边拉出金属丝，边顺时针转动可变电容旋钮，此时刻度线向 1476kHz 处移动，直到刻度线指在 1476kHz，并听到该频率的电台为止，如图 3-11 所示。

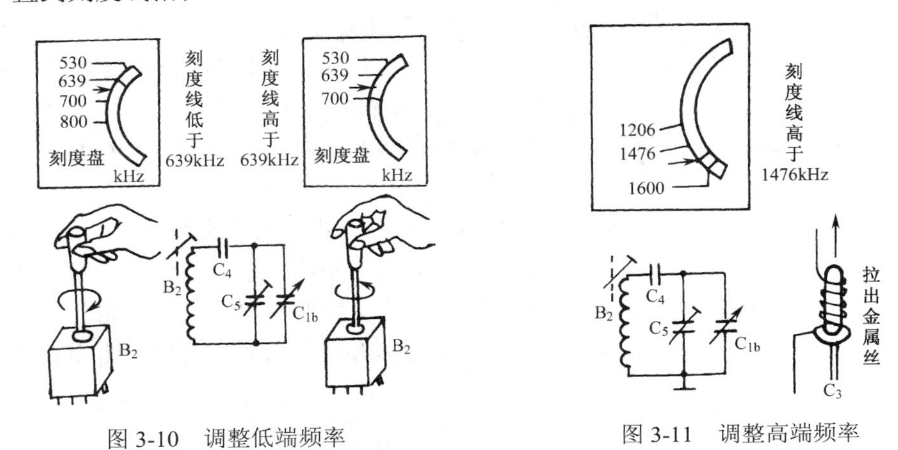

图 3-10　调整低端频率

图 3-11　调整高端频率

另一种情况是，当双联旋钮刻度线指在小于 1476kHz 刻度线时就听到了 1476kHz 电台的播音，此时就应加大 C_3 的容量。但这种情况下在本机套件使用拉线电容时，一般是不会出现的。因为拉线电容最大容量为 30pF，比设计要求大。当 C_3 采用瓷介微调电容时可能出现这种情况。

3．统调

统调也叫做调“跟踪”。目的就是使双联电容在旋转到任何角度时，使接收电台信号的输入回路频率和本机振荡回路的频率差值都等于 465kHz（$f_{本振}-f_{输入}=$ 465kHz 时，称为两个回路同步）。这样，就可以在中频放大级得到最大的放大量，从而得到最高的灵敏度。

但是，在实现调整中要真正做到双联旋钮在任何角度上本振回路和输入回路的差值都等于 465kHz 是不可能的。所以一般只要在三点频率上即低频端 600kHz 附近，中频端 1000kHz 附近、高频端 1500kHz 附近实现同步就可认为其他各点也基本同步。调整方法如下。

（1）低频端的统调

在频率低端选一个电台，如选 639kHz 的电台，听到这个电台的播音后，移动线圈在磁棒上的位置，使听到的广播声最大为止，如图 3-12 所示。

（2）高频端的统调

在频率高端选一个电台，如选 1476kHz 的电台，听到这个电台的播音后调整 C_2 微调电容。如果 C_2 是拉线电容，就要边拉出动片的金属丝，边听广播声的变化，直到声音最大为止。因高端、低端的调整互相有影响，所以要反复调整两次使高端、低端都达到最好的状况，如图 3-12 所示。

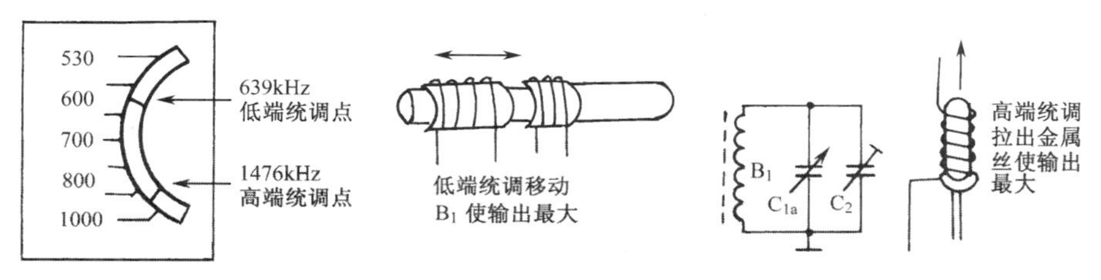

图 3-12 超外差式收音机的统调

在统调时，应注意随时调节音量电位器到合适的音量，使调整时广播声的大小变化能被清楚地分辨出来。为了判断统调是否达到最好的状况，可以用一根铜铁棒加以检验，如图 3-13 所示。

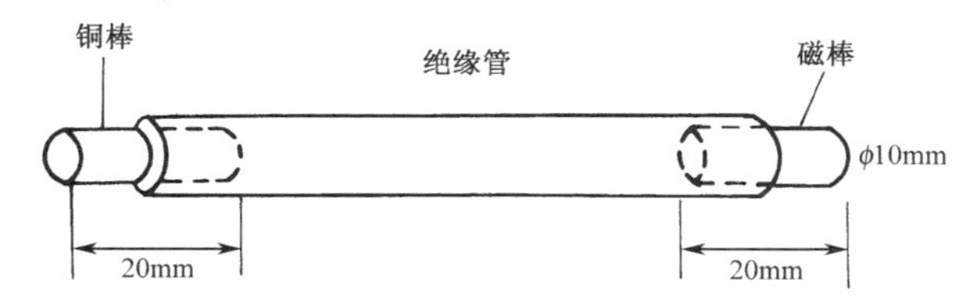

图 3-13 检验统调的铜铁棒

铜铁棒中的铁棒可用高频磁心或摔断的磁棒代替。检验时，把双联电容旋转到统调点（高端、低端均可）附近的一个电台上，然后把铜铁棒靠近磁性天线 B_1。如果铜端靠近 B_1（会使 B_1 电感量减小）声音增加，说明 B_1 的电感量大了。这时，应把线圈向磁棒端移动。如移到头还是声音增大，则说明 B_1（初级）的线圈多了，应该拆下几圈以减小电感量。若磁棒靠近 B_1（会使 B_1 电感量增加）声音增大，则说明电感量小了，可把线圈往磁棒中间移动，或增加几圈。如果铜铁棒无论哪头靠近 B_1 都使声音变小，说明统调是合适的。

（3）中间频率的统调

中间频率的统调点在 1000kHz。在使用密封双联的收音机中，在电路设计时已保证了中间频率的统调，所以这项调整实际上可不进行。必要时可改变垫整电容 C_4 的值来达到统调。

整机调好以后，转动双联收音时，如果双联旋转到各个位置都听到啸叫声，一般是由于中和电容太小造成的。这时可适当加大中和电容 C_{10}、C_8 的容量（中和电容一般在 2.7pF 左右）。如果发现在整机装好后，不加中和电容也不产生自激啸叫，那就可以不加这个电容。

3.5 实训选题 2——电子门铃的安装与调试

3.5.1 电子门铃的工作原理

由 NE555 定时器为核心元件的门铃电路原理图如图 3-14 所示。

当按钮开关 S_1 未按下时，由于 C_2 和 R_4 构成一个放电回路，使得 NE555 定时器的复位端 4 的输入电压确定为 0V，根据 555 定时器真值表的第 1 行，如图 3-15 所示，不管阀值输入端 6、触发输入端 2 为何值，放电端 7 都导通，输出端 3 为低电平 0，此时门铃是不响的。在本电路图中，V_{CC} 为+9V 的直流电压。放电端 7 导通后使得该端的电位被强制钳位在

0V，也即 R_2 和 R_3 之间的电位被钳位在 0V，电流无法通过 R_3 给 C_1 充电，故阀值输入端 6、触发输入端 2 此时为 0V。

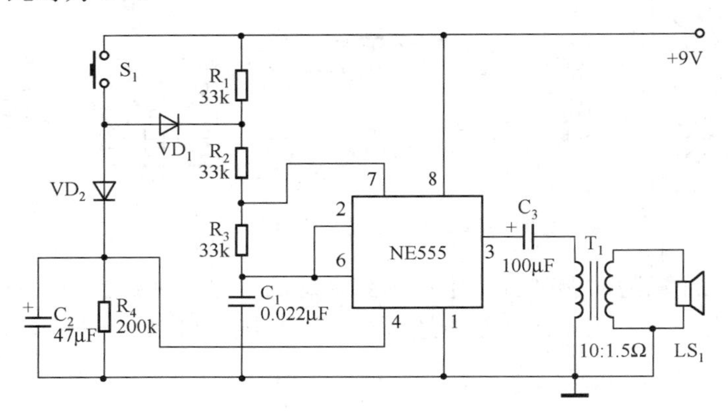

图 3-14　门铃电路原理图

当按钮开关 S_1 按下时，电流通过单向晶体二极管 VD_2 后对电容 C_2 充电，一旦 C_2 的充电电压达到高电平，即 C_2 的上端子连接的复位端 4 达到高电平 1 后，放电端 7 截止，7 端连接一个高阻态电阻，也即相当于 7 端与电阻 R_2、R_3 之间的连线断开，电流可以通过电阻 R_2、R_3，对 C_1 开始充电。在 C_1 上端充电电压未达到 $\frac{1}{3}V_{CC}$，即 3V 的电压之前，根据 555 定时器真值表的第 2 行，输出端 3 为高电平 1。

输　入			输　出	
阀值输入端 6	触发输入端 2	复位端 4	输出端 3	放电端 7
※	※	0	0	导通
$<2V_{CC}/3$	$<V_{CC}/3$	1	1	截止
$<2V_{CC}/3$	$>V_{CC}/3$	1	不变	不变
$>2V_{CC}/3$	$>V_{CC}/3$	1	0	导通

图 3-15　NE555 定时器真值表

需要注意的是，C_2 与 R_4 构成的充放电回路是由大电容大电阻构成的，而 C_1、R_3 和关断或导通状态下的 7 端构成的充、放电回路是由小电阻小电容构成的，故在充放电的时间上，由 C_1 和 R_3 构成的充放电回路的时间远小于由 C_2 和 R_4 构成的充放电回路的时间。因此，在后面的几个阶段的充放电过程的分析中，默认 C_2 上的电平，即复位端 4 的电平一直保持为高电平 1 不变。

当电容 C_1 上的充电电压超过 $\frac{1}{3}V_{CC}$(3V)，但还未超过 $\frac{2}{3}V_{CC}$(6V)时，由于复位端 4 默认为高电平 1，故满足 555 定时器真值表的第 3 行的输入条件，故输出端 3 为高电平 1 不变，放电端 7 保持截止不变。

当电容 C_1 上的充电电压超过 $\frac{2}{3}V_{CC}$(6V)，而复位端 4 还是默认为高电平 1 时，则满足 555 定时器真值表的第 4 行的输入条件，故输出端 3 为低电平 0，放电端 7 导通后，7 端电位重新被强制钳位在 0V，电容 C_1 上的电流则通过 R_3 向放电端 7 放电。

由于电容 C_1 的放电过程，使得 C_1 上的放电电压开始小于 $\frac{2}{3}V_{CC}$(6V)，在复位端 4 默认为高电平 1 的情况下，充放电过程回到了 555 定时器真值表的第 3 行。下面的充放电过程就不一一阐述了。

当电容 C_2 放电到低电平 0，即芯片输入复位端 4 为 0 时，则输出端 3 为 0，放电端 7 导通，门铃响声停止。

3.5.2 电子门铃的安装方法

安装前，对原理图进行分析，对元件进行清点，用万用表仔细检测每一个电子元件的参数，判断其参数是否符合要求。

安装时，先安装小型耐热型元件，如电阻、瓷片电容、电解电容，再安装变压器、开关，最后安装晶体二极管和 NE555。

在安装 NE555 时，一定要弄清 NE555 封装的管脚顺序，谨防元件管脚顺序装反。一旦元件装反位置，通电后 NE555 定时器芯片会被立即烧坏。

通电并按下开关，电子门铃会发出“叮”的响声，持续约 30～60s，门铃声音自动停止。

3.5.3 电子门铃的调试方法

通电并按下开关后，即可通过双踪通用示波器对电路板内 NE555 定时器的输入输出参数进行波形检测。使用数字式双踪通用示波器检测的具体步骤如图 3-16 所示。

① Storage ──► 出厂设置 ──► 探头校正方波

② 探头夹接作品地端 ──► Storage ──► 波形存储 ──► 内部存储

③ 门铃工作 ──► 探头接输入端 2 脚 ──► 存储 ──► Stop ──► Run

④ 门铃工作 ──► 探头接输出端 3 脚 ──► 存储 ──► Stop ──► Run

图 3-16 用数字式双踪通用示波器检测门铃的具体步骤

用数字示波器测量门铃电路 NE555 定时器的阀值输入端 6、触发输入端 2 的信号，可得如图 3-17 所示的信号波形。

用数字示波器测量门铃电路 NE555 定时器输出端 3 的输出信号，其输出波形如图 3-18 所示。

图 3-17 门铃电路 NE555 定时器输入端 2、6 的波形

图 3-18 门铃电路 NE555 定时器输出端 3 的波形

3.6 实训选题 3——功率放大器的安装与调试

3.6.1 功率放大器的工作原理

功率放大器（简称功放）是放大电路的最后一级（即输出级），它可提供足够大的功率来驱动负载工作。功放追求在确定的电源电压下，输出尽可能大的功率。

中夏 ZX2025 型立体声功率放大器具有失真小、外围元件少、装配简单、功率大、保真度极高等特点，其电路原理图如图 3-19 所示。

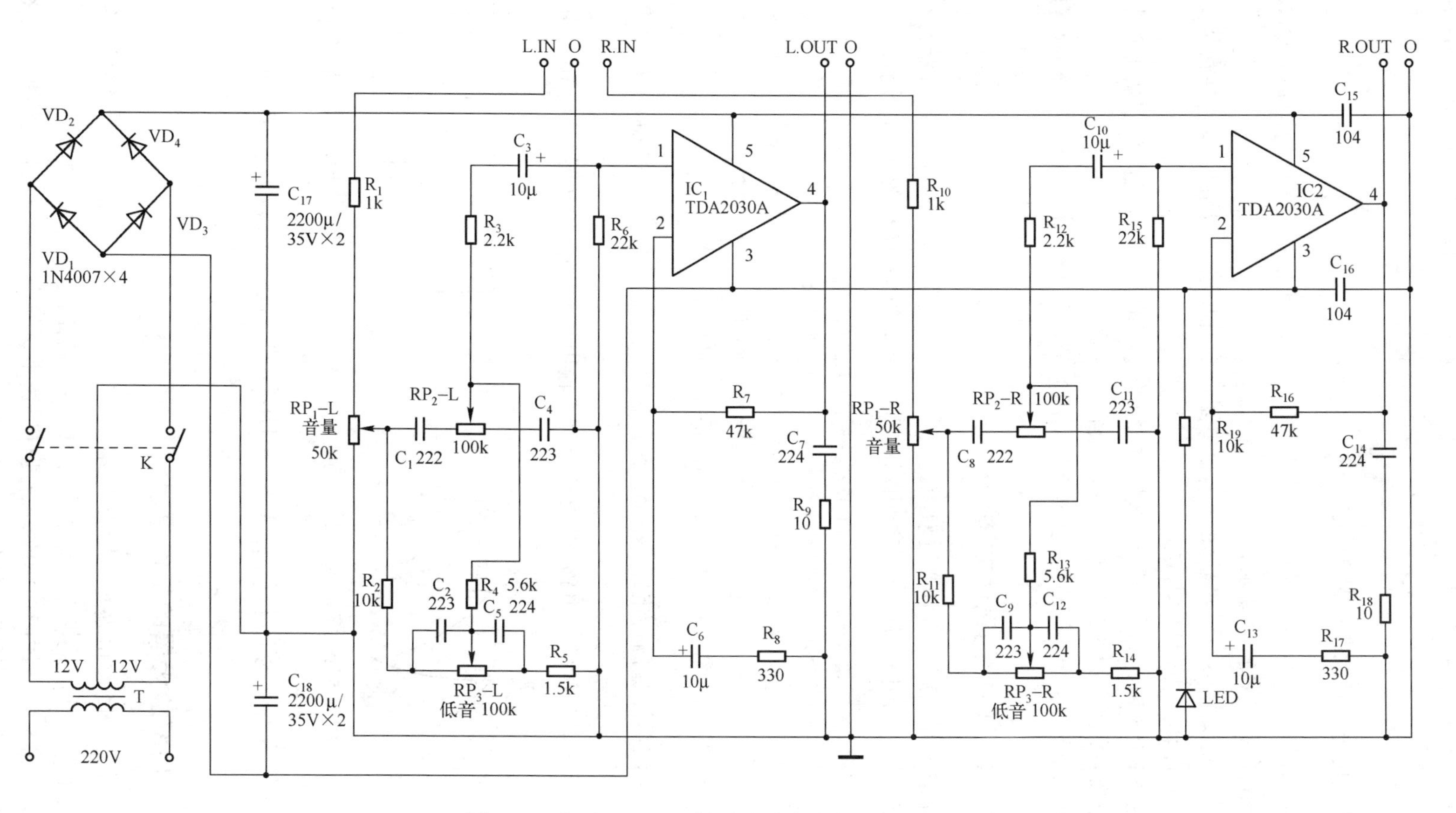

图 3-19 中夏 ZX2025 型立体声功率放大器电路原理图

本电路由三部分组成：电源电路、左（L）声道功率放大器、右（R）声道功率放大器。

1. 电源电路

电源电路主要由整流桥构成，4 个整流二极管构成桥式全波整流电路，利用二极管的单向导电性，输入交流电流每次都通过其中的 2 个二极管，得到正向全波输出。具体输出电压计算，如图 3-20 所示。

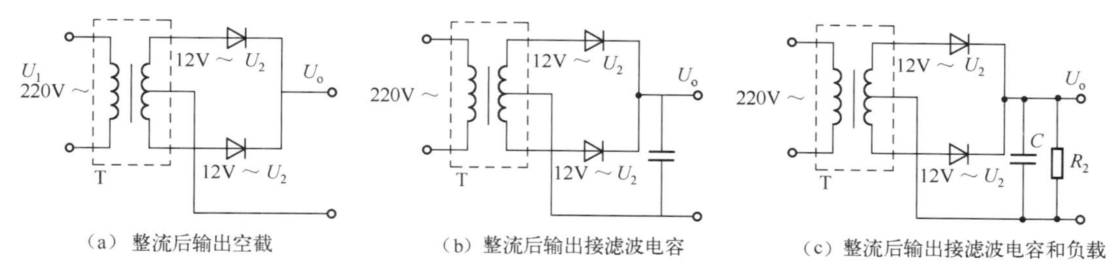

图 3-20　经整流桥整流后不同情况下的输出电压值

在图（a）中，输出空载，则 12V 交流电经过 2 个二极管整流后，空载的输出电压 U_o 约为 $0.9U_2$，约为 10.8V。在图（b）中，整流后输出端接一个滤波电容，输出电压 U_o 约为 $\sqrt{2}U_2$，经计算后输出电压 U_o 约为 16.8V。在图（c）中，整流后输出端接一个滤波电容和负载电阻，输出电压 U_o 约为 $1.2U_2$，经计算后输出电压 U_o 约为 14.4V。输入信号再通过两个大电容 C_{17}、C_{18} 进行滤波，得到输出较平滑的 15V 直流信号。

2. 左（L）声道功率放大器

由于在该电路中，左声道和右声道功率放大器的电路完全对称，故在分析电路时，只需对其中一个电路进行分析即可。下面对左（L）声道功率放大器进行电路原理分析，如图 3-21 所示。

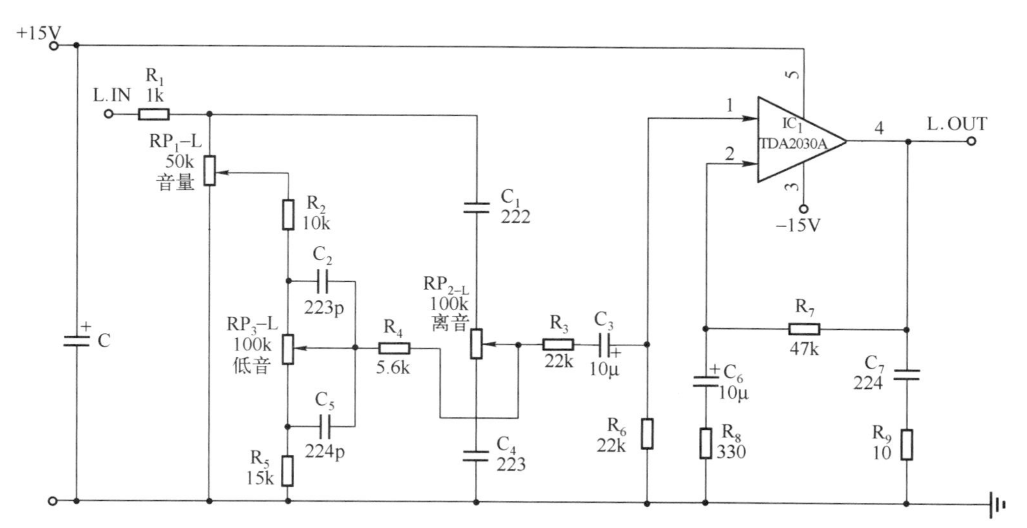

图 3-21　左（L）声道功率放大器电路等效原理图

左（L）声道功率放大器的音频功放电路由集成功放 TDA2030A、输入选频网络和输出反馈网络组成。

在输入端 R_1 对输入的音频信号进行调节，若音频电流越大，则在 R_1 上形成的压降就越大，R_1 的分压效果就越好，其对强输入信号的削弱作用就越明显，使得音量趋于平稳。RP_1-L 用来对输入信号的强弱进行控制。当滑片向上滑动时，对输入信号的分流减弱，可以更好地把输入信号传递到下一级，信号得到放大，即音量得到调高，反之则调低。

左（L）声道功率放大器的低音调节部分主要由 RP_3-L、R_2 和 R_5 组成，而高音调节部分主要由 RP_2-L 及电容 C_1、C_4 组成，如图 3-22 所示。由于电容具有隔直通交的性质，故频率较高的高音分量通过主要由电容组成的高音调节支路，如图 3-22（b）所示；而频率较低的低音分量通过主要由电阻组成的低音调节支路，如图 3-22（a）所示。

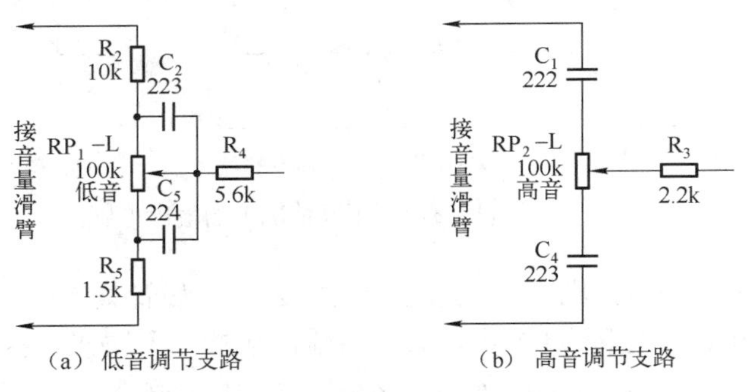

图 3-22　高、低音调节支路电路图

RP_3-L 及电容 C_2、C_5 对音频信号中的低音分量进行控制。当 RP_3-L 的滑臂滑向左端时，低音分量相对削弱。反之，低音分量相对增强。RP_2-L 及电容 C_1、C_4 用来对低输入信号中的高音分量进行调解，因电容 C_1、C_4 容抗的影响，音频信号中频率较低的分量被削弱，只能传送其中频率较高的分量。

RP_2-L 和 RP_3-L 控制的高低分量的音频信号经电阻 R_3 衰减后，再经电容 C_3 传送至功放集成块 TDA2030A 的输入端子 1。经放大后从输入端子 4 输出。为了使功放工作稳定，输入端采用了由 R_7 及 C_7R_9、C_6R_8 组成的π型反馈网络，将输出信号反馈至输入端，形成负反馈，避免了对功放管的过压和过流的冲击。

3.6.2　功率放大器的安装方法

LED 和 R_{19} 为电源指示电路，以指示电源是否正常，这里 K 为电源开关，特别要提出来的是 TDA2030A 的选择，不带 A 是小功率。另外一定要装配散热面积比较大的较大的散热器，以免烧坏 TDA2030A。整流二极管对电阻电容等元件都没有特殊要求，若按照所提供的元件进行装配一般是能够成功的。安装时先装卧式元件，如电阻、二极管，再装瓷片电容、电解电容，再安装电位器、开关，最后装集成电路。先将散热器用 Φ3×8 的自攻螺丝拧在散热器上。

3.6.3　功率放大器的调试方法

动手调试之前先将两组喇叭接好（注意千万不要短路），再将输入信号接好；若没有立体声信号源也可以将两个输入端短接，并联后接入一个输入信号，接好电源变压器的双交流电源，再通电之前将音量调至最小；通电后测量 TDA2030A 的第四脚电压为 0 或接近 0。

3.7 实训选题 4——无线话筒的安装与调试

3.7.1 无线话筒的工作原理

中夏 WXHT02 型无线话筒电路设计合理、传声距离远、耗电小，适合用于普通 FM 调频收音机上使用，其电路原理图如图 3-23 所示。

声音信号通过驻极体话筒 BM、电阻 R_1、R_2 和耦合电容 C_1 组成音频接收放大电路，再送入高频调制电路，将调制后的信号通过天线 TX 发射出去。

驻极体话筒内部有一个场效应管，用做信号放大，因此灵敏度较高，输出音频信号较大。声音信号引起的驻极体话筒内部场效应管漏极电流的变化，通过驻极体话筒的供电电阻 R_1 得到相应的电压信号，经耦合电容 C_1 输出至三极管 VT 的基极，R_2 对话筒产生的音频信号进行一定的抑制，使音量趋于平稳。R_3 为三极管 VT 的基极偏置电阻，R_4 为三极管 VT 的发射极电阻。

由电容 C_3、C_4 和 C_5，以及电感 L 组成的适用于振荡频率较高的电容三点式振荡电路，如图 3-24 所示。由图可以看出，电容 C_4 的上端与三极管 VT 的集电极相连。由于电容 C_2 的容抗远小于 C_3、C_4 的容抗，对高频振荡频率而言，电容 C_2 可视为短路，故可认为电容 C_3 的下端与三极管 VT 的基极相连。电容 C_3 与 C_4 的连接处接三极管 VT 的发射极。这样谐振回路的三个端子分别与三极管的三个电极相连，构成了电容三点式振荡电路。

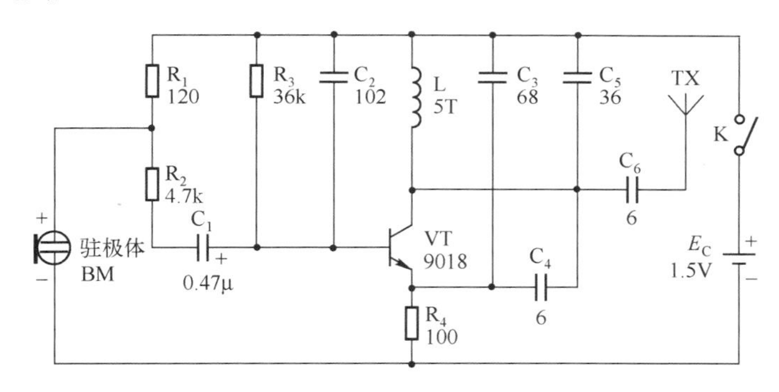

图 3-23 中夏 WXHT02 型无线话筒电路原理图

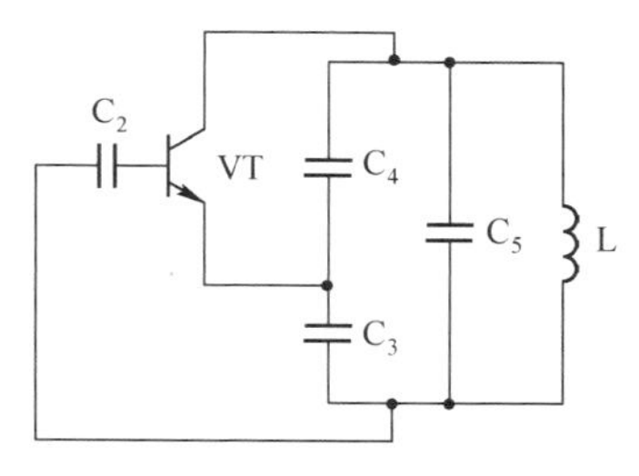

图 3-24 WXHT02 型无线话筒的电容三点式振荡电路

电容三点式振荡器的特点：

- 振荡频率较高，可达 100MHz 以上。
- 由于反馈信号取自电容，所以反馈信号中所含高次谐波少，输出波形好。
- 缺点是调节频率不便。因电容量大小既与振荡频率有关，又与反馈量有关，即与起振条件有关，调节电容可能造成停振。
- 三极管极间电容受温度影响，也会影响到振荡频率的稳定性。
- 振荡频率为：

$$f=1/[2\pi\times(LC)^{-1/2}],\quad C=\frac{C_3C_4}{C_3+C_4}+C_5$$

3.7.2　无线话筒的安装方法

安装前，对原理图进行分析，对元件进行清点，用万用表仔细检测每一个电子元件的参数，判断其参数是否符合要求。

安装驻极体话筒时注意区分正负极，如图 3-25 所示，有防尘网的一面是驻极体话筒的受话面，话筒体是金属外壳。在话筒底部与金属外壳相连的是负接点，一般接地或接电源，另一个孤立的点是驻极体话筒的正接点，为信号输出端。

振荡线圈 L 需要自行制作，方法是在直径约 5mm 的直柄钻花或骨架上，用直径为 0.5mm 的漆包线，平绕 5 圈后抽去钻花或骨架使其成为空心线圈，如图 3-26 所示，并适当拉长即可。

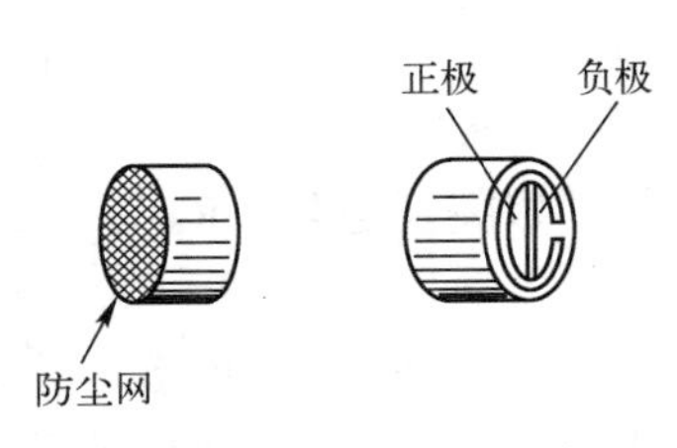

图 3-25　驻极体话筒示意图

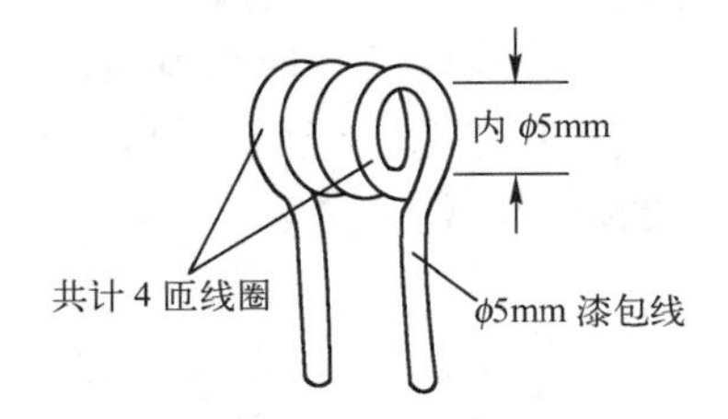

图 3-26　振荡线圈 L 制作示意图

3.7.3　无线话筒的调试方法

打开收音机，选择 FM 段，再将话筒的开关 K 打开，即将开关打到 ON 挡。一边对话筒讲话，一边调节收台旋钮，直到收音机中传出自己的声音为止。如果在 88～108MHz 频段内仍收不到自己的声音，则需对振荡线圈的匝间距离进行调整。轻轻拉开或缩小线圈之间的距离后，再接着调节收音机的收台旋钮，观察收音机能否发出自己的声音。由于分立式电子元件自身存在误差，可能导致调节线圈匝间距之后，收音机还是不能受到自己的声音，则考虑调整振荡线圈的匝数。具体方法是，将振荡线圈从电路板上拆下，减少一匝或增加一匝后，再焊接到电路板上去，重新按上述方法进行调试，直到调试声音出来为止。

第 4 章　常用仪器的使用

前面的章节着重介绍了电子产品的相关知识和一些常用技巧，使读者对于电子产品的制作有一定的了解和掌握。电子产品需经过严格的检验才能面市，电子产品的检验需要用到一些仪器设备，有通用的基础设备，也有专业性很强的特殊仪器。本章将着重介绍常用的几种电子仪器的使用方法及相关的注意事项，有助于正确地使用仪器设备，希望能给读者带来一些帮助，也为今后的学习打下一定的基础。

4.1　稳压电源（DF1731SB3A）

4.1.1　工作原理

可调电源由整流滤波电路，辅助电源电路，基准电压电路，电压、电流比较放大电路，调整电路及电压、电流取样电路等组成。其方框图如图 4-1 所示。

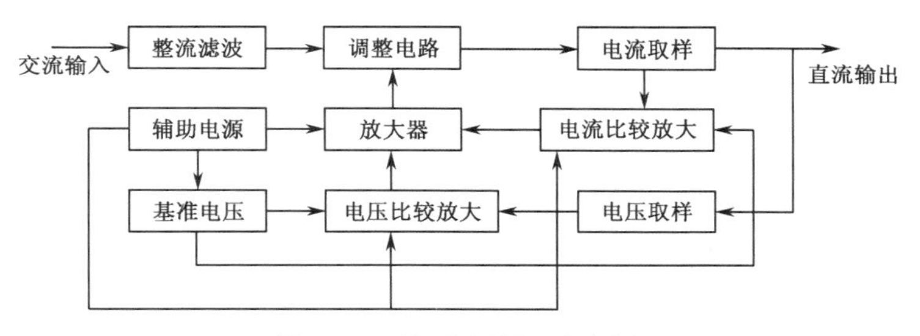

图 4-1　可调电源原理方框图

当输出电压由于电源电压或负载电流变化引起变动时，则变动的信号经电压取样电路与基准电压相比较，其所得误差信号经比较放大器放大后，经放大电路控制调整管使输出电压调整为给定值。因为比较放大器由集成运算放大器组成，增益很高，因此输出端有微小的电压变动，也能得到调整，以达到高稳定输出的目的。

稳流调节与稳压调节基本一样，因此同样具有高稳定性。

稳压电源 DF1731SB3A 电路原理图如图 4-2 所示，电路内各主要元器件的作用如下。

输入的 220V 50Hz 交流市电，经变压器降压后分别供给主回路整流器和辅助电源整流器。主回路整流器是通过变压器绕组选择电路（即调整管功率损耗控制电路）接到与输出电压相对应的变压器绕组上的。整流滤波电路由 V_7～V_{10}、C_6 所构成，采用桥式整流，大容量电容滤波，因此输出的直流电压交流分量较少。

辅助电源电路由 N_3、V_1～V_4、V_6、C_1～C_3 及有关电阻构成，它主要作为集成运算放大器正负电源和 V_5 集成基准稳压器使用。

变压器绕组选择电路是由 N_4（LM324 四运算放大器）、V_{23}～V_{28} 及 R_{20}～R_{34}、K_1～K_2 等

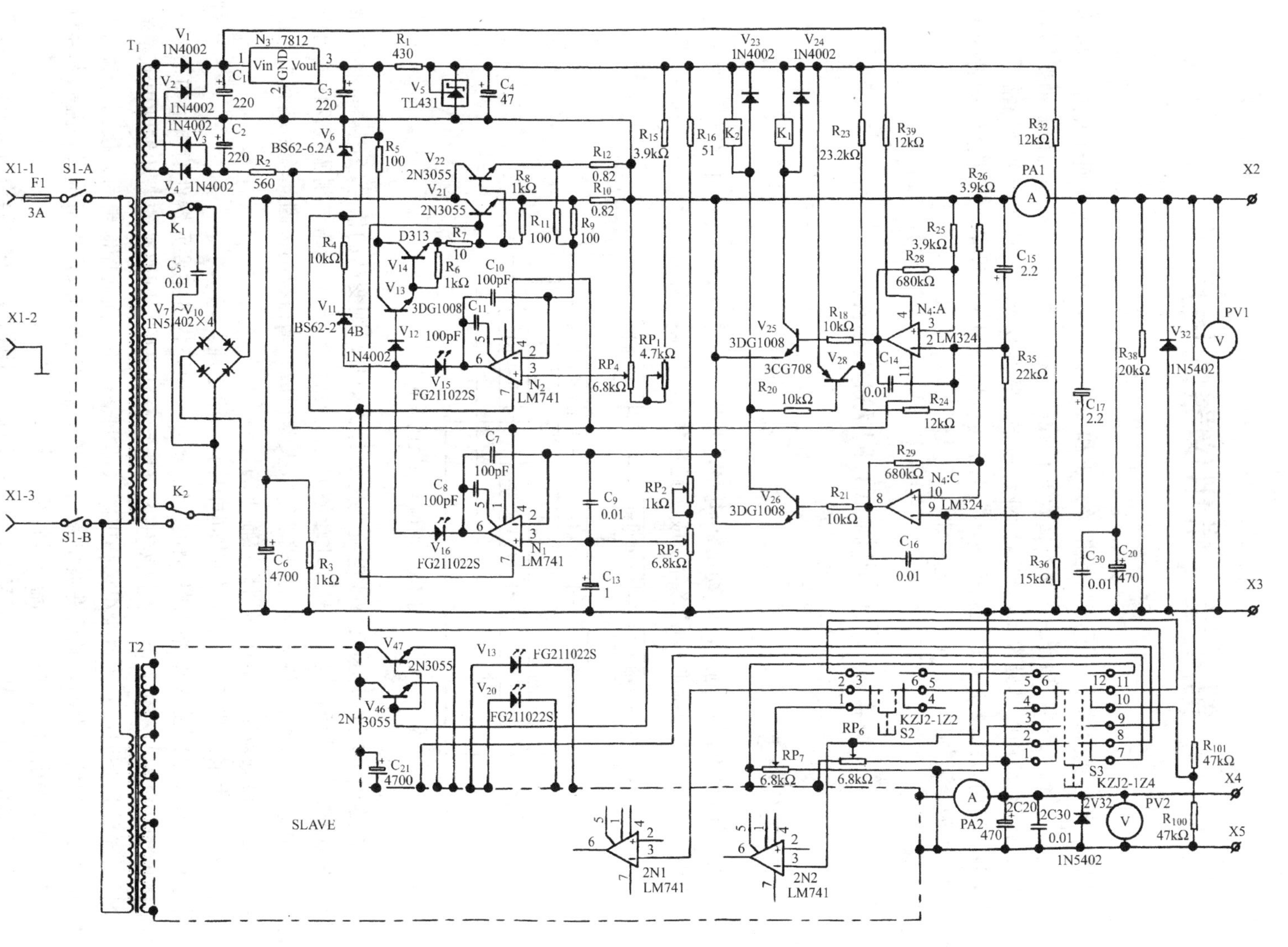

图 4-2　稳压电源DF1731SB3A 电路原理图

组成，稳压电源的输出电压经电阻分压，分别加到两个运算放大器的同相端，两个运算放大器的反相端分别接两个基准电压，当输出电压在 0～7.5V、7.5～15V、15～22.5V、22.5～30V 范围变化时，两个运算放大器的输出有四种不同的组合，即 K_1、K_2 继电器有四种不同的通断组合，也就是使加在主整流滤波回路上的交流电压有四个不同的值，它们与稳压电源的输出电压相对应，当输出电压高时，交流电压高；当输出电压低时，交流电压也相应地低。从而保证了大功率调整管的功耗不会过高。

基准电压电路是由 V_5 和 R_1、C_4 组成，由辅助电源产生的+12V 电压经过限流电阻 R_1 在带有温度补偿的集成稳压器上产生，因此基准电压非常稳定。

输出电压取样、电压比较放大电路是由 N_1 电压比较器和有关电阻、电容等组成。取样电压直接取自输出接线端子 X_2，接到 N_1 电压比较放大器的反相端。基准电压经由电阻 R_{16}，电位器 RP_2、RP_5 分压后接到 N_1 电压比较器的同相端。由于二级稳压且带有温度补偿，因此该基准电压具有很好的稳定性。RP_5 电位器装在面板上，调节 RP_5 电位器的阻值就可以改变比较放大器同相输入端的基准值，从而起到调节输出电压的作用。

稳流取样及比较放大电路是由 N_2 和电阻 R_9～R_{12} 及电位器 RP_1、RP_4 等组成。输入运算放大器 N_2 反相端的电压是输出电流流过 R_{10}、R_{12} 后产生的电压降，所以 N_2 运算放大器反相输入端电压的高低反映了输出电流的大小。同相端的输入电压是基准电压分压后产生的。当同相端电压高于反相端电压时，运算放大器输出高电平，稳流电路不起作用，电源处于稳压状态。当同相端电压低于反相端电压时，运算放大器输出低电平，稳流电路起作用，电路进入稳流状态。因此，改变 RP_4 的阻值即改变了基准电压，就可以改变恒定输出电流值。

V_{17}、V_{18} 是两只并联的调整管，为维持一定的输出电流且保证足够的功率，选择了具有相同参数的大功率三极管并联，并且在发射极串入了均衡电阻（R_{10}、R_{12}）以免因电流分配不均而损坏调整管。

4.1.2 使用方法

稳压电源面板图如图 4-3 所示。

1. 面板各元件的作用

以下的①～㉑对应图 4-3 中各部件。

① 数字表：指示主路输出电压、电流值。

② 数字表：指示从路输出电压、电流值。

③ 从路稳压输出电压调节旋钮：调节从路输出电压值。

④ 从路稳流输出电流调节旋钮：调节从路输出电流值（即限流保护点调节）。

⑤ 电源开关：当此电源开关被置于“ON”时（即开关被按下时），机器处于“开”状态，此时稳压指示灯亮或稳流指示灯亮。反之，机器处于“关”状态（即开关弹起时）。

⑥ 从路稳流状态指示灯：当从路电源处于稳流工作状态时，此指示灯亮。

⑦ 从路稳压状态指示灯：当从路电源处于稳压工作状态时，此指示灯亮。

⑧ 从路直流输出负接线柱：输出电压的负极，接负载负端。

⑨ 机壳接地端：机壳接地。

⑩ 从路直流输出正接线柱：输出电压的正极，接负载正端。

⑪ 二路电源独立、串联、并联控制开关。

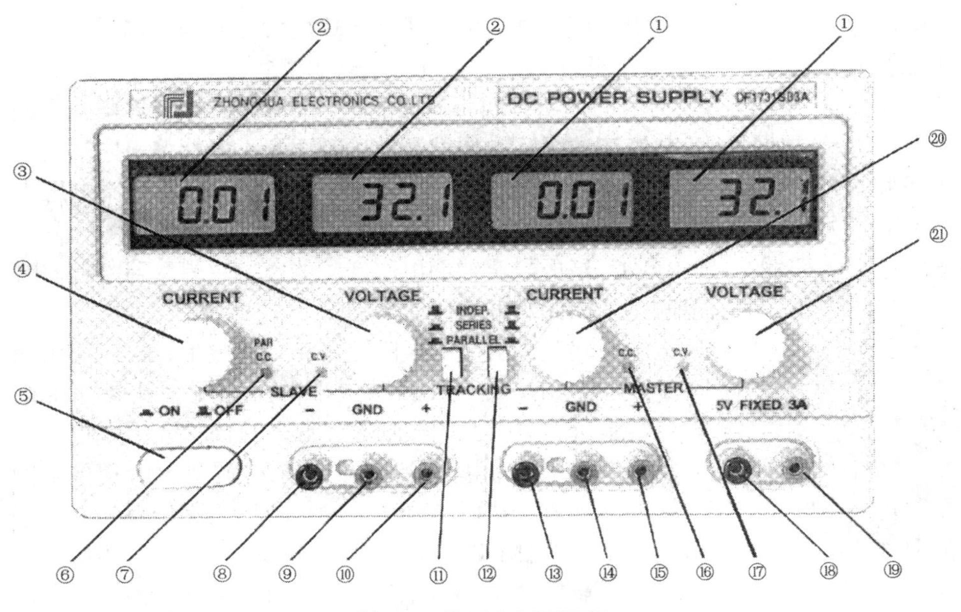

图 4-3　稳压电源面板图

⑫ 二路电源独立、串联、并联控制开关。

⑬ 主路直流输出负接线柱：输出电压的负极，接负载负端。

⑭ 机壳接地端：机壳接地。

⑮ 主路直流输出正接线柱：输出电压的正极，接负载正端。

⑯ 主路稳流状态指示灯：当主路电源处于稳流工作状态时，此指示灯亮。

⑰ 主路稳压状态指示灯：当主路电源处于稳压工作状态时，此指示灯亮。

⑱ 固定 5V 直流电源输出负接线柱：输出电压负极，接负载负端。

⑲ 固定 5V 直流电源输出正接线柱：输出电压正极，接负载正端。

⑳ 主路稳流输出电流调节旋钮：调节主路输出电流值（即限流保护点调节）。

㉑ 主路稳压输出电压调节旋钮：调节主路输出电压值。

2．使用

（1）双路可调电源独立使用

a．将⑪和⑫开关分别置于弹起位置。

b．可调电源作为稳压源使用时，首先应将稳流调节旋钮④和⑳顺时针调节到最大，然后打开电源开关⑤，并分别调节电压调节旋钮③和㉑，使从路和主路输出直流电压至需要的电压值，此时稳压状态指示灯⑦和⑰发光。

c．可调电源作为稳流源使用时，在打开电源开关⑤后，先将稳压调节旋钮③和㉑顺时针调节到最大，同时将稳流调节旋钮④和⑳逆时针调节到最小，然后接上所需负载，再顺时针调节旋钮④和⑳，使输出电流至所需要的稳定电流值。此时稳压状态指示灯⑦和⑰熄灭，稳流状态指示灯⑥和⑯发光。

d．在作为稳压源使用时，稳流电流调节旋钮④和⑳一般应该调至最大，但是本电源也可以任意设定限流保护点。设定办法为：打开电源，逆时针将稳流调节旋钮④和⑳调节到最小，然后短接输出正、负端子，并顺时针调节稳流旋钮④和⑳，使输出电流等于所要求的限流保护点的电流值，此时限流保护点就被设定好了。

e．若电源只带一路负载时，为延长机器的使用寿命减少功率管的发热量，请在主路电源上使用。

（2）双路可调电源串联使用

a．将⑪开关按下，⑫开关置于弹起，指示灯⑦、⑰发光，此时调节主电源电压调节旋钮㉑，从路的输出电压严格跟踪主路输出电压。使输出电压最高可达两路电压的额定值之和（即端子⑧和⑮之间的电压）。

b．在两路电源串联以前应先检查主路和从路电源的负端是否有连接片与接地端相连，如有则应将其断开，不然在两路电源串联时将造成从路电源短路。

c．在两路电源处于串联状态时，两路的输出电压由主路控制，但是两路的电流调节仍然是独立的。因此在两路串联时应注意稳流调节旋钮④的位置，如旋钮④在逆时针到底的位置或从路输出电流超过限流保护点，此时从路的输出电压将不再跟踪主路的输出电压。所以一般两路串联时应将旋钮④顺时针旋到最大。

d．在两路电源串联时，如有功率输出则应用与输出功率相对应的导线将主路的负载和从路的正端可靠短接。因为机器内部是通过一个开关短接的，所以当有功率输出时短接开关将通过输出电流。长期这样使用将无助于提高整机的可靠性。

（3）双路可调电源并联使用

a．将⑪和⑫开关都按下时，两路电源并联，调节主电压调节旋钮㉑，两路输出电压一样。同时从路稳流指示灯⑥、⑦、⑰均发光。

b．在两路电源处于并联状态时，从路电源的稳流调节旋钮④不起作用。当电源做稳流源使用时，只需调节主路的稳流调节旋钮⑳，此时主、从路的输出电流均受其控制并相同。其输出电流最大可达两路输出电流之和。

c．在两路电源并联时，如有功率输出则应用与输出功率相对应的导线将主、从电源的正端和正端、负端和负端可靠短接，以使负载可靠地接在两路输出的输出端子上。不然，如将负载只接在一路电源的输出端子上，长期使用将有可能造成两路电源输出电流的不平衡，同时也有可能造成串/并联开关的损坏。

3．精度

本电源的输出指示为三位半，如果要想得到更精确的值需在外电路用更精密的测量仪器校准。

4．注意事项

① 本电源设有完善的保护功能，5V 电源具有可靠的限流和短路保护功能。两路调节电源具有限流保护功能，由于电路中设置了调整管功率损耗控制电路，因此当输出发生短路现象时，此时大功率调整管上的功率损耗并不是很大，完全不会对电源造成任何损坏。但是短路时，电源仍有功率损耗，为了减少不必要的机器老化和能源消耗，所以应尽早发现并关掉电源，将故障排除。

② 输出空载时，限流电位器逆时针旋满（为 0）电源即进入非工作状态，其输出端可能有 1V 左右的电压显示，此属正常现象，非电源之故障。

③ 使用完毕后，请放在干燥通风的地方，并保持清洁，若长期不使用应将电源插头拔下后再存放。

④ 对稳压电源进行维修时，必须将输入电源断开。

⑤ 因电源使用不当或使用环境异常及机内元器件失效等均可能引起电源故障，当电源发生故障时，输出电压有可能超过额定输出最高电压，使用时务必注意，以防止造成不必要的负载损坏。

⑥ 三芯电源线的保护接地端，必须可靠接地，以确保使用安全。

4.1.3 使用练习

适当调节直流稳压电源旋钮，使相应的输出端分别获得 1.5V、3V、12V、15V、30V、40V、58V 的直流电压，并用数字万用表分别进行测量，将测量结果记入表 4-1。

表 4-1 测量结果记录表

稳压电源输出电压（V）	数字万用表测量	
	量程	显示值
1.5V		
3V		
12V		
15V		
30V		
40V		
58V		

4.2 数字式万用表（VC9807A）

数字式万用表是目前常用的一种数字化仪表。它具有以下特点：数字显示，读取直观、准确，可避免指针式万用表的读数误差；分辨率高；测量速度快；输入阻抗和集成度高；测量功能、保护电路齐全；功率损耗小；抗干扰能力强。下面以 VC9807A 为例进行介绍。

VC9807A 的面板如图 4-4 所示。

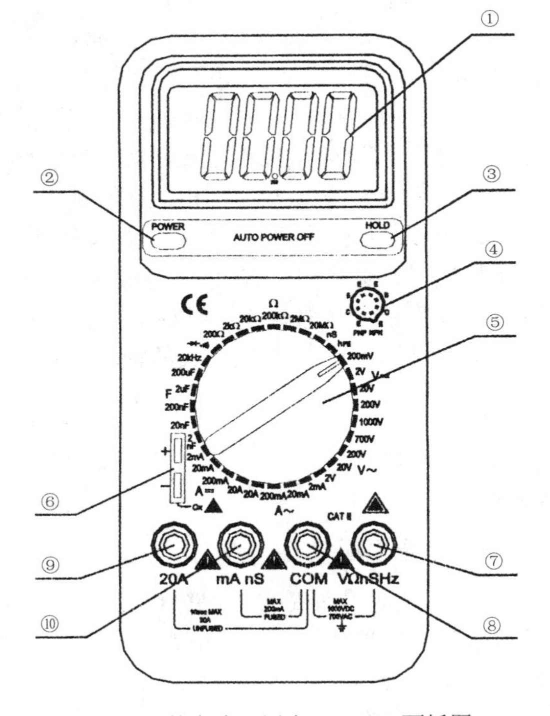

图 4-4 数字式万用表 VC9807 面板图

1. 操作界面介绍

① 液晶显示器：显示仪表测量的数值；

② 电源开关：启动及关闭电源；

③ 保持开关：按下此开关，仪表将当前所测数值保持在液晶显示器上，并出现“H”符号，再次按下此开关，“H”符号消失，退出保持功能状态；

④ hFE 测试插座：用于测量晶体三极管的 h_{FE} 数值大小；

⑤ 旋钮开关：用于改变测量功能及量程；

⑥ 电容插座；

⑦ 电压、电阻、电导及频率测试插座；

⑧ 公共接地端；

⑨ 20A 电流测试插座；

⑩ 小于 200mA 电流、电导测试插座。

2. 直流电压（DCV）测量

将量程转换开关置于 DCV 范围，并选择量程，其量程分为五挡：200mV、2V、20V、200V、1 000V。测量时，将黑表笔插入 COM 插孔，红表笔插入 V/Ω/Hz 插孔；将量程开关转至相应的直流电压量程上，然后将测试表笔跨接在被测电路上，红表笔所接点的电压与极性显示在屏幕上。

在测量过程中，要注意以下几点：

① 如果事先对被测电压范围没有概念，应将量程开关转至最高挡位，然后根据显示值转至相应的挡位上。

② 如在高位显示“1”，表明已超过量程范围，需将量程开关转至较高的挡位上。

③ 当测量高电压电路时，注意避免触及高压电路。

④ 输入电压切勿超过 1 000V，如超过，则会损坏仪表，并有人身危险。

3. 交流电压（ACV）测量

将量程转换开关置于 ACV 范围，并选择量程，其量程分为四挡：2V、20V、200V、700V。测量时，将黑表笔插入 COM 插孔，红表笔插入 V/Ω/Hz 插孔；将量程转换开关转至相应的交流电压量程上，然后将测量表笔跨接在被测电路上。

在测量过程中，要注意以下几点：

① 如果事先对被测电压范围没有概念，应将量程转换开关转至最高挡位，然后根据显示值转至相应挡位上。

② 如在高位显示“1”，表明已超过量程范围，需将量程转换开关转至较高的挡位上。

③ 当测量高电压电路时，注意避免触及高压电路。

④ 输入电压切勿超过交流 700V，如超过，则会损坏仪表，并有人身危险。

4. 直流电流（DCA）测量

将量程转换开关置于 DCA 范围，并选择量程，其量程分为四挡：2mA、20mA、200mA、20A。测量时，将黑表笔插入 COM 插孔，红表笔插入 mA 插孔中（最大为 200mA），或红表笔插入 20A 中（最大为 20A）；将量程转换开关转至相应的直流电流量程上，然后将仪表串入被测电路中，被测电流值及红色表笔点的电流极性将同时显示在液晶屏幕上。

在测量过程中，要注意以下几点：

① 如果事先对被测电流范围没有概念，应将量程转换开关转至最高挡位，然后根据显示值转至相应的挡位上。

② 如 LCD 显示“1”，表明已超过量程范围，需将量程开关调高一挡。

③ 最大输入电流为 200mA 或 20A（视红表笔插入位置而定），过大的电流会将保险丝熔断，在测试 20A 要注意，该挡位无保护，千万要小心，过大的电流将使电路发热，甚至损坏仪表。

5. 交流电流（ACA）测量

将量程转换开关置于 ACA 范围，并选择量程，其量程分为四挡：2mA、20mA、200mA、20A。测量时，将黑表笔插入 COM 插孔，红表笔插入 mA 插孔中（最大为 200mA），或红表笔插入 20A 中（最大为 20A）；将量程转换开关转至相应的交流电流量程上，然后将仪表串入被测电路中。

在测量过程中，要注意以下几点：

① 如果事先对被测电流范围没有概念，应将量程转换开关转至最高挡位，然后根据显示值转至相应的挡位上。

② 如 LCD 显示“1”，表明已超过量程范围，需将量程转换开关调高一挡。

③ 最大输入电流为 200mA 或 20A（视红表笔插入位置而定），过大的电流会将保险丝熔断，在测试 20A 要注意，该挡位无保护，千万要小心，过大的电流将使电路发热，甚至损坏仪表。

6. 电阻测量

电阻挡量程分为六挡：200Ω、2kΩ、20kΩ、200kΩ、2MΩ、20MΩ。测量时，将黑表笔插入 COM 插孔，红表笔插入 V/Ω/Hz 插孔；将量程转换开关转至相应的电阻量程上，然后将测量表笔跨接在被测电阻上。

在测量过程中，要注意以下几点：

① 如果电阻值超过所选择的量程值，则会显示“1”，这时应将量程转换开关转至高一挡。当测量电阻值超过 1MΩ以上时，读数需几秒时间才能稳定，这在测量高电阻时是正常的。

② 当输入端开路时，则显示过载情况。

③ 测量在线电阻时，要确认被测电路所有电源已关断而所有电容都已完全放电时，才可进行。

④ 请勿在电阻量程输入电压，虽然仪表在该挡位上有电压防护功能，但这是绝对禁止的。

7. 电容测量

电容挡量程分为五挡：2nF、20nF、200nF、2μF、200μF。测量时，将量程转换开关转至相应的电容量程上，然后将被测电容插入电容插口，必要时注意极性。

在测量过程中，要注意以下几点：

① 如被测量电容超过所选量程的最大值，显示器只显示“1”，此时则应将量程转换开关转至高一挡。

② 在测试电容之前，LCD 显示值可能尚未回到零，残留读数会逐渐减小，但可以不予理会，它不会影响测量结果。

③ 单位：1μF = 1000nF，1nF = 1000pF。

④ 请在测试电容容量之前，对电容应充分地放电，以防止损坏仪表，且被测电容不能与其他元件连接。

8. 二极管及通断测试

将黑表笔插入“COM”插孔，红表笔插入 V/Ω/Hz 插孔（注意红表笔极性为“+”）；将量程转换开关置测量挡上，并将表笔连接到待测试二极管，红表笔接二极管的正极，读数为二极管正向压降的近似值，若将表笔连接到待测电路的两点，如果内置蜂鸣器发声，则表示被测量两点之间的电阻低于 70Ω。

9. 频率测量

将表笔或屏蔽电缆插入 COM 插孔或 V/Ω/Hz 插孔，将量程开关转到频率挡上，将表笔或电缆跨接在信号源或被测负载上。

在测量过程中，要注意以下几点：

① 输入信号的电压超过 10V 时，可以读数，但可能效果很差。

② 在噪声环境下，测量小信号时最好使用屏蔽电缆。

③ 在测量高电压电路时，千万不要触及高压电路。

④ 禁止输入超过 250V 直流或交流峰值的电压值，以免损坏仪表。

10. 三极管放大倍数 h_{FE} 的测量

将量程开关置于 h_{FE} 挡上，决定所测晶体管为 NPN 或 PNP 型，将发射极、基极和集电极分别插入相应的插孔，显示出来的数字为三极管的放大倍数。

11. 注意事项

① 不要将高于 1 000V 的直流电压或 700V 的交流电压接入。

② 不要在量程开关为欧姆挡位置时，去测量电压值。

③ 在电池没有装好或后盖没有上紧时，请不要使用此表进行测试工作。

④ 在更换电池或保险丝前，请将测试表笔从测试点移开，并关闭电源开关。

4.3 交流毫伏表（DF2170A）

DF2170A 采用两组相同而又独立的电路及双指针表头，故在同一面板可指示两个不同的交流信号的有效值和电平值，可方便地进行双路交流电压的同时测量和比较，并监视输出。“同步/异步”操作，给测量特别是立体声双通道的测量带来了极大的方便。

1. 工作原理

DF2170A 由输入衰减器、前置放大器、电子衰减器、主放大器、线性放大器、输出放大器、电源及控制电路组成。

前置放大器是由高输入阻抗及低输出阻抗的复合放大器组成，由于采用低噪声器件及工艺措施，因此具有较小的本机噪声，输入端还具有过载保护功能。

电子衰减器由集成电路组成，受 CPU 控制，因此具有较高的可靠性及长期工作的稳定性。

主放大器由几级宽带低噪声、无相移放大电路组成，由于采用深度负反馈，因此电路稳定性可靠。

线性检波电路是一个宽带线性检波电路，采用了特殊电路，使检波线性达到理想线性化。

控制电路采用数码开关和 CPU 相结合的控制方式来控制被测电压的输入量程，用指示灯指示量程范围。当量程转换开关切换至最低或最高挡位时，CPU 会发出警报，以便提示。

其他辅助电路还有开、关机表头保护电路，以避免开机和关机时表头指针受到冲击。

2．使用方法

（1）操作界面介绍

交流毫伏表面板图如图 4-5 所示。

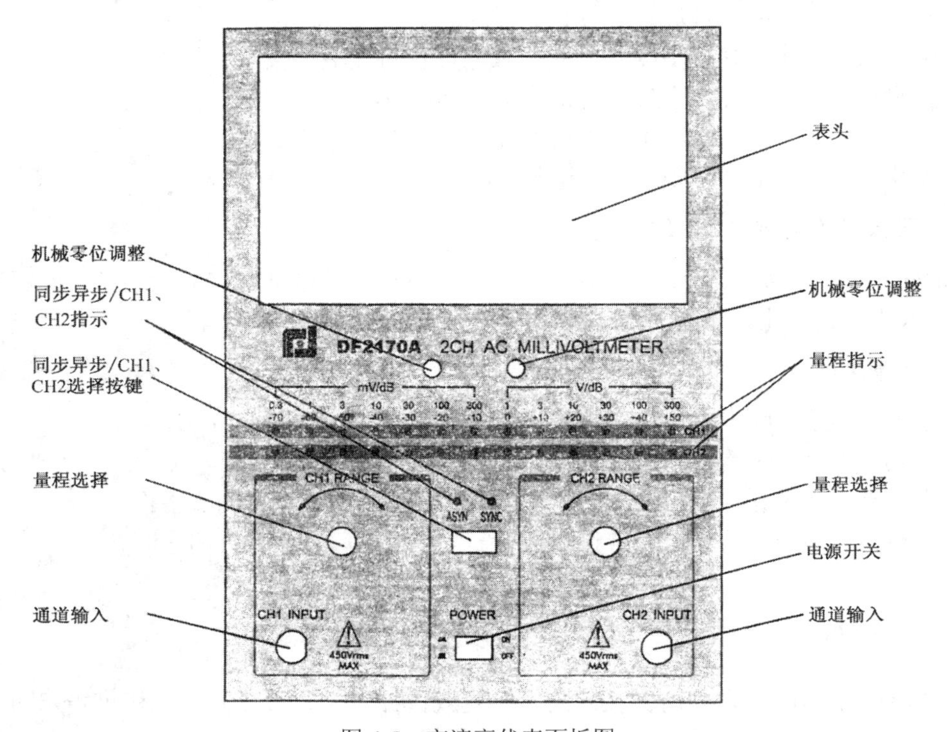

图 4-5　交流毫伏表面板图

（2）使用方法

① 通电前，先调整电表指针的机械零点，并将仪器水平放置。接通电源，按下电源开关，各挡位发光二极管全亮，然后自左向右依次轮流检测，检测完毕后停止于 300V 挡指示，并自动将量程置于 300V 挡。

② 接通电源及输入量程转换时，由于电容的放电过程，指针有所晃动，需待指针稳定后读取读数。

③ 同步/异步方式。当按下面板上的同步异步/CH1、CH2 选择按键时，可选择同步/异步工作方式，“SYNC”灯亮为同步工作方式，“ASYN”灯亮为异步工作方式。当为同步工作方式时，CH1 和 CH2 的量程由任一通道控制开关控制，使两通道具有相同的测量量程。当为异步工作方式时，CH1 和 CH2 的量程分别独立控制工作。

④ 浮置/接地功能。当将开关置于浮置时，输入信号地与外壳处于高阻状态，当将开关置于接地时，输入信号地与外壳接通。在音频信号传输中，有时需要平衡传输，此时测量其电平时，不能采用接地方式，需要浮置方式测量。在测量 BTL 放大器时，输入两端中的任一端都不能接地，否则将会引起测量不准，甚至烧坏功放，此时宜采用浮置方式测量。某些需要防止地线干扰的放大器或带有直流电压输出的端子及元器件二端电压的在线测试等均可采用浮置方式测量，以免由于公共接地带来干扰或短路。

⑤ 监视输出功能。为了更好地监视输出显示，仪器采用独立放大功能，以便于显示。

- 当 300μV 量程输入时，该仪器具有 316 倍的放大（50dB）。
- 当 1 mV 量程输入时，该仪器具有 100 倍的放大（40dB）。
- 当 3 mV 量程输入时，该仪器具有 31.6 倍的放大（30dB）。
- 当 10 mV 量程输入时，该仪器具有 10 倍的放大（20dB）。
- 当 30 mV 量程输入时，该仪器具有 3.16 倍的放大（10dB）。

3. 技术参数

① 电压测量范围：100μV～300V。

② 测量电压频率范围：5Hz～2MHz。

③ 测量电平范围：−80～+50dB，−80～+52dBm。

④ 输入/输出：接地/浮置。

4. 注意事项

① 测量 30V 以上的电压时，需注意安全。

② 所测交流电压中的直流分量不得大于 100V。

③ 仪器应在规定的电压量程内使用，尽量避免过量程使用，以免烧坏仪器。

④ 对于 20Hz 以下或 1MHz 以上的交流电，或非正弦交流电，不宜使用晶体管毫伏表进行测量。

⑤ 在测量电压时，应首先接地线，再接另一根线，以免因感应电压使仪器过载，测量完毕应按照相反的次序取下。

5. 测量练习

设定 DDS 函数信号发生器，使之输出以下信号，并将其输出的信号输入交流毫伏表进行测量，将测量结果记入表 4-2。

表 4-2 测量结果记录表

函数信号发生器输出信号	交流毫伏表测量	
	量程	读数
1 000Hz 1V（峰值）		
250Hz 10V（峰值）		
1 000kHz 500mV（峰值）		
1MHz 100mV（峰值）		

4.4 DDS 函数信号发生器（TFG2015V）

传统的模拟信号发生器是采用 RC 或 LC 振荡器产生信号，频率精度低，分辨率低，频率范围窄；而 TFG2015V 采用直接数字合成技术 DDS（Direct Digital Synthesize），具有双路输出、多种波形、高精度、多功能、高可靠性的特点。

4.4.1 工作原理

要产生一个电压信号，传统的模拟信号源是采用电子元器件以各种不同的方式组成振荡器，其频率精度和稳定度都不高，而且工艺复杂，分辨率低，频率设置和实现计算机程控也不方便。直接数字合成技术（DDS）是新发展起来的一种信号产生方法，它完全没有振荡器元件，而是用数字合成方法产生一连串数据流，再经过数/模转换器产生出一个预先设定的模拟信号。

例如，要合成一个正弦波信号，首先将函数 $Y=\sin x$ 进行数字量化，然后以 x 为地址，

以 *Y* 为量化数据，依次存入波形存储器。DDS 使用了相位累加技术来控制波形存储器的地址，在每一个采样时钟周期中，都把一个相位增量累加到相位累加器的当前结果上，通过改变相位增量即可以改变 DDS 的输出频率值。根据相位累加器输出的地址，由波形存储器取出波形量化数据，经过数/模转换器和运算放大器转换成模拟电压。由于波形数据是间断的取样数据，所以 DDS 发生器输出的是一个阶梯正弦波形，必须经过低通滤波器将波形中所含的高次谐波滤除掉，输出即为连续的正弦波。数/模转换器内部带有高精度的基准电压源，因而保证了输出波形具有很高的幅度精度和幅度稳定性。

幅度控制器是一个数控衰减器，它将低通滤波器输出的信号按照设定的幅度数据进行比例衰减，使输出信号的幅度等于操作者设定的幅度。偏移控制器是一个数/模转换器，它将一个可程控的直流电压叠加到输出信号上，使输出信号产生一个设定的直流偏移。

经过幅度偏移控制器的合成信号经过功率放大器进行功率放大，最后由输出端口输出。

微处理器通过接口电路控制键盘及显示部分，当有按键按下时，微处理器识别出被按键的编码，然后转去执行该按键的命令程序。显示电路使用菜单字符将仪器的工作状态和各种参数显示出来。

面板上的旋钮可以用来改变光标指示位的数字，每旋转 15° 可产生一个触发脉冲，微处理器通过判断旋钮旋转的方向来进行进位或借位。

4.4.2 使用说明

函数信号发生器（TFG2015V）面板图如图 4-6 所示。

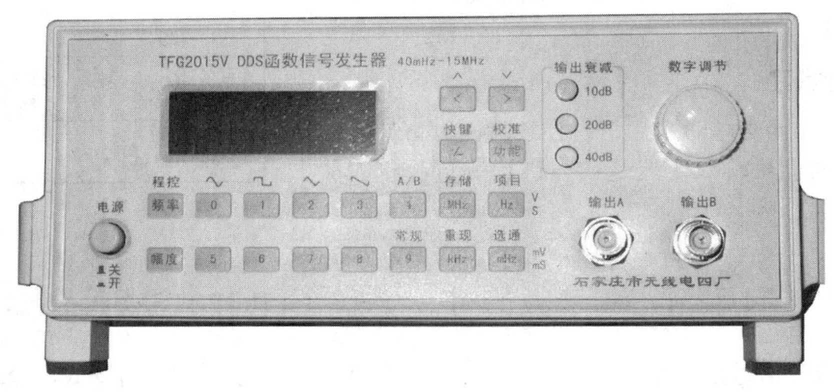

图 4-6　函数信号发生器（TFG2015V）面板图

1. 功能键盘说明

在面板上共有 20 个按键，都是按下后释放时才有效。功能如下。

- “频率”“幅度”键：频率和幅度的选择键。
- “0”～“9”键：数字输入键。
- “MHz”“KHz”“Hz”“mHz”键：双功能按键，在数字输入之后执行单位键功能，同时作为数字输入的结束键。在其他时候执行“存储”“重现”“项目”“选通”功能。
- “./-”键：三功能键，在数字输入之后输入小数点；在“偏移”功能时输入负号；在其他时候执行“快键”功能。

- “<”“>”键：双功能键，一般情况下作为光标左右移动键。只有在“扫描”功能时，作为加减步进输入键和手动扫描键。
- “功能”键：主菜单控制键，循环选择五种功能。
- “项目”键：子菜单控制键，在每种主功能下循环选择不同的项目。
- “选通”键：在“常规”功能时，可以切换频率和周期、幅度峰值和有效值、A 路正弦波和方波，在“扫描”，“调制”，“猝发”，“键控”，“外测”功能时作为启动键。
- “存储”“重现”键：信号频率值和幅度值的存储和重现。
- “快键”键：按“快键”后，下行左端显示字符“Q”，再按“0”～“3”键，可以直接选择四种常用波形；若按“4”键，可以直接进行 A 路和 B 路转换；若按“9”键，则可以直接进入“常规”显示状态；若按“程控”键，则可以显示程控地址，进入程控状态。

2. 显示字符的含义

- 上行左段显示（主菜单）

SINE（Sine）常规正弦波

SQUAR（Square）常规方波

SWEEP（Sweep）扫描

AM/FM 调幅或调频（尚未选通）

AM ON（Amplitude Modulation On）调幅选通

FM ON（Frequency Modulation On）调频选通

BURST（Burst）猝发

KEYNG（Keying）键控

EXCNT（External Count）外部计数

- 上行中段显示（子菜单）

CHA（Channel A）A 路，A 通道

CHB（Channel B）B 路，B 通道

EXT（External）外部

STRT（Start）始点

STOP（Stop）终点

STEP（Step）步长

- 上行右段显示（子菜单）

FREQU（Frequency）频率

PERID（Period）周期

AMPLD（Amplitude）幅度

WAVEF（Waveform）波形

MODE（Mode）方式

OFSET（Offset）偏移

TIME（Time）间隔时间

COUNT（Count）猝发计数

PHASE（Phase）相位偏移

DUTY（Duty）占空比

- 下行左段显示（标识符）

Q（Quick）快键

R（Remote）程控（遥控）

C（Calibration）需要校准

- 下行中段显示（状态）

ER OPX（Error Operation）操作类错误

ER OUX（Error Out）超限类错误

BURST ON（Burst On）猝发选通

FSK ON（Frequency Shift keying On） 频移键控选通

ASK ON（Amplitude Shift keying On） 幅移键控选通

PSK ON（Phase Shift keying On） 相移键控选通

- 下行右段显示（幅度值格式）

PP（Peak to Peak）　幅度峰峰值

RMS（Root-mean-square）　幅度有效值（均方根值）

3. 菜单显示

菜单显示分为两级，功能键选择主菜单，项目键选择子菜单，见表 4-3。

表 4-3　功能菜单

功　能	常　规	扫　描	调　制	猝　发	键　控	外　测
项　目	A 路频率	A 路频率	A 路频率	A 路频率	A 路频率	外部频率
	B 路频率	始点频率	B 路频率	脉冲计数	始点频率	$f<7$MHz
	A 路波形	终点频率	B 路波形	间隔时间	终点频率	$f<30$MHz
	B 路波形	步长频率			相位偏移	外部周期
	方式	间隔时间			间隔时间	$t<2000$ms
	偏移	扫描方式				B 路频率

4. 仪器启动

按下面板上的电源按钮，电源接通。首先显示“WELCOME TO USE”，然后 16 个字符依次显示，最后进入“常规”显示状态，显示出当前 A 路波形正弦波，幅度值 1.00V（峰值），频率值 1000.00Hz。“常规”显示状态同时显示 A 路信号的波形、幅度和频率。按“功能”键或“项目”键，可以进入菜单显示状态，进一步满足较复杂的使用，在任何时候只要接“快键”和“9”即可回到“常规”显示状态。

5. 数据输入

数据输入有以下三种方式。

① 数字键输入：通过 10 个数字键向显示区写入数据。写入方式为自右至左移位写入，超过 10 位后左端数字溢出丢失。通过符号键“./-”可以输入负号和小数点。当数据输入完毕后，按一次单位键，这时数据输入开始生效，仪器将显示区的数据根据功能选择送入相应的存储区和执行部分，使仪器按照新的参数输出信号。

② 步进键输入：在实际应用中，往往需要使用一组几个或几十个等间隔的频率值或幅度值，如果使用数字键输入，则需要反复使用数字键和单位键，这是很烦琐的。为了简化操作，可以使用步进键输入方法。将功能选择为“扫描”，把频率间隔设定为步长频率值，此后每按一次“∧”键，频率增加一个步长值，每按一次“∨”键则是减少一个步长值，而且数据改变后立刻生效，不必再按单位键。

③ 调节旋钮输入：在实际应用中，有时需要连续调节，这时可以使用旋钮来调节。按位移键“<”或“>”，就可以使数据显示区中的某一位数字闪烁，转动旋钮可以使闪烁的数字进行加或减的变化，生成的数据立刻生效，无须按单位键确认。

6. 频率设定

① 按“频率”键后，显示出当前频率值。可用数字键或调节旋钮输入频率值，这时 A 路输出端口即有该频率的信号输出。

例如：设定频率值 3.5kHz 的按键顺序为："频率""3"".""5""KHz"。

② 周期设定：信号的频率也可以用周期的方式进行显示和输入。如果当前显示为频率，按"选通"键，可以显示出当前周期，用数字键或调节旋钮输入所需周期值。仪器内部是通过数据换算到频率来输出的，由于受到频率分辨率的限制，在周期较长时，相对误差较大。

例如：设定周期为 25ms，按键的顺序为："频率""选通""2""5""ms"。

③ B 路输出的设定：按"项目"键选中"B 路频率"，显示出当前频率值。同样可通过数字键和旋钮进行输入。在"常规"状态下，A 路和 B 路是相互关联的，A 路的频率是 B 路的 256 倍，但是它们的精度是相同的。在"调制"状态下，A 路和 B 路是无关的，可以独立调节，但不能显示实际频率值，只能定性地作为调制信号使用。

7. 幅度设定

① 按"幅度"键后，显示出当前幅度值。可用数字键或调节旋钮输入幅度值，这时输出端口即有该幅度的信号输出。

例如：设定幅度值 3.2V 的按键顺序为："幅度""3"".""2""V"。

② 幅度值的格式：幅度数值的输入和显示有两种格式：有效值 VRMS 和峰值 $V_{P\text{-}P}$，当项目选择为幅度时，可以按"选通"键对两种格式进行循环转换。

③ 幅度量程的选择：按"项目"键选择"方式"，如果方式为"0"，则为多量程方式，输出幅度小于 2V 和 0.2V 时进行量程切换。小幅度应用时应使用多量程工作方式，这样可以得到较高的信噪比和分辨率。但是在量程变动时，输出信号会有瞬间的跳变，切换前后的输出幅度可能不连续，这种情况在有些场合可能是不允许的，则需要将方式设定为"1"上，即可进入单量程模式，但这时幅度的最小分辨率为 20mV，小幅度时会有波形失真。

8. 输出波形选择

在"常规"和"调制"功能时可以进行波形选择。

① A 路波形选择：A 路具有两种常见波形，在项目选择为"A 路波形"时，按"选通"键可以对两种波形进行循环切换。在任何项目时，都可以按"快键""0"选择正弦波，按"快键""1"选择方波。

② 方波占空比调整：在项目中选择"A 路波形"时，按"选通"键选择"方波"，显示出方波占空比（不是占空比实际值），用数字键或调节旋钮改变数字，可以对 A 路输出方波的占空比进行调整。

③ 单 A 路输出：开机后为双路输出，当频率较高时，A 路正弦波受到 B 路的影响，波形不光滑，谐波失真较大。这时可以用上面调节空占比的方法，使得脉宽调整数字大于 250，方波和 B 路输出关闭，A 路会输出高质量的正弦波形。

④ B 路波形选择：B 路具有更多的波形（32 种），在项目选择为"B 路波形"时，显示出当前波形序号，用数字键或旋钮改变序号，可以对 B 路输出波形进行选择，见表 4-4。

9. 偏移设定

在有些应用中，需要使输出的交变信号中含有一定的直流分量，使信号产生直流偏移。在"常规"功能时，按"项目"键选中"偏移"，显示出当前偏移值。可用数字键和旋钮进行调节。

表 4-4　B 路波形选择

序号	波　形	序号	波　形	序号	波　形
00	正弦波	11	正双脉冲	22	对数函数
01	方波	12	负双脉冲	23	指数函数
02	三角波	13	编码调宽脉冲	24	半圆函数
03	降锯齿波	14	正弦全波整流	25	sin$x$/x 函数
04	正弦波（2 倍频）	15	正弦半波整流	26	平方根函数
05	方波（2 倍频）	16	正弦波横切割	27	正切函数
06	三角波（2 倍频）	17	正弦波纵切割	28	心电图波形
07	降锯齿波（2 倍频）	18	正弦波调相	29	地震波形
08	升锯齿波	19	阶梯波	30	组合波形
09	正脉冲	20	正直流	31	随机噪声
10	负脉冲	21	负直流		

10．调制功能

按“功能”键选中“调制”，如果当前显示为频率值，按“选通”键即可启动频率调制过程（上行左端显示 FM　ON）。按“幅度”键显示出当前幅度值，按“选通”键即可启动幅度调制过程（上行左端显示 AM　ON）。其中 A 路为载波信号，B 路为调制信号。

11．出错显示

由于各种原因使得仪器不能够正常运行时，将会有出错显示。

① 操作出错：出错显示为 ER OP*，这种错误在使用中可能会出现，这并不是仪器故障，而是由于操作方法不正确，使得仪器不能执行操作者的命令。出错显示中的“*”表示操作出错的原因，列举如下，可以帮助操作者改正操作方法。

- ER OP1：只有在频率和幅度时才能使用“∧”“∨”键。
- ER OP2：只有在频率，周期和幅度时才能使用“存储”“重现”键。
- ER OP3：在正弦波形时不能输入“脉宽”数据。
- ER OP5：“扫描”“键控”方式只能在频率和幅度时才能触发启动。

② 越限出错：出错显示为 ER OU*，这种错误在使用中可能出现较多，这并不是仪器故障，也不是操作方法出错，而是由于输入的数据超过了仪器所允许的界限。发生这种错误时越限数据并不生效，这样可以保护输出信号不受影响，出错显示中的“*”表示错误原因，列举如下，以便使操作者按照仪器的各项数据范围重新输入数据。

- ER OU1：扫描始点值不能大于终点值。
- ER OU2：频率或周期值为 0 时不能相互转换。
- ER OU3：输入数据中含有非数字字符或输入数据超过允许值范围。

各项输入数据允许值如下：

频率<7MHz/16MHz/32MHz，周期>0.01ms，幅度<21V（峰值），偏移（绝对值）≤10V，定时<65 535ms，计数<65 535 个，相移≤360°。

4.4.3 技术特性

（1）波形特性

A 路：正弦波、方波、脉冲波、TTL 波、直流。

B 路：正弦波、方波、三角波、锯齿波、阶梯波、脉冲波等 32 种波形。

（2）频率特性

频率范围：A 路 40～15MHz，B 路 20kHz～40MHz。

分辨率：40mHz。

频率误差：±（5×10^{-5}+40mHz）。

（3）幅度特性

幅度范围：100mV～20V（峰值）（高阻），50mV～10V（峰值）（50Ω）。

分辨率：20mV（峰值）（A>2V），2mV（峰值）（A<2V）。

幅度误差：±（1%+2mV）（高阻，有效值，频率 1kHz）。

输出阻抗：50Ω。

（4）偏移特性

偏移范围：±10V（高阻），±5V（50Ω）。

分辨率：20mV。

偏移误差：±（1%+10mV）。

4.5 双踪通用示波器（VD4330）

示波器是电子设备检测中必不可少的测试设备，用它可以直接观察电路中各点的波形，并且可以对信号进行各种测量。下面以 VD4330 型 40MHz 双踪示波器为例进行介绍。

VD4330 型 40MHz 双踪示波器面板图如图 4-7 所示。

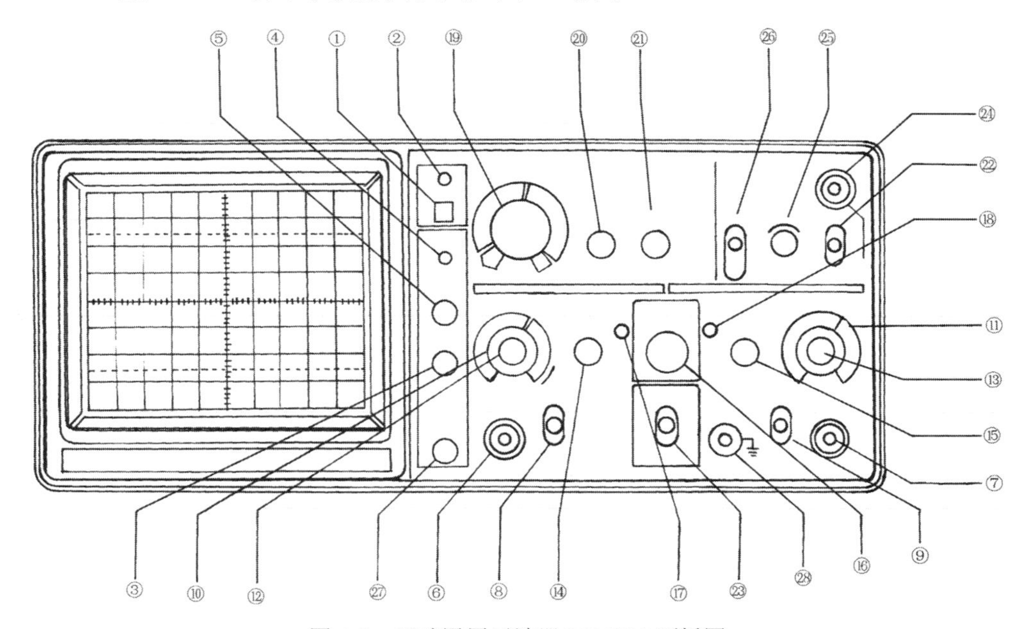

图 4-7 双踪通用示波器 VD4330 面板图

4.5.1　工作原理

示波器能显示电路中准确的电压变化图像，其工作原理如图 4-8 所示。电子枪产生的电子束经聚焦、加速和偏转后射在阴极射线管的荧光屏上，显示电压的波形。这里介绍的示波器是脉冲示波器，与普通示波器不同，普通示波器的时基信号是用自激振荡器产生的连续信号。脉冲示波器有触发扫描和比较信号等部分，在垂直放大器中加有延迟线和采用宽频带电路，能对各种脉冲信号进行定性定量地观察。该示波器的基本电路和控制装置如下（见图 4-7）。

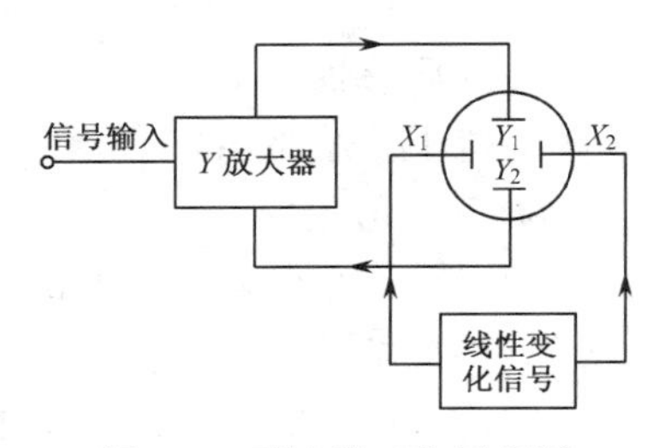

图 4-8　示波器工作原理图

① 电源开关：电源开关按下为电源开，弹起为电源断。

② 电源指示灯：电源接通后指示灯亮。

③ 聚焦控制：当辉度调到适当的亮度后，调节聚焦控制直至扫描线最佳。虽然聚焦在调节亮度时能自动调整，但有时会有微小漂移，应用手动调节以获得最佳聚焦状态。

④ 基线旋转控制：用于调节扫描线和水平刻度线平行。

⑤ 辉度控制：用于调节辉度电位器，改变辉度。顺时针方向旋转，辉度增加；反之，辉度减少。

⑥ CH1 输入：BNC 端子用于垂直轴信号输入。当示波器工作于 *X-Y* 方式时，输入到此端的信号变成 *X* 轴信号。

⑦ CH2 输入：类同 CH1，但当示波器工作于 *X-Y* 方式时，输入到此端的信号作为 *Y* 轴信号。

⑧、⑨ 输入耦合开关（AC-GND-DC）：用于选择输入信号送至垂直轴放大器的耦合方式。

- AC：在此方式时，信号经过一个电容器输入，输入信号的直流分量被隔离，只有交流分量被显示。
- GND：在此方式时，垂直轴放大器输入端接地。
- DC：在此方式时，输入信号直接送至垂直轴放大器输入端显示，包含信号的直流成分。

⑩、⑪ 伏/度选择开关：用于选择垂直偏转因数，使显示波形置于一个易于观察的幅度范围。当 10∶1 探头连接于示波器的输入端时，荧光屏上的读数要乘 10。

⑫、⑬ 微调：此旋钮拉出时，垂直系统的增益扩展 5 倍，最高灵敏度可达 1mV/DIV。当旋转此旋钮时，可小范围连续改变垂直偏转灵敏度，逆时针方向旋转到底时，其变化范围应大于 2.5 倍。

⑭ CH1 位移旋钮：用于调节 CH1 信号垂直方向的位移。顺时针方向旋转波形上移，逆时针方向旋转波形下移。

⑮ CH2 位移旋钮：用于倒相控制。位移功能同 CH1，但当旋钮拉出时，输入到 CH2 的信号极性被倒相。

⑯ 工作方式选择开关（CH1、CH2、ALT、CHOP、ADD）：用于选择垂直偏转系统的工作方式。

- CH1：只有加到 CH1 通道的信号能显示；
- CH2：只有加到 CH2 通道的信号能显示；
- ALT：加到 CH1、CH2 通道的信号能交替显示在荧光屏上，此工作方式用于扫描时间短的两通道观察；
- CHOP：在此工作方式时，加到 CH1、CH2 通道的信号受约 250kHz 自激振荡电子开关的控制，同时显示在荧光屏上。此工作方式用于扫描时间长的两通道观察；
- ADD：在此工作方式时，加到 CH1、CH2 通道的信号的代数和在荧光屏上显示。

⑰、⑱ 直流平衡调节控制：用于直流平衡调节。

⑲ TIME/DIV 选择开关：扫描时间范围为 0.2μs/DIV～0.2s/DIV，分 19 挡；*X-Y* 位置用于示波器工作在 *X-Y* 状态；此时，*X*（水平）信号连接到 CH1 输入端，*Y*（垂直）信号连接到 CH2 输入端，偏转范围为 1mV/DIV～5V/DIV，带宽缩小到 500kHz。

⑳ 扫描微调控制：此旋钮在校准位置时，扫描因数按 TIME/DIV 指示读出，不在校准位置时，扫描因数能连续变化；变化范围应大于 2.5 倍。

㉑ 位移：此旋钮拉出时，扫描因数扩展 10 倍，即 TIME/DIV 开关指示的是实际扫描因数的 10 倍。用于水平移动扫描线，顺时针旋转时，扫描线向右移动；反之，扫描线向左移动。这样通过调节该旋钮就可以观察所需信号放大 10 倍的波形（水平方向），并可将屏幕外的所需观察信号移到屏幕内。

㉒ 触发源选择开关：用于选择扫描触发信号源。

- 内触发（INT）：加到 CH1 或 CH2 的信号作为触发源；
- 电源触发（LINE）：取电源频率作为触发源；
- 外触发（EXT）：外触发信号加到外触发输入端作为触发源。外触发用于垂直方向上的特殊信号的触发。

㉓ 内触发选择开关：用于选择扫描的内触发源。

- CH1：加到 CH1 的信号作为触发信号；
- CH2：加到 CH2 的信号作为触发信号；
- VERT MODE（组合方式）：用于同时观察两个波形，同步触发信号交替取自 CH1 和 CH2。

㉔ 外触发输入插座：用于扫描外触发信号的输入。

㉕ 触发电平控制旋钮：此旋钮通过调节触发电平来确定扫描波形的起始点，也能控制触发开关的极性；按进去为“+”极性，拉出为“−”极性。

㉖ 触发方式选择开关。

- 自动：始终自动触发，显示扫描线。有触发信号时，获得正常触发扫描，波形稳定显示。无触发信号时，扫描线将自动出现；
- 常态：当触发信号产生时，获得触发扫描信号，实现扫描；无触发信号时，不出现扫描线；
- TV（V）：此状态用于观察电视信号的全场波形；
- TV（H）：此状态用于观察电视信号的全行波形。

注：只有当电视同步信号是负极性时，TV（V）、TV（H）才能正常工作。

㉗ 校正 0.5V 端子：输出 1kHz、0.5V 的校正方波，用于校正探头电容补偿。

㉘ 接地端子：示波器的接地端子。

4.5.2　示波器的使用

在纵坐标上计算出波形的最高峰到最低峰之间所占的度（DIV）数，然后把这个度数乘以控制钮指示的 VOLT/DIV 就可以求出示波器荧光屏上电压波形的幅度。例如，若纵坐标上波形的高度是 4°，控制钮定在 1VOLT/DIV，则峰值电压是 4V。若控制钮定在 0.5VOLT/DIV，则峰值电压是 2V。示波器显示波形图如图 4-9 所示。

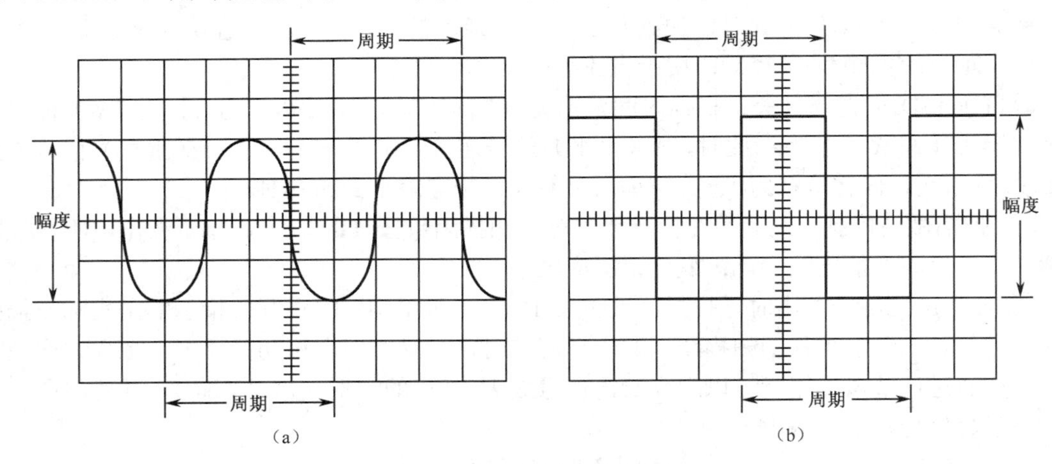

图 4-9　示波器显示波形图

计算一个周期的波形，先计算出波形占据的横坐标的度数，然后乘以控制钮指示的 TIME/DIV 位置，可以求出波形的频率。例如，波形占据的横坐标是 4°，TIME/DIV 控制钮定在 1ms/DIV，则一个周期是 4ms，由此可以求出频率为 250Hz。

当输入扫描信号的 V_{P-P}（代表电压峰值）在纵坐标上占 6°，VOLT/DIV 置于 0.1 挡，探头衰减开关处于“×10”的位置，当 Y 轴灵敏度微调旋钮未拉出时，$V_{P-P}=0.1\times6\times10=6V$（×10 是因为探头本身将输入信号衰减了 10 倍）；当 Y 轴灵敏度微调旋钮拉出时，$V_{P-P}=0.1\times6\times10\div5=1.2V$。

若输入扫描信号的波形在横坐标上占 5°，TIME/DIV 扫描时间选择开关置于 0.2ms 挡，当水平位移旋钮未拉出时，输入扫描信号的周期 $T=0.2\times5=1ms$，$f=1/T=1/1\times10^{-3}=1kHz$；当水平位移旋钮拉出时，输入扫描信号的周期 $T=0.2\times5\div10=0.1ms$，$f=1/T=10kHz$。

双踪通用示波器的优点是可以同时显示输入信号和输出信号，检测各种故障和表示出相位关系，还可以把两个轨迹重叠在一起，更好地对比两个信号之间的相位偏移。

4.5.3　注意事项

（1）方波信号的测量

在测量低频方波信号时，必须将示波器置于 DC（直流）耦合，若置于 AC（交流）耦合，则信号通过耦合 C 产生低频截止失真。这是因为频率低，电容 C 的容抗不可忽略。

（2）用示波器和直流电压表测量脉冲串

用示波器测量脉冲信号反映的是脉冲信号全貌，用直流电压表测量脉冲信号反映的是脉冲信号的平均值。此外，同一脉冲串用示波器测量 DC、AC 耦合，反映的“0”电平也是不一样的。DC 耦合的“0”电平是指地电位，AC 耦合的“0”电平是指直流平均电压。

（3）示波器面板上标注的“V/DIV”中的“V”表示电压峰值，“DIV”表示度数。

（4）使用示波器垂直扩展挡时应注意的事项

在使用示波器垂直扩展挡时，应注意被测信号本身的上限频率和示波器本身垂直放大器带宽，即示波器本身带宽应能覆盖被测信号源的频率范围。例如，被测信号源上限频率为 60MHz，示波器带宽为 100MHz，在不使用扩展挡时完全可以测量，这是因为放大器的“增益带宽之积”通常为一个常数，增益若扩大 5 倍，则带宽必须缩为 1/5，而用示波器“×5”扩展挡后其有效带宽仅为 20MHz 左右。用一个有效带宽仅为 20MHz 的示波器来测量 60MHz 的信号源显然是不行的。

（5）正确选择示波器“交替”、“断续”工作方式

当示波器处于多踪显示时，若信号源重复频率较高，则可使用“交替”工作方式；若信号源重复频率较低，则可使用“断续”工作方式。因为“断续”工作方式受到电子开关速率的限制。

（6）脉冲瞬态响应参数中的上升时间测量

在测量脉冲上升时间时应注意示波器本身脉冲的建立时间。例如，测量脉冲的上升时间在荧光屏上水平轴时间为 10ns，使用的示波器带宽为 10MHz，则该脉冲的实际上升时间为

$$t_{\text{实际}} = \sqrt{t_{\text{测量}}^2 - t_{\text{示波器本身脉冲建立}}^2}$$

（7）示波器的最大输入电压

示波器的最大输入电压是直流加交流峰值。若不注意这一点，盲目使用会损坏仪表。

4.5.4 使用练习

设定 DDS 函数信号发生器，使之输出以下信号，用示波器观测其波形，将测量数据记入表 4-5。

表 4-5 测量数据记录表

输出信号	VOLT/DIV	格数	V_{P-P}	TIME/DIV	格数	T	f
2000Hz 200mV							
500Hz 500mV							
10kHz 8V							
30kHz 10V							

4.6 数字示波器（DS1102C）

数字示波器具有体积小、重量轻，便于携带，有多种触发方式，以数字信号模式储存波形并通过接口与外部仪器设备连接，具有强大的波形处理能力，能自动测量频率、上升时间、脉冲宽度等参数，且测量低频信号时没有模拟示波器的闪烁现象，因此，在实践教学中得到广泛的应用，下面以 DS1102C 数字示波器为例进行介绍。

1．功能及使用方法

数字示波器前面板示意图如图 4-10 所示，数字示波器屏幕显示界面如图 4-11 所示。

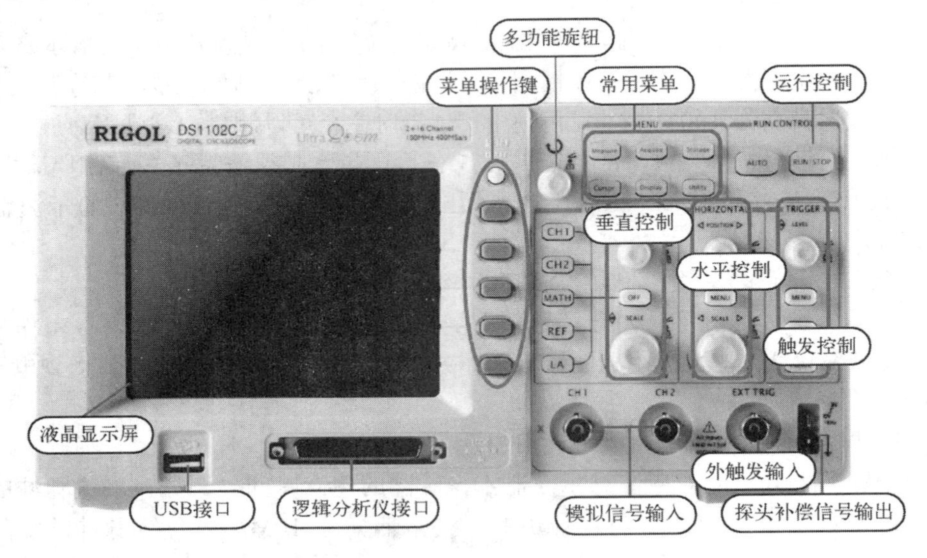

图 4-10　数字示波器前面板示意图

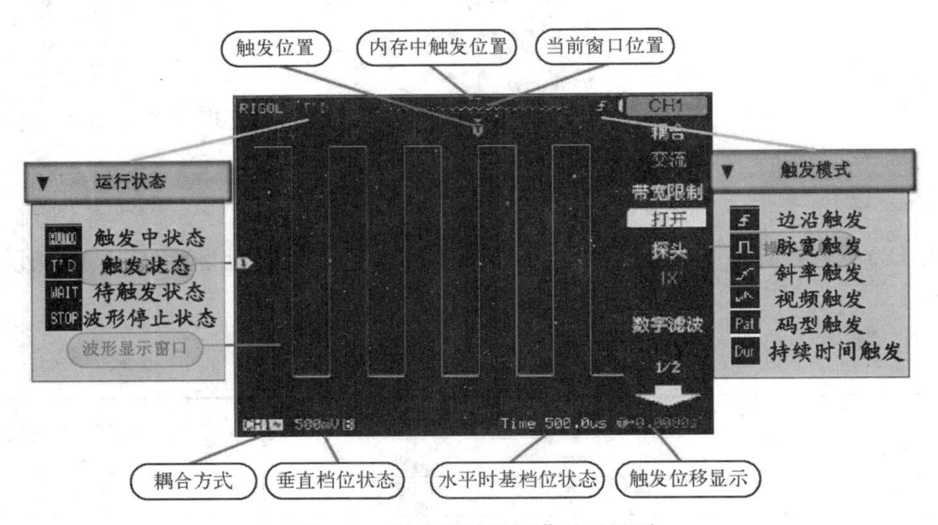

图 4-11　数字示波器屏幕显示界面

（1）FFT 频谱分析与操作技巧

使用快速傅里叶变换（FFT）可将时域信号（YT）转换成频率分量（频谱）。表 4-6 所示的信号可以通过 FFT 方便地观察。

表 4-6　FFT 下各类型信号特点及最适合的测量内容

FFT 窗	特　　点	最合适的测量内容
Rectangle	● 最好的频率分辨率，最差的幅度分辨率 ● 与不加窗的状况基本类似	● 暂态或短脉冲，信号电平在此前后大致相等 ● 频率非常相近的等幅正弦波 ● 具有变化比较缓慢波谱的宽带随机噪声

续表

FFT 窗	特　　点	最合适的测量内容
Hanning Hammi ng	● 与 Rectangle 窗比，具有较好的频率分辨率，较差的幅度分辨率 ● Ham mi ng 窗的频率分辨率稍好于 Hanning 窗	● 正弦、周期和窄带随机噪声 ● 暂态或短脉冲，信号电平在此前后相差很大
B lackman	雾篓壑孽度分辨率，最差的频率分辨率	主要用于单频信号，寻找更高次谐波

（2）设置垂直系统

在垂直控制区域内，点击按键进行粗细的切换，通过旋转旋钮调节垂直幅度。

（3）设置水平系统

在水平控制区域内，点击按键可实现延迟扫描，通过旋转旋钮可调节扩展位置。另外，自动测试模式、光标测试模式、参考或数学运算波形、延迟扫描、水平 position 旋钮、触发控制、LA 功能、矢量显示类型等功能在 XY 显示方式中不起作用。

（4）设置触发系统

在触发控制区域内进行触发设置，详见示波器触发设置表（见表 4-7）。

表 4-7　触发控制区域内示波器触发设置表

触发方式＼可设置的项		触发释抑	触发耦合	灵敏度
信源 D15～D0	边沿触发	√	×	×
	脉宽触发	√	×	×
非数字通道	斜率触发	√	√	√
视频触发		√	×	×
码型触发		×	√	×
持续时间触发		×	√	×
交替触发		根据已选触发类型不同，可设置的选项不同		

（5）辅助系统——波形录制

该功能可通过以下步骤实现：

设置水平容限范围→设置垂直容限范围→创建“内部”或“外部”保存规则→设置波形录制的时间间隔和最大帧数→设置起始回访帧数→设置当前屏幕显示帧数→设置回放终止帧数→设置回放帧-帧的时间间隔→保存录制文件。

注：可通过 RUN/STOP 键停止或执行回放功能，当无 USB 设备时相应菜单为灰色。

（6）辅助系统——打印设置

执行打印操作时，可选择颜色是否反相，可选择打印的颜色为彩色或灰度。

（7）辅助系统之自测试、自校正

自测试：可以测试出示波器系统信息，运行屏幕测试程序，运行颜色测试程序，运行键盘测试程序等。

自校正：可使系统内部的校正系数由示波器自动更改，从而保证测试值满足精度要求。

2. 探头的调节与设置

（1）探头使用与设置

探头开关必须与探头菜单衰减系数匹配起来，如图 4-12 所示，将探头上的开关设定为 10X，则探头菜单衰减系数设定为 10X，并将通道 1 与示波器探头连接。使用探头钩形头，应确保与探头之间接触为紧密。将探头补偿器的信号输出连接器与探头端部相连，探头补偿器的地线连接器与基准导线夹相连，打开通道 1，然后按 AUTO 使用，应出现一个方波波形（见图 4-13（b））。

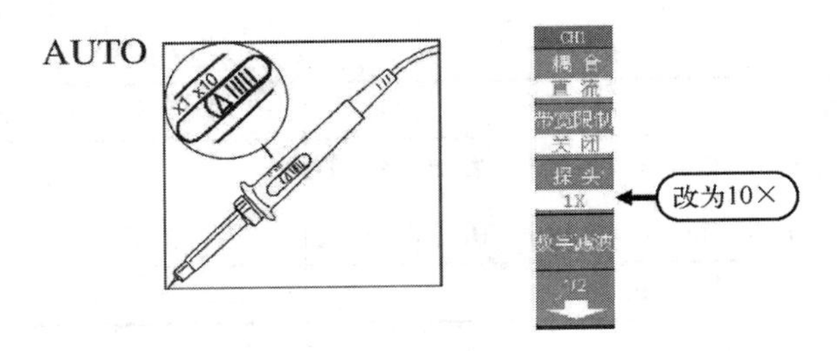

图 4-12　探头开关及探头衰减系数菜单示意图

（2）探头补偿

补偿偏差或者未经补偿的探头会导致测量误差或错误，如图 4-13 所示。因此，在首次将任一输入通道与探头连接时，须进行补偿偏差调节，使输入通道与探头相配。

通过探头上的可变电容可调节此补偿偏差，具体办法为：使用非金属质地改锥调整探头上的可变电容，结合电容调整状态与屏幕显示的波形进行修整，直到出现图 4-13（b）"补偿正确"的状态。

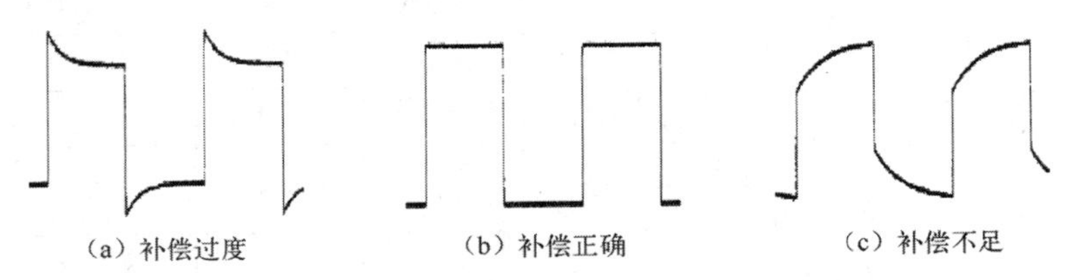

图 4-13　补偿电容相应状态对应的波形图

（3）使用数字探头

将数字探头电缆连接到数字示波器前面板的 D15～D0 数字信号输入端，如图 4-14 所示。数字探头电缆带有标识且防反插，因此只能以一个方向连接。连接电缆时不必切断示波器电源。

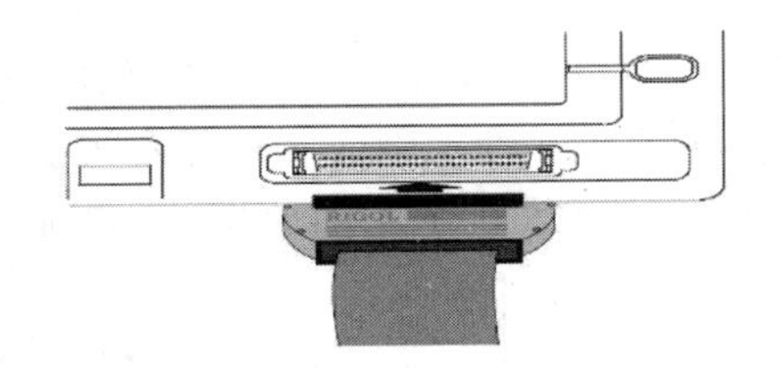

图 4-14　数字探头与示波器连接示意图

3．注意事项

- 仪器使用须保持通风状态。
- 请勿在潮湿环境下及易燃易爆环境下操作和使用仪器。
- 请保持产品表面的清洁和干燥，以免影响仪器的的正常使用及准确性。

4．使用练习

配合 DDS 函数信号发生器，在信号发生器上设定表 4-8 中的输出信号，用数字示波器及探头观测其波形，将测量结果记入表 4-8。

表 4-8　测量数据记录表

输出信号	VOLT/DIV	DIV	VPP	TIME/DIV	DIV	T	f
500Hz　200mV							
1kHz　500mV							
2kHz　1V							
10kHz　5V							

第 5 章　Protel 2004 实训

5.1　Protel 2004 简介及 PCB 设计流程

1. Protel 2004 简介

在电子工艺实习阶段，我们会在收音机零部件中看到一块印制电路板，这就是我们常说的 PCB 板，我们将一系列的电阻、电容、晶体管等元器件按照印制电路板的图示，焊接在 PCB 板上，就可以成功地组装出一台收音机。

随着电子技术、计算机技术的不断发展，以及大规模和超大规模集成电路芯片的不断涌现，收音机印制板的电子线路设计显得比较简单，现代电子线路的设计却变得越来越复杂，其设计手段也从传统的手工设计阶段进入到 CAD（计算机辅助设计）阶段和 EDA（电子设计自动化）阶段。特别在 EDA 阶段，设计者可以在较小的空间内实现相当复杂的功能。Protel 2004 是这一阶段的代表性 EDA 设计软件，它是 Protel 系列软件中的一个，是由美国 Altium 公司（全名为“Altium Limited”）开发的，是将全部设计所需功能集于一身并在单一应用中实现任何设计理念的全板级设计系统，是一种认识到 FPGA 在当今电子设计中重要性不断提高的板极设计系统。

2. PCB 设计流程

PCB 设计流程，如图 5-1 所示。PCB 设计分以下四个阶段，我们将重点学习原理图设计阶段和 PCB 设计阶段。

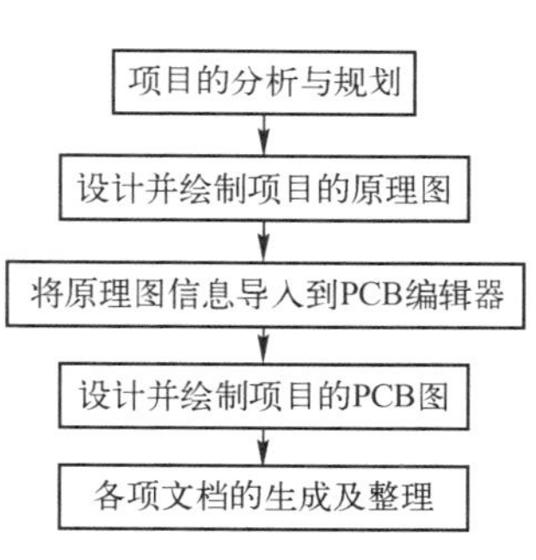

图 5-1　PCB 设计流程

（1）方案分析阶段。此阶段为 PCB 设计的准备阶段，设计者要完成整个设计的总体规划，要求设计者完全掌握整个电路图的工作原理，同时，还应熟悉元器件的使用方法及选取合适的元器件。

（2）原理图设计阶段。在完成电气原理图的构思后，再将电路设计概念在 Protel 原理图中以图形的形式表现出来。

（3）PCB 设计阶段。PCB 设计就是将电路设计的元器件及电气封装特性信息（通常包含在对应的原理图中）应用到物理的印刷电路板上。

（4）各项文档的生成及整理阶段。PCB 设计中会生成不同格式的原理图文件、PCB 文件，以及各种报表文件等。这些文件的作用如同 C 语言中的注释语句，将为今后的维护和改进带来很大方便。

5.2 Protel 2004 安装、启动和工作界面

1. Protel 2004 的安装

Protel 2004 的安装和大多数的 Windows 应用程序安装相类似，其安装步骤如下：

（1）双击安装程序中的 Setup.exe，弹出 Protel 2004 的安装向导对话框，如图 5-2 所示。

（2）单击【Next】，弹出【License Agreement】对话框，如图 5-3 所示。

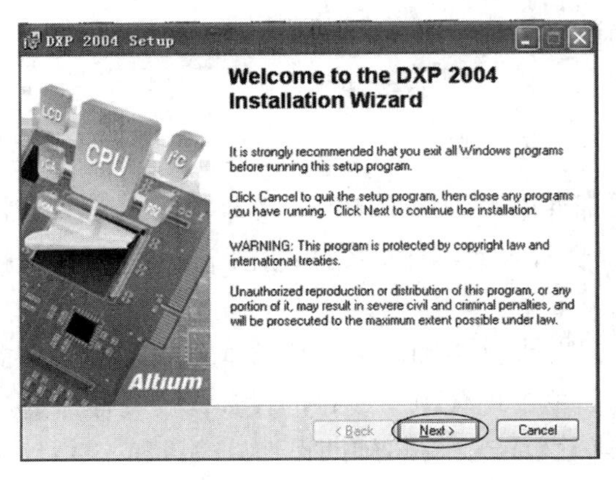

图 5-2　Protel 2004 的安装向导对话框

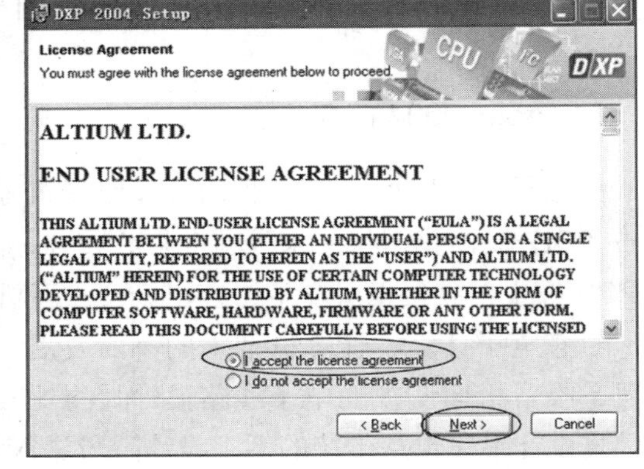

图 5-3　【License Agreement】对话框

（3）在该对话框中选中【I accept the license agreement】，则弹出【User Information】对话框，如图 5-4 所示。

（4）该对话框中的【Full Name】文本框、【Organization】文本框等内容用于记载用户信息，可自行填写，这里采用默认设置。单击【Next】，弹出【Destination Folder】对话框，如图 5-5 所示。

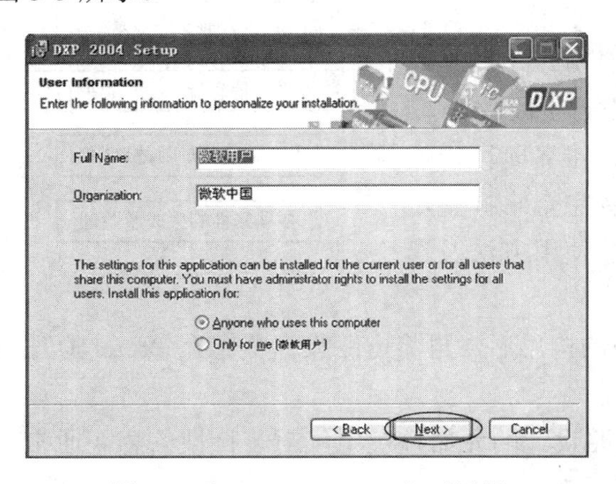

图 5-4　【User Information】对话框

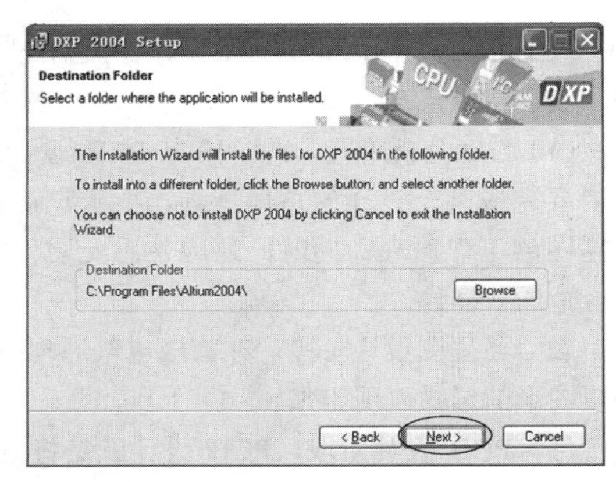

图 5-5　【Destination Folder】对话框

（5）如果单击【Browse】，可改变 Protel 2004 的安装路径，我们选择默认路径。单击【Next】，弹出【Ready to Install the Application】对话框，如图 5-6 所示。

（6）单击【Next】，弹出显示安装进度的【Update System】窗口，如图 5-7 所示。安装结束后，弹出【完成安装提示】对话框，如图 5-8 所示。

（7）单击图 5-8 窗口中的【Finish】，即可完成 Protel 2004 的安装。

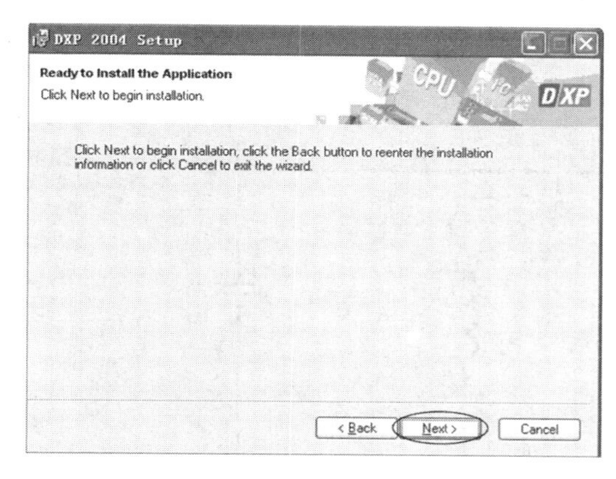

图 5-6 【Ready to Install the Application】对话框

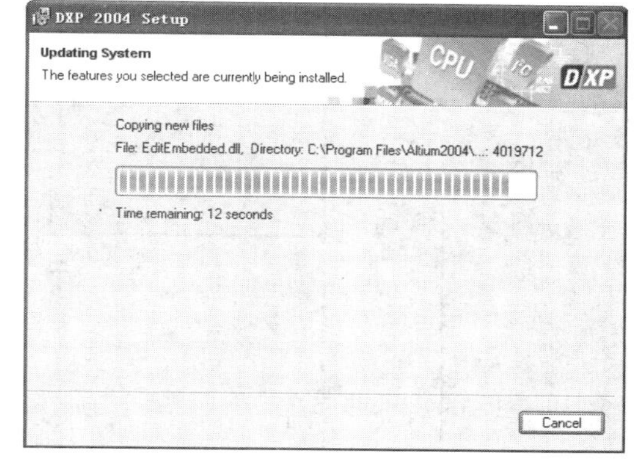

图 5-7 【Update System】进度窗口

2．Protel 2004 的启动和工作界面

有以下两种方法可以启动 Protel 2004。

（1）单击【开始】/【程序】/【Altium】/【DXP 2004】。

（2）单击【开始】/【DXP 2004】。

Protel 2004 启动完成后便可进入如图 5-9 所示的 Protel 2004 主窗口。它主要由 9 个部分组成，分别为菜单栏、导航栏、文档工具栏、文档标签栏、面板标签栏、工作窗口、状态栏、工作区面板标签栏和命令栏。

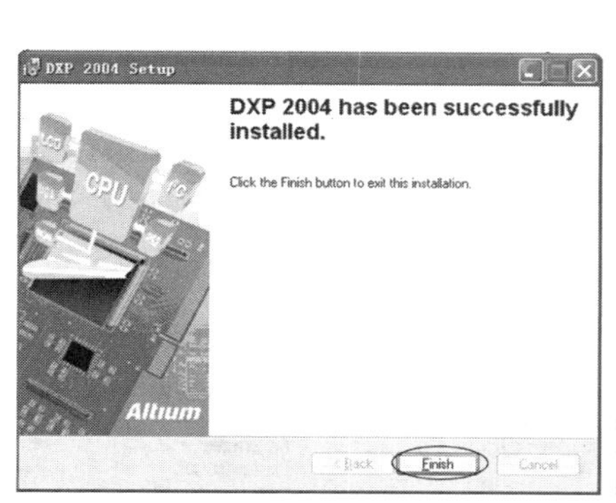

图 5-8 【完成安装提示】对话框

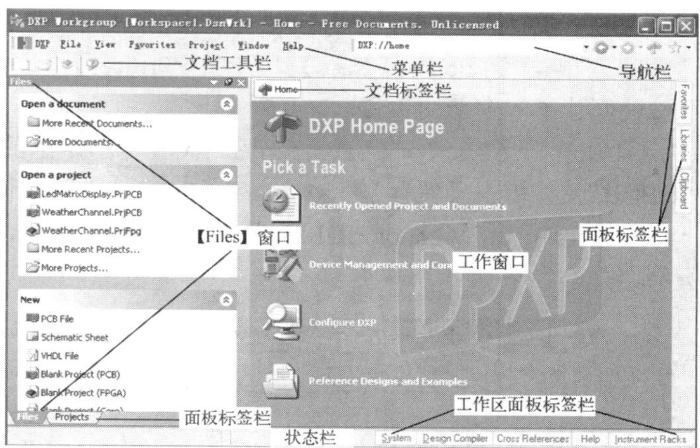

图 5-9 Protel2004 主窗口界面

5.3 Protel 2004 的项目创建

在第 3 章中，我们介绍了超外差式收音机的安装与调试，本章将以该收音机第一级电路中三点式 LC 振荡电路为例，详细介绍如何在 Protel 2004 中实现电路 PCB 印制板的设计过程。希望能启发思维，激励创新，起到举一反三的作用。三点式 LC 振荡电路的原理图如图 5-10 所示。其对应在 Protel 2004 中的项目名称为 LCVibrator，以下通用。

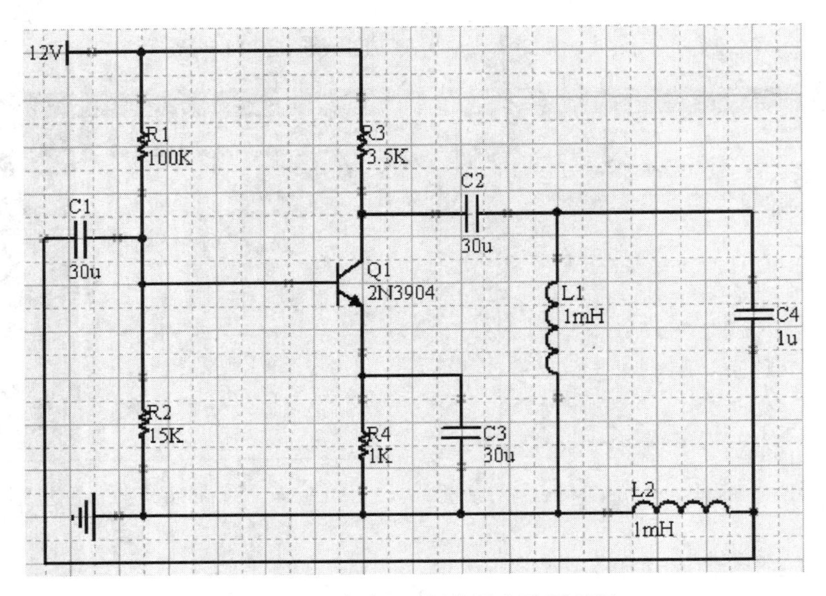

图 5-10　三点式 LC 振荡器电路原理图

在指定工程组下，创建一个新项目的步骤如下：

（1）单击【File】/【New】/【Design Workspace】子菜单创建一个工程组，这时在【Projects】面板的【Workspace】旁的文本框中看到默认的“Workspace1.DsnWrk”工程组名，如图 5-11 所示。

（2）单击【File】/【Save Design Workspace As…】，在弹出的对话框中将名字改为“hbut.DsnWrk”。

（3）单击【File】/【New】/【PCB Project】，这样在“Workspace1.DsnWrk”工程组下，就创建了一个新的项目。

（4）单击【File】/【Save Project As】，在弹出的对话框中将名字改为“LCVibrator.PRJPCB”，并单击【保存】。这样，在【Projects】面板内，在【File View】选项选中的情况下，项目文件“LCVibrator.PRJPCB”与“No Documents Added”文件夹一起列出，如图 5-12 所示。

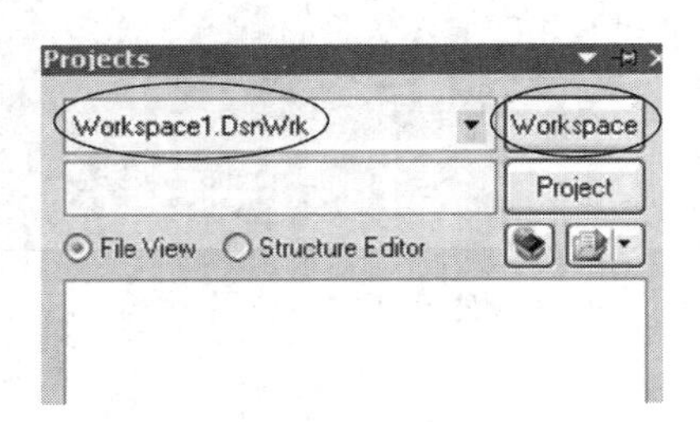

图 5-11　新建工程组的【Projects】面板

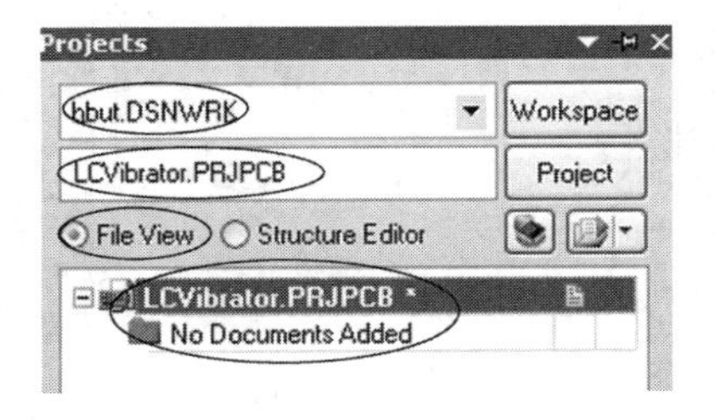

图 5-12　新建项目后的【Projects】面板

第 3 步操作也可以用如下方法代替：单击主窗口界面左侧的【Files】标签，弹出【Files】面板，在面板内的【New】区单击【Blank Project (PCB)】即可。

如果主窗口界面左侧没有出现【Files】标签，单击主窗口界面底部的【System】标签，在弹出的级联菜单中选中【Files】标签，如图 5-13 所示，弹出【Files】面板。

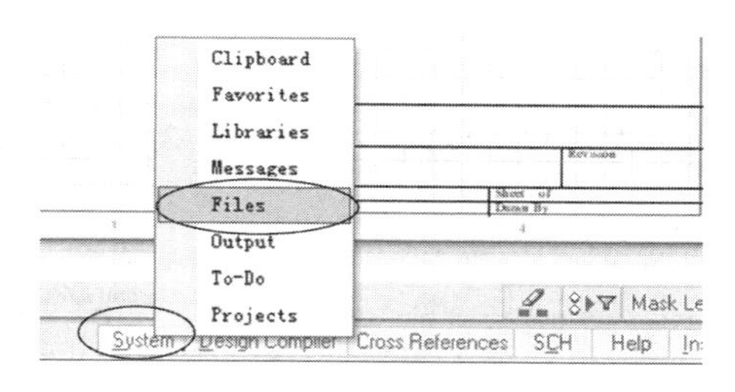

图 5-13 【Files】面板的弹出方式

5.4 Protel 2004 项目的原理图设计

原理图设计流程如图 5-14 所示。

5.4.1 创建项目的原理图图纸

创建 LC Vibrator 项目原理图图纸的步骤如下：

（1）在【Files】面板的【New】菜单中单击【Schematic Sheet】，一个名为“Sheet1.SchDoc”的原理图图纸出现在设计窗口中，并且原理图文件夹也自动地连接添加到项目中。原理图图纸列表在【Projects】面板内紧挨着项目名下的【Schematic Sheets】文件夹下。

（2）单击【File】/【Save As】，在弹出对话框的文件名栏键入“LCVibrator.SchDoc”，并单击【保存】。

当空白原理图纸打开后，就进入到原理图编辑器中，原理图菜单在主页菜单的基础上，增加了一些新的功能菜单项，如图 5-15 所示。

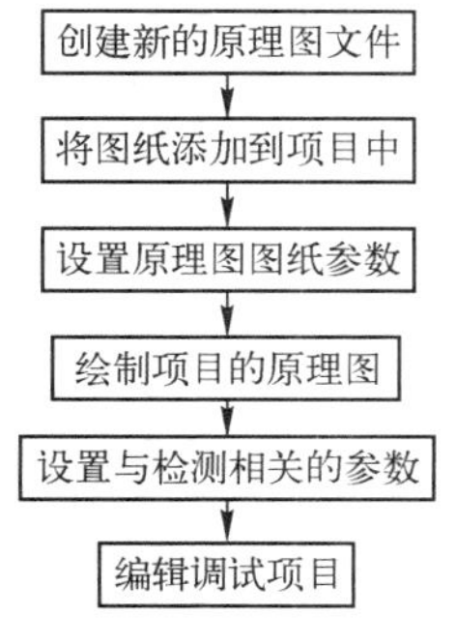

图 5-14 原理图设计流程

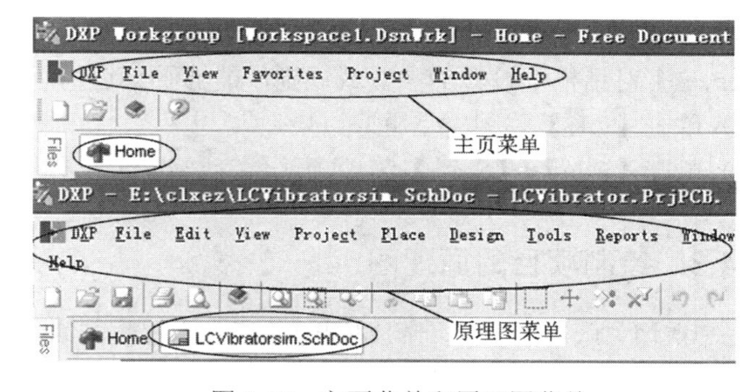

图 5-15 主页菜单和原理图菜单

如果要把一个自由文件（临时文件）添加到 LCVibrator 项目中，只需把【Projects】面板内【Free Document】文件夹内的自由文件用鼠标左键点住，再把该文件拖到【LCVibrator.PRJPCB】文件夹内即可。

5.4.2 设置项目的原理图选项

在绘制电路图之前，可根据自己的设计习惯及需要，对原理图和图形编辑环境进行设置。这里，我们只设置两个参数，其他采用系统默认的参数或规则。设置步骤如下：

（1）单击【Design】/【Document Options】，打开【Document Options】对话框，如图 5-16

所示。

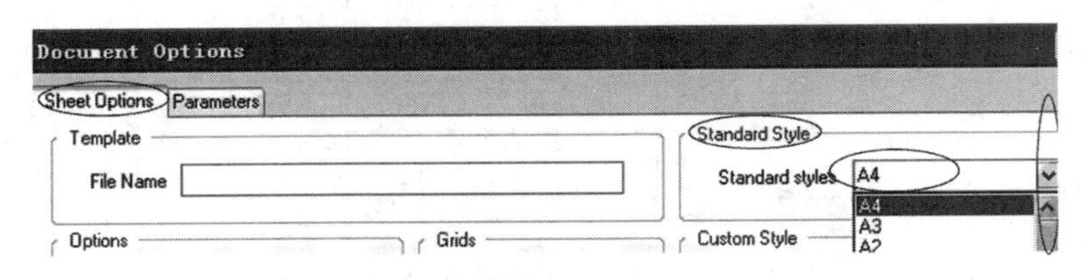

图 5-16 原理图的图纸设置

（2）在【Sheet Options】选项卡内的【Standard Styles】栏，单击输入框旁的下拉箭头，便可打开一个标准图纸样式的列表。

（3）拖动滚动栏，找到 A4 格式，并单击选中，使 A4 格式出现在输入框内。

（4）单击 OK 按钮关闭对话框，图纸即被设置为 A4 格式。

（5）单击【Tools】/【Schematic Preferences…】，打开【Preferences】对话框，如图 5-17 所示。在该对话框中，可以对各个选项卡内的参数及规则进行设置。这里采用默认设置。

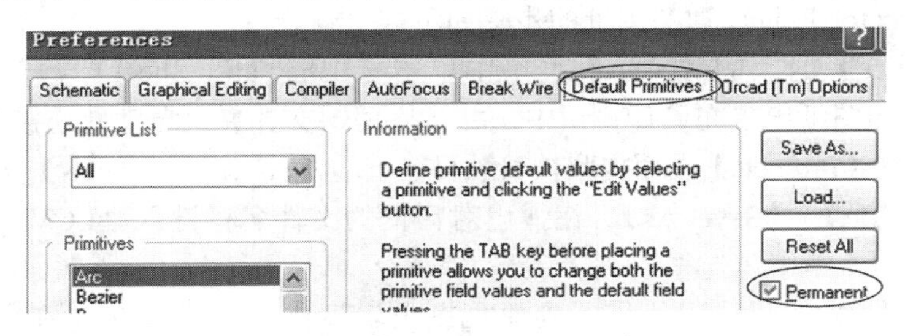

图 5-17 【Preferences】对话框

（6）单击【Default Primitives】选项卡，勾选【Permanent】单选按钮，这样所有在【Preferences】对话框中设置的参数或规则，能够继续运用于今后工作中的所有原理图图纸。

（7）单击【OK】关闭对话框。

（8）单击【File】/【Save】菜单项，保存该设置。

5.4.3 绘制项目的原理图

三点式 LC 振荡电路原理图如图 5-10 所示。绘制原理图的主要步骤是搜索和放置元器件，元器件的放置参考位置如图 5-18 所示。

1. 晶体管元器件的搜索与放置

晶体管元器件搜索与放置的步骤如下：

（1）单击【View】/【Fit Document】，使得整个原理图纸显示在窗口中。

（2）单击原理图编辑器右侧【Libraries】标签，弹出【Libraries】面板，如图 5-19 所示。若原理图编辑器右侧没有【Libraries】标签，可单击【View】/【Workspace Panels】/【Systerm】/【Libraries】菜单项进入，或在图 5-13 中，单击【Libraries】标签，即可弹出【Libraries】面板，如图 5-19 所示。

（3）设置【Libraries】面板的显示方式，勾选【Components】和【Models】这两个单选按钮，如图 5-19 所示。

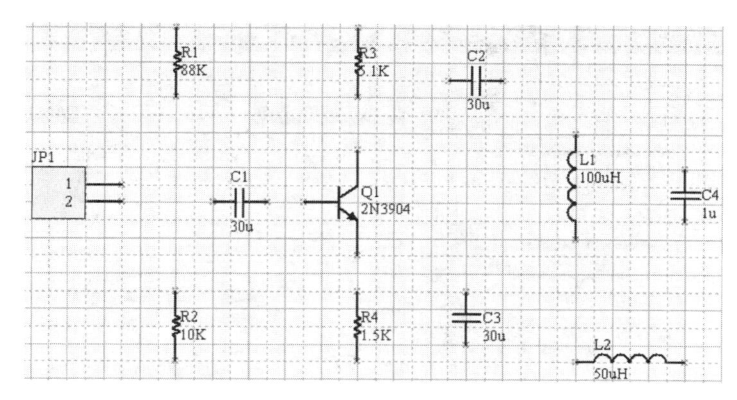

图 5-18　原理图元器件分布图

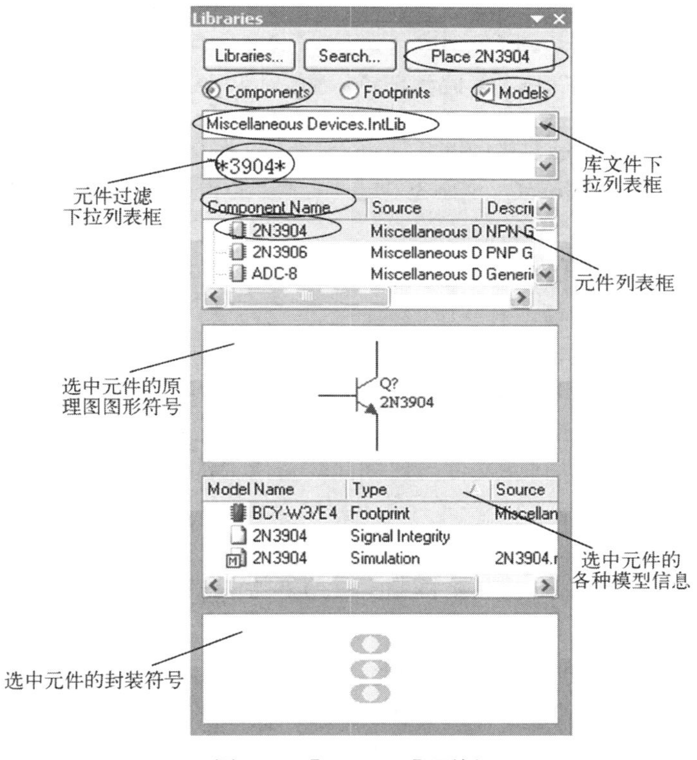

图 5-19 【Libraries】面板

（4）Q1 是 BJT 晶体管，放在名为“Miscellaneous Devices.IntLib”的库中，我们在库文件下拉列表框中找到该库，并单击选中，使其出现在库文件下拉列表框中，如图 5-19 所示。

（5）在元器件过滤下拉列表框中，填入搜索元器件的关键字，在过滤器栏中键入“*3904*”，一个名为“2N3904”元器件，出现在元器件列表框【Component Name】栏中，其后的【Source】栏，表明了元器件所在元器件库的名称，如图 5-19 所示。

（6）在【Libraries】面板内【Component Name】栏中，单击【2N3904】元器件，然后单击【Place 2N3904】，光标变成十字形光标，并粘连着一个晶体管元器件。

（7）元器件处于待放置状态，按键盘上的【TAB】键，弹出【Component Properties】对话框，如图 5-20 所示。

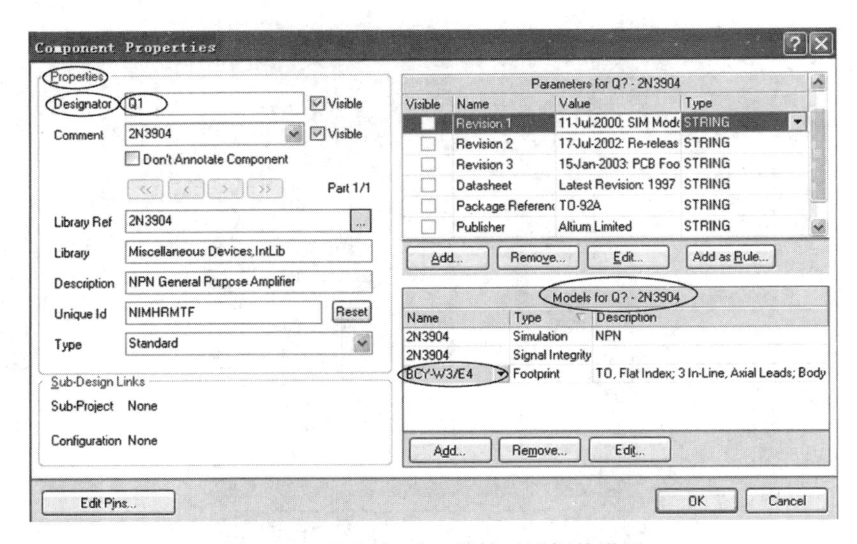

图 5-20　晶体管 3904 属性对话框的设置

（8）在对话框【Properties】栏中的【Designator】文字框中键入“Q1”，如图 5-20 所示。

（9）确认在【Models for Q？-2N3904】中封装的模型为【BCY-W3/E4】，如图 5-20 所示。

（10）其他栏的参数设置为默认值，单击【OK】关闭元器件属性设置对话框，回到元器件放置状态。

（11）参考图 5-18 移动十字光标到合适的位置，单击鼠标左键，即可放下元器件。

（12）右击或按键盘上的【ESC】键，光标返回箭头状，即已退出元器件放置状态。

综上所述，元器件的搜索主要在【Libraries】面板内进行，搜索的思路为：

① 找到元器件所在的具体库文件，比如晶体管所在的库文件为 Miscellaneous Devices.IntLib。

② 让这个库文件出现在库文件下拉列表框中，即把库文件加载到库文件下拉列表框中，Protel 2004 自动把 Miscellaneous Devices.IntLib 加载到库文件下拉列表框中，属于默认设置。

③ 在库文件下拉列表框中选中 Miscellaneous Devices.IntLib。

④ 在元器件过滤下拉列表框中，填入搜索元器件的关键字。

⑤ 在【Libraries】面板内的【Component Name】栏中找到该元器件。

2. 电阻元器件的搜索与放置

电阻元器件搜索与放置的步骤如下：

（1）在【Libraries】面板的库文件下拉列表框中，选择【Miscellaneous Devices.IntLib】为当前库文件。

（2）在库文件下拉列表框中的元器件过滤下拉列表框内，键入“res1”作为元器件搜索的关键字。

（3）在元器件列表框【Component Name】中，单击选中【Res1】元器件。

（4）单击【Place Res1】后，十字光标上附着一个电阻符号。

（5）按键盘上的【TAB】键后，弹出电阻的属性对话框，如图 5-21 所示。

（6）在对话框【Properties】中的【Designator】选项内键入 R1，将该电阻元件在原理图上的编号设置为“R1”，并在【Models for R? -Res1】栏中将该封装的模型设置为【AXIAL-0.3】，如图 5-21 所示。

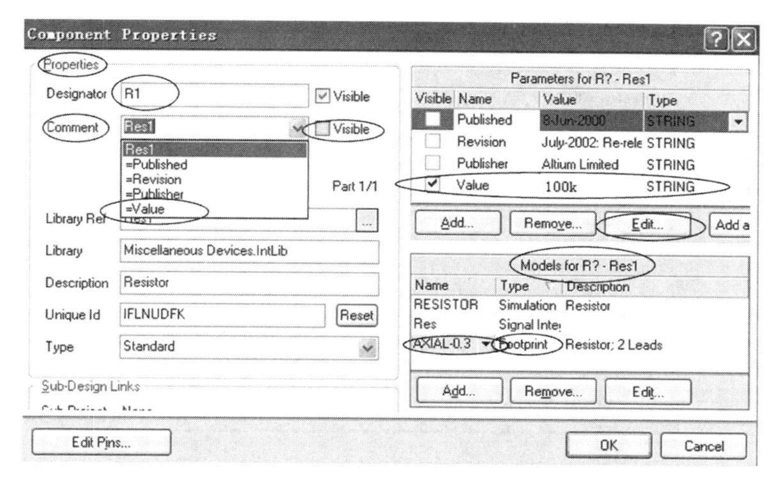

图 5-21 电阻的属性对话框

（7）在对话框【Parameters for R?-Res1】中的【Value】选项内的文字框中将其值设置为“100k”，参数设置如图 5-21 所示。也可以单击【Edit】，在弹出的参数对话框中，修改电阻的阻值。

（8）在对话框【Properties】栏中单击【Comment】选项，并从下拉列表中选择“=Value”，撤销选择【Visible】单选项。单击【OK】返回放置状态。

（9）按键盘上的【SPACE】键，将电阻位置旋转 90°。

（10）参照原理图 5-18，将电阻放置到合适的位置后，单击或按键盘上的【ENTER】键放下元器件。此时，光标仍为十字形并附着电阻元器件，可继续放置。

（11）按键盘上的【TAB】键后，弹出属性对话框，此时，系统已自动为此电阻元件编号为“R2”。按照同样的步骤和方法，修改“R2”的参数，并放置“R2”。

（12）按照同样的步骤和方法，设置 R3，R4 的属性，并参照原理图 5-18，把它们放置到合适的位置。

（13）放完所有电阻后，右击或按键盘上的【ESC】键，光标返回箭头状，即已退出元器件放置状态。

3. 电容元件的搜索与放置

电容元件搜索与放置的步骤如下：

（1）在【Libraries】面板的库文件下拉列表框中，选择【Miscellaneous Devices.IntLib】为当前库文件。

（2）在库文件下拉列表框下面的元器件过滤下拉列表框内，键入“Cap”作为元器件搜索的关键字。

（3）在元器件列表框【Component Name】中，单击选中【CAP】元器件。

（4）单击【Place Cap】后，十字光标上附着一个电容符号。

（5）按键盘上的【TAB】键后，弹出电容的属性对话框，如图 5-22 所示。

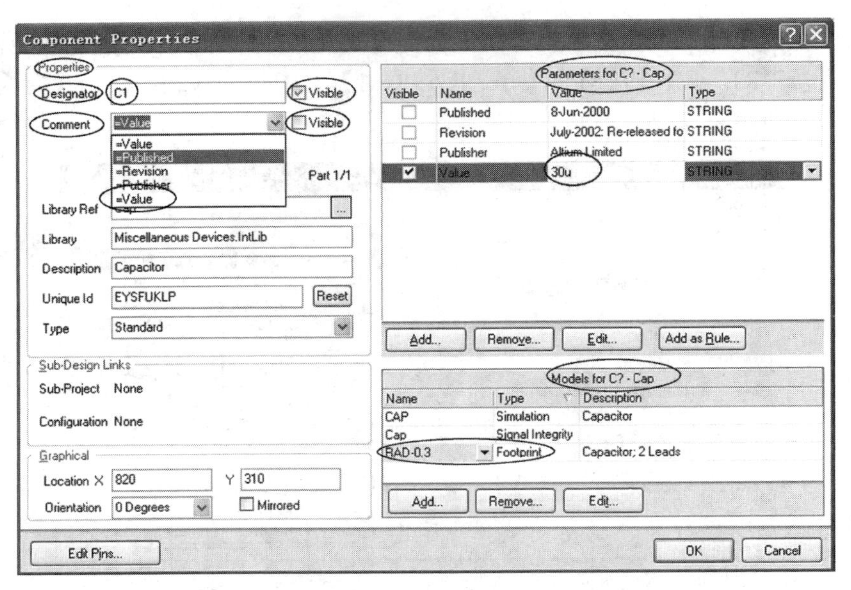

图 5-22　电容的属性对话框

（6）在对话框【Properties】的【Designator】选项内键入“C1”，将该电容元件在原理图上的编号设置位“C1”，并在【Models for C?-Cap】栏中，将该封装的模型设置为【RAD-0.3】，如图 5-22 所示。

（7）在对话框【Parameters for C?-Cap】的【Value】选项内的文字框中将其值设置为“30u”，参数设置如图 5-22 所示。也可以单击【Edit】，在弹出的参数对话框中，修改电容的容值。

（8）在对话框【Properties】中单击【Comment】选项，并从下拉列表中选择“=Value”，撤选【Visible】单选项。单击【OK】返回放置状态。

（9）参照上述方法，设置好剩下三个电容的属性，参照图 5-18 把它们放置到合适的位置。

（10）电容放置完毕，右击或按键盘上的【ESC】键退出放置模式。

4．电感元器件的搜索与放置

电感元器件搜索与放置的步骤如下：

（1）在【Libraries】面板的库文件下拉列表框中，选择【Miscellaneous Devices.IntLib】为当前库文件。

（2）在库文件下拉列表框下面的元器件过滤下拉列表框内，键入“ind”作为元器件搜索的关键字。

（3）在元器件列表框【Component Name】中，单击【Inductor】元器件。

（4）单击【Place Inductor】后，十字光标上附着一个电感符号

（5）按键盘上的【TAB】键后，弹出电感的属性对话框，如图 5-23 所示。

（6）在对话框【Properties】的【Designator】选项内键入“L1”，将该电感元器件在原理图上的编号设置位“L1”，并在【Models for L?-Inductor】栏中，将该封装的模型设置为【CC4532-1812】，如图 5-23 所示。

（7）在对话框【Parameters for L?-Inductor】的【Value】选项内的文字框中将其值设置

为“1m”，参数设置如图 5-23 所示。也可以单击【Edit】，在弹出的参数对话框中，修改电容的容值。

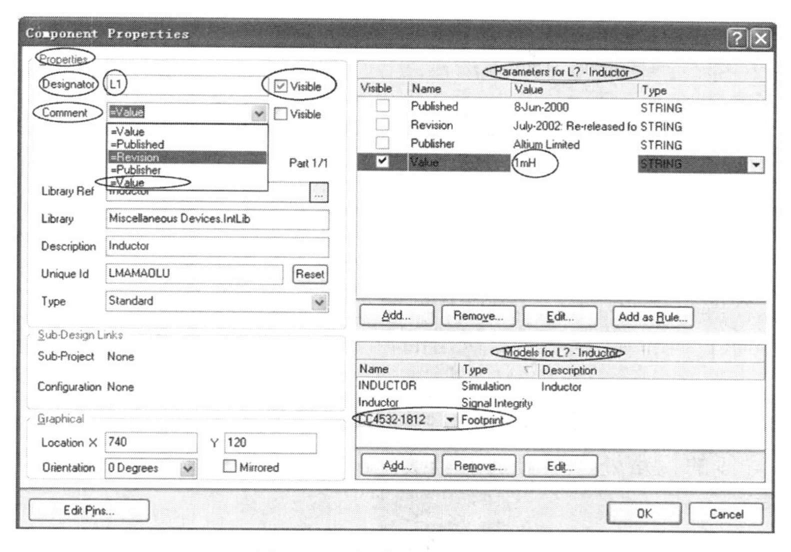

图 5-23 电感的属性对话框

（8）在对话框【Properties】中单击【Comment】选项，并从下拉列表中选择“=Value”，撤选【Visible】单选项。单击【OK】返回放置状态。

（9）参照上述方法，设置好剩下一个电感的属性，参照图 5-18 把它们放置到合适的位置。

（10）电感放置完毕，右击或按键盘上的【ESC】键退出放置模式。

5．连接器的搜索与放置

现在要制作可以使用的电路板，要给电源的接入提供一个两引脚的插座，所以要在原理图中添加一个连接器，连接器搜索与放置的步骤如下：

（1）在【Libraries】面板的库文件下拉列表框中，选择【Miscellaneous Connectors.ntLib】为当前库文件。

（2）在库文件下拉列表框下面的元器件过滤下拉列表框内，键入“*2*”作为元器件搜索的关键字。

（3）在元器件列表中选择【Header2】并单击【Place Header2】。按【TAB】编辑其属性并设置【Designator】为【Y1】，设置 PCB 封装模型为【HDR1X2】。

（4）上述参数设置完毕后，单击【OK】关闭对话框，元器件处于待放置状态。

（5）按键盘上的【X】键将该元器件水平翻转后，在原理图中适当位置放下该连接器。

（6）右击或按键盘上的【ESC】键退出放置模式。

（7）单击【File】/【Save】，保存原理图。

（8）单击【View】/【Fit All Objects】，所有的元器件已经放置到原理图合适的位置。如果要调整元器件的位置，单击并拖动元器件到合适的位置重新放置即可。

6．连接电路

连接电路相对而言，比较简单，主要是用导线来连接电路。我们以原理图中电阻 R1 和

R3 与电源正极相连的一段导线的绘制为例，介绍原理图中用导线来连接电路的方法。

（1）单击【Place】/【Wire】，或单击原理图编辑器顶格的工具栏中 图标按钮，光标变为十字形，进入到连线模式状态，如图 5-24（a）所示。

（2）将光标放在 R1 的上端端子时，在十字光标处会出现一个红色的星形标记，这表示光标在元器件的一个电气连接点上，如图 5-24（b）所示。

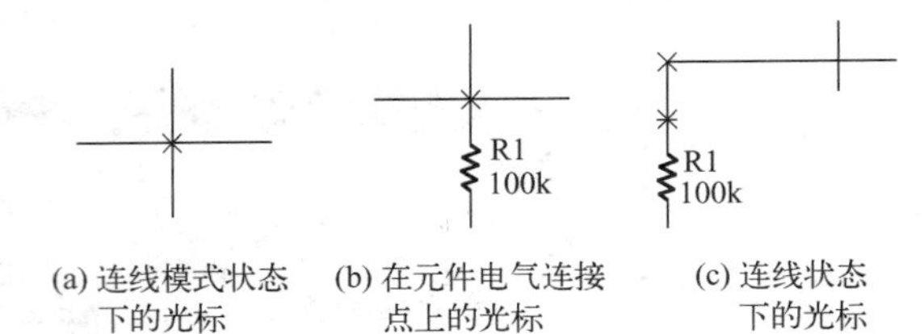

(a) 连线模式状态下的光标　(b) 在元件电气连接点上的光标　(c) 连线状态下的光标

图 5-24　连接电路状态下的光标

（3）单击鼠标或按键盘上的【ENTER】键，向上移动光标，随着光标的移动，向上拉出一根导线，但 R1 上部端子，导线拉出的位置仍留有一个红色的星形标记，如图 5-24（c）所示。

（4）再次单击鼠标，把光标水平向右移动，光标又拉出一根导线，与原导线形成一个 90° 的拐角。在导线的拐角处，也就是上一次单击光标的地方，有一个黑色的“×”标志，如图 5-24（c）所示。

（5）按照上述方法，把十字光标移动到 R3 的上部端子处，当光标呈红色星形标志时，单击（或按键盘上的【ENTER】键）该点固定导线，这两点间导线绘制已经完毕。此时，光标仍然呈十字形，处于连线模式状态。

（6）将光标移到连接器 JP1 的端子，当光标呈红色星形标志时单击鼠标，然后移动光标，拉出一条导线，按照上述方法设置导线，当光标移动到图 5-24 图（c）拐点处时，光标呈红色“×”形标志，单击鼠标，在三根导线交叉处，有一个黑色的连接点，将三根导线连接起来。

（7）参照图 5-10 及图 5-18，完成原理图其他部分的连接。原理图绘制完毕后，右击或按键盘上的【ESC】键，退出连线模式状态。

注意：不能将一根导线从元器件引线的下面穿过，如果这样做，元器件引脚会自动到导线上。

7．网络标签的放置

彼此连接在一起的一组元器件引脚，以及它们之间的连线，称为网络（net）。比如我们常说的地线，就是一条网络，它包含了所有与零电位点上有连接关系的元器件上的端子，以及这些端子间的连线。把这些重要的网络，如电源网络，加以命名，以便识别，这就是网络标签的功用。放置电源网络标签后，原理图绘制完毕，如图 5-25 所示。

电源网络的网络标签放置步骤为：

（1）单击【Place】/【Net Label】，一个虚线框附着在光标上。

（2）按键盘上的【TAB】键显示【Net Label】（网络标签）对话框，在栏中键入“12V”，单击【OK】关闭该对话框。

（3）移动光标，参照图 5-25 把网络标签放到原理图最上方的导线处，当光标出现红色星形标志时，表示该标签已与该网络建立了联系，单击鼠标，放下标签。

（4）放置完“12V”网络标签后，光标仍然处于网络标签放置状态，按键盘上的【TAB】键，对“GND”网络标签的属性进行编辑，具体方法与上述相同。

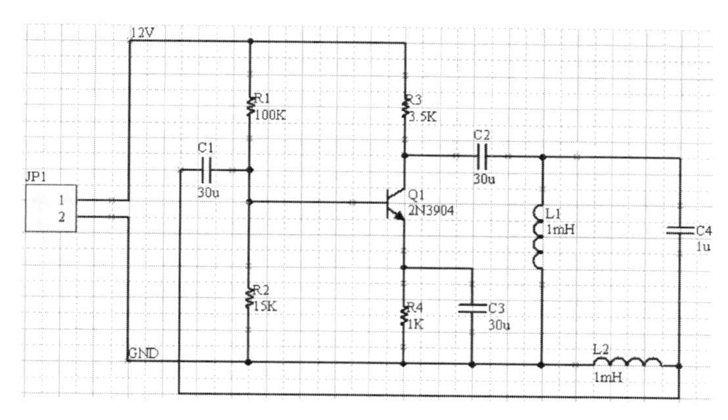

图 5-25　绘制完毕电路原理图

（5）“GND”网络标签放置完毕后，右击鼠标，退出网络标签放置状态。

（6）单击【File】/【Save】，保存该原理图文件。

5.4.4　设置项目的项目选项

单击【Project】/【Project Options】，进入【Options for Project】对话框，可以设置项目的项目选项，包括错误检查规则、连接矩阵、比较设置、ECO 启动、输出路径和网络选项等规则。在一般情况下，对设置的参数都采用默认方式。下面介绍对【Connection Matrix】选项卡和【Comparator】选项卡内的参数进行设置调整。

【Connection Matrix】选项卡用于定义一切违反电气连接错误报告的等级，错误报告的等级分为【Fatal Error】、【Error】、【Warning】和【No Report】四个类型，分别用不同的颜色表示，如图 5-26 所示。

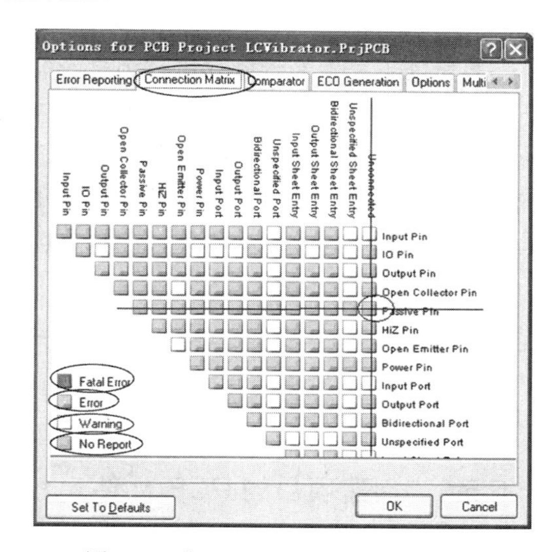

图 5-26　【Connection Matrix】选项卡

为了能将原理图中，电阻、电容等元器件管脚上漏画的导线检查出来，在【Connection Matrix】中，找到【Passive Pin】行和【Unconnected】列，其交叉处有一个绿色的小方块，表示电阻电容类的管脚（Passive）若未被导线连接上，系统检测时不给予错误报告。为了能将这种情况检测出来，单击该绿色小方块，其颜色随着鼠标的单击而发生变化，持续单击该小方块，直到其变为棕色为止。它表示原理图中存在“Passive”类管脚未连接上时，原理图被编辑后，系统会在【Messages】面板给出“Error”等级的错误报告。

【Comparator】选项卡主要功能为，当选项卡设置文件（包括 SCH 文件和 PCB 文件等）中的元器件、连线、网表和参数等发生变化时，编译过程中系统给出的提示信息。但对于一些不必要的提示信息，可以采用忽略的方式，如图 5-27 所示。

分别单击【Changed Room Definitions】、【Extra Room Definitions】和【Extra Component

Classes】选项右方【Mode】处的 Find Differences ，弹出一个下拉列表框，从中选择【Ignore Differences】选项。

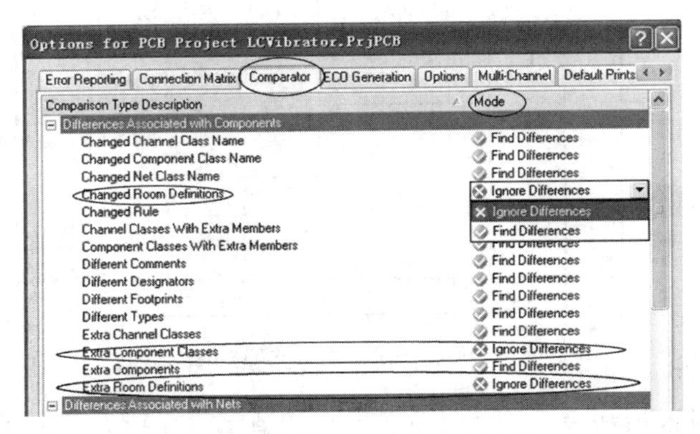

图 5-27 【Comparator】选项卡

以上设置修改完毕后，单击【OK】，关闭【Options for Project】对话框，再单击【File】/【Save】，保存该设置。

5.4.5 编辑调试项目

设置好项目的项目选项之后，根据原理图设计流程（见图 5-14），原理图设计剩下最后一项，编辑调试项目。

单击【Project】/【Compile PCB Project LCVibrator.PrjPCB】，系统将根据【Options for Project】对话框设置的规则，进行项目的编辑调试。只要原理图存在违反项目选项设置规则的地方，系统都将在【Messages】面板内以报告文件的形式显示出来。如果原理图绘制符合所设置的规则，那么【Messages】面板应该是空白的。如果报告给出错误，则应检查原理图电路的导线和连接是否正确，并在错误的地方予以修改，再次编辑调试项目，直至没有错误报告出现在【Messages】面板内，编辑调试项目的工作就已经完成。

5.5 Protel 2004 项目的 PCB 图设计

PCB 图设计流程如图 5-28 所示。

5.5.1 创建项目的 PCB 文件

在将原理图信息发送到目标 PCB 文件之前，需要创建一个空白的 PCB 板。使用 PCB 向导来创建一块新的符合要求的 PCB 板，步骤如下：

（1）在【Files】面板内，找到【New from template】栏，单击栏中的【PCB Board Wizard】子菜单，弹出 PCB 文件生成向导对话框，如图 5-29 所示。

（2）在 PCB 板制作向导对话框中，单击【Next】，弹出 PCB 单位设置对话框，如图 5-30 所示。在对话框中，有英制单位（mil）和公制单位（mm）两个选项，我们选英制单位毫英寸（mil）为单位，单击【Imperial】。

（3）在 PCB 单位设置对话框中，单击【Next】，弹出板框大小设置对话框，如图 5-31

所示。在对话框中可选择系统提供的多种通用标准的 PCB 板，选择【Custom】项来自定义 PCB 板的大小。

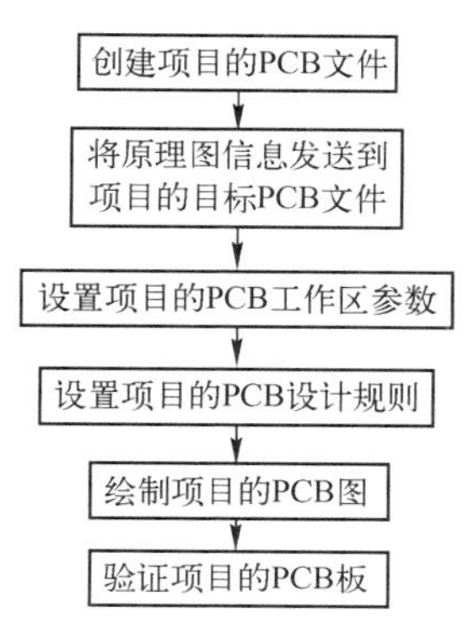

图 5-28　PCB 图设计流程

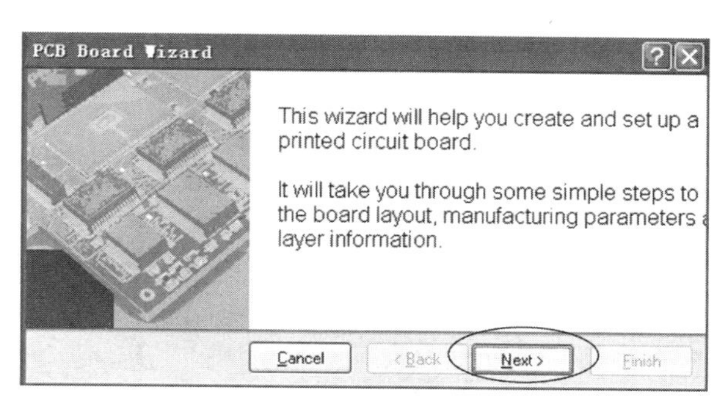

图 5-29　PCB 板制作向导对话框

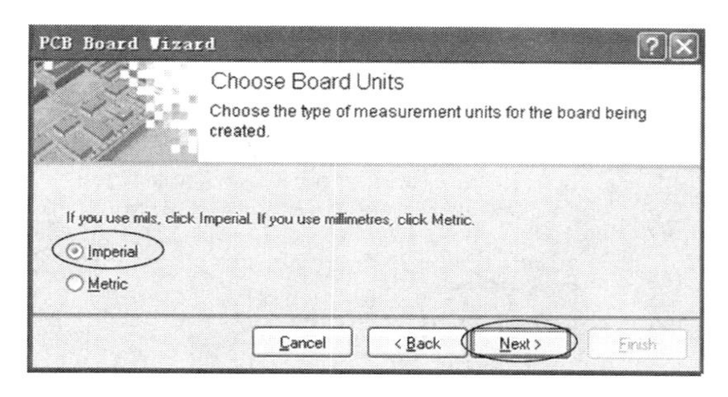

图 5-30　PCB 单位设置对话框

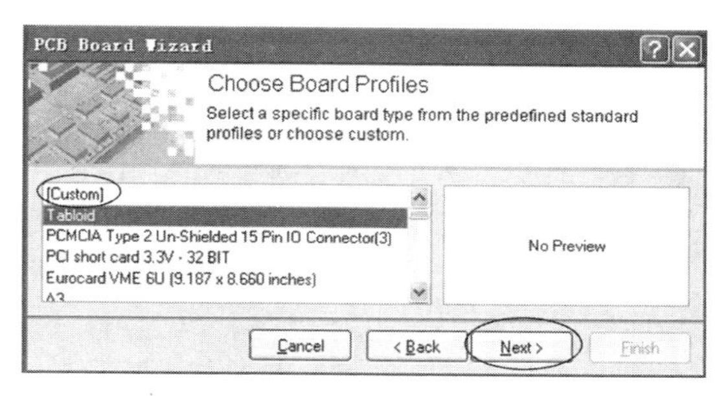

图 5-31　板框大小设置对话框

（4）在板框大小设置对话框中，单击【Next】，弹出自定义设置对话框，如图 5-32 所示。

【Outline Shape】栏用于确定 PCB 板的外围形状。有【Rectangular】（矩形）、【Circular】（圆形）和【Custom】（自定义边框）三种可供选择。这里选中矩形板。

【Board Size】栏用于确定 PCB 板的尺寸大小。将【Width】内的参数设置成【2000mil】，将【Height】内的参数设置成【1000mil】。注：1inch=1000mil。

将【Title Block and Scale】复选项（是否在机械层上设置标题栏以及其他信息），【Legend String】复选项（是否在 PCB 板上设立字符串）和【Dimension Lines】复选项（是否显示禁止布线层设置的尺寸）三个选项，予以撤销选择，参数设置后的自定义设置对话框如图 5-32 所示。

（5）在自定义设对置话框内，单击【Next】，弹出铜箔层对话框，如图 5-33 所示。举例定义一个双面板，设置两个信号层，分别为【Top Layer】和【Bottom Layer】，并将【Power Planes】的参数设置为【0】。

（6）在铜箔层对话框中，单击【Next】，弹出过孔类型设置对话框，如图 5-34 所示。在该对话框中有两项可供选择，一种为【Thruhole Vias only】（过孔），另一种为【Blind and Buried Vias only】（埋孔或盲孔），这里选择【Thruhole Vias only】（过孔）。

（7）在过孔类型设置对话框中，单击【Next】，弹出主体元器件封装类型设置对话框，如图 5-35 所示。在该对话框中有两项可供选择，一种是【Surface-mount component】（表贴型元器件封装），另一种是【Through-hole component】（直插式元器件封装）。由于所选用的元器件大多数为直插式元器件封装，所以选择【Through-hole component】选项。此时，选项下方的参数类型就变为【Number of tracks between adjacent pads】（相邻焊盘间允许走线数目的选择），点选【One Track】（相邻焊盘间允许的走线数目为一条）。

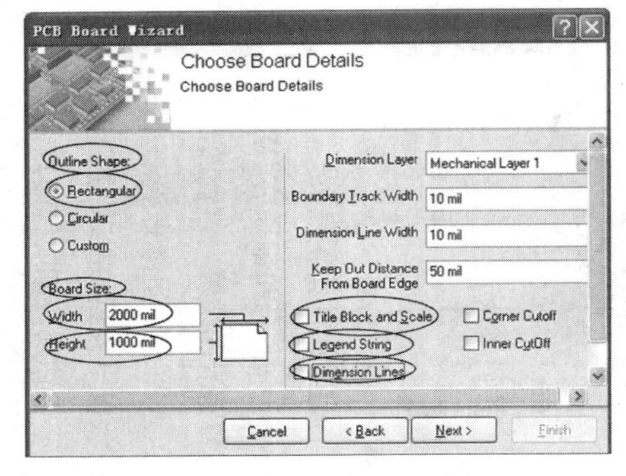

图 5-32　自定义设置对话框

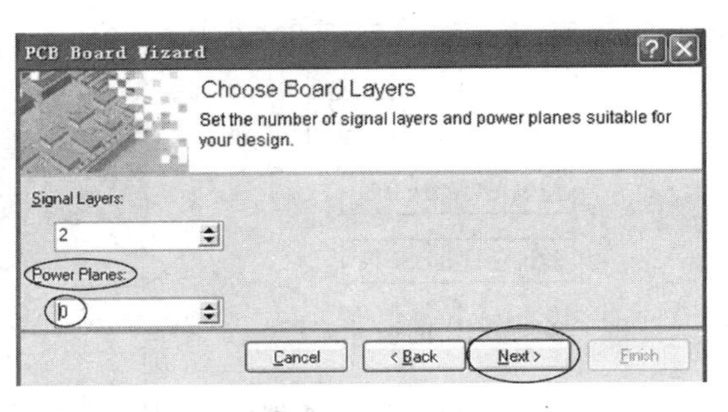

图 5-33　铜箔层对话框

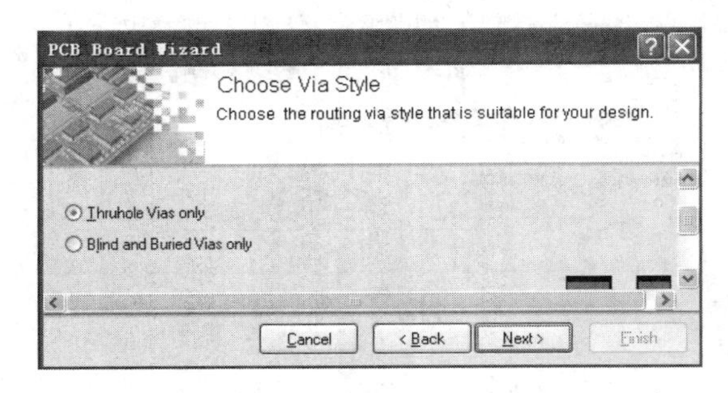

图 5-34　孔类型设置对话框

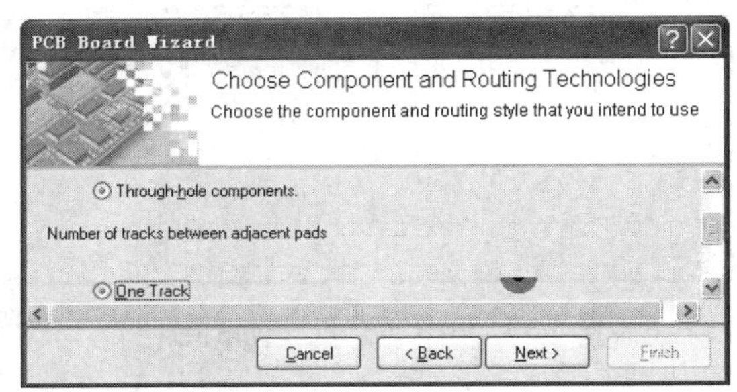

图 5-35　主体元器件封装类型设置对话框

（8）在主体元器件封装类型设置对话框中，单击【Next】，弹出导线及过孔设置对话框。采用默认设置。

（9）在导线及过孔设置对话框中，单击【Next】，弹出 PCB 文件生成完毕提示对话框。

（10）在 PCB 文件生成完毕提示对话框中，单击【Finish】，则整个设置过程完毕，系统将生成“PCB1.PcbDoc”的文件，如图 5-36 所示。如果此文件在【File】面板内出现在自由文件夹中，点住该文件，将其拖入到 LCVibrator 项目文件夹中。

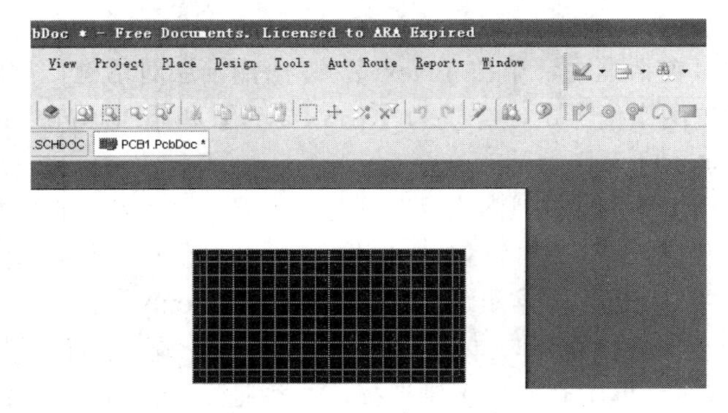

图 5-36　新生成的 PCB 文件编辑器

（11）单击【File】/【Save as】，在弹出对话框的文件名栏键入“LCVibrator.PcbDoc”，并单击【保存】，保存该 PCB 文件。

5.5.2 更新项目的 PCB 文件

在将原理图信息转换到新的空白 PCB 文件之前，需要确认与原理图和 PCB 文件关联的所有库是否都可用。由于采用的都是系统默认安装的集成元器件库，所以只要项目通过了编辑检测，就可以将原理图信息发送到 PCB 文件编辑器中去了。

（1）在 LCVibrator.SchDoc 文件原理图编辑器界面内，单击【Design】/【Update PCB LCVibrator.PcbDoc】，弹出【Engineering Change Order】对话框，如图 5-37 所示。

（2）单击【Validate Changes】，若某项改变有效，系统在该项右边的【Check】栏中，打上“√”；若改变无效，则打“×”。关闭对话框后，需检查【Messages】面板并清除错误，所有的改变均有效后，即可进入下一步操作。

（3）单击【Execute Changes】，将改变发送到 PCB 文件中，在每一项改变的右边【Done】栏中，打上“√”，如图 5-37 所示。

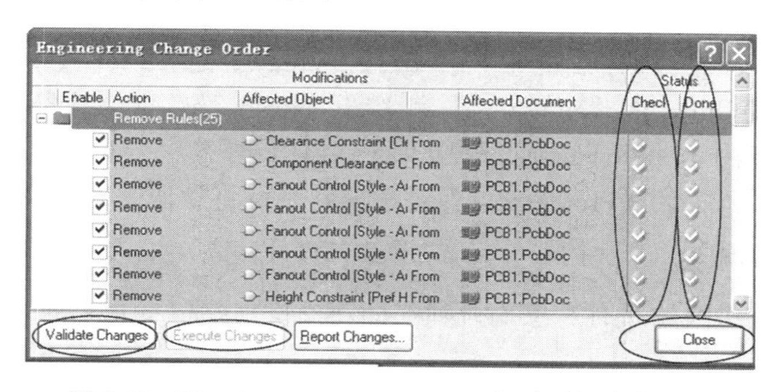

图 5-37 【Engineering Change Order】对话框参数设置

（4）在【Engineering Change Order】对话框参数设置内，单击【Close】，目标 PCB 文件“LCVibrator.PcbDoc”被自动打开，而元器件出现在板子右下侧，如图 5-38 所示。

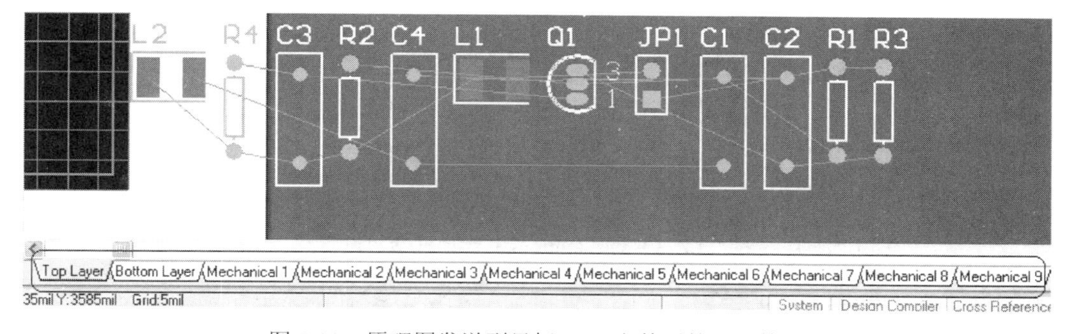

图 5-38 原理图发送到目标 PCB 文件后的元器件图

5.5.3 设置项目的 PCB 工作区参数

与原理图设计流程相似，在绘制 PCB 板电路图之前，也需要对 PCB 工作区参数进行设置，如栅格、层和设计规则等，以方便今后的设计。

1. 设置 PCB 系统参数

（1）在“LCVibrator.PcbDoc”文件 PCB 图编辑器界面内，单击【Tools】/【Preferences】，打开【Preferences】对话框，如图 5-39 所示。

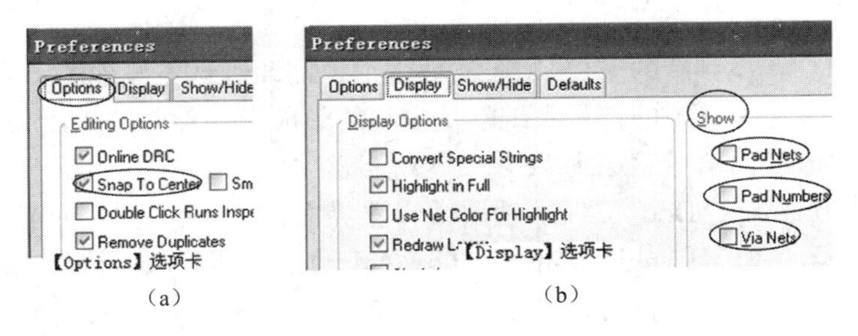

（a）　　（b）

图 5-39 【Preferences】对话框参数设置

（2）在【Preferences】对话框中，单击【Options】选项卡，将【Editing Options】中【Snap to Center】项选中，如图 5-39（a）所示。在移动元器件封装或字符串时，光标将自动移到元器件封装或字符串参考点。

（3）在【Preferences】对话框中，单击【Display】选项卡，在【Show】栏中，将【Show Pad Nets】、【Show Pad Numbers】和【Via Nets】选项取消选择，如图 5-39（b）所示。在 PCB 板编辑器中，将不再显示焊盘的网络名称、焊盘序号和过孔网络名。

（4）单击【OK】，关闭【Preferences】对话框，系统将默认其他参数的设置。

2. 设置 PCB 的栅格

放置在 PCB 工作区的所有对象均排列在捕获栅格（snap grid）上。把捕获栅格设置为 25mil。设置步骤为：

（1）单击【Design】/【Options】，打开【Board Options】对话框，如图 5-40 所示。

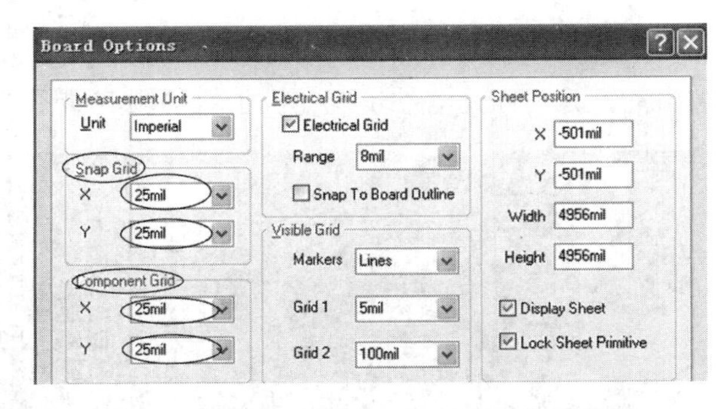

图 5-40 【Board Options】对话框参数设置

（2）将【Snap Grid】栏和【Component Grid】栏中 X 和 Y 的参数，都设置为 25mil。这样，捕获栅格和元器件移动的间距以 25mil 为单位进行。

（3）单击【OK】，关闭【Board Options】对话框，系统将默认其他参数的设置。

3. 设置 PCB 的板层

在图 5-38 PCB 编辑器底部有一系列的层标签，而一般设计不需要所有的层都出现在设计中，可以对层的一些参数做一些调整。步骤如下：

（1）单击【Design】/【Board Layers & Colors】，弹出【Board Layers】对话框，如图 5-41 所示。

（2）在【Systerm Colors】栏中，单击对应【Board Area Color】项右边的色框，弹出【Choose Color】对话框，在对话框中，拖动下拉条，选择 233 号颜色，即白色，作为板子的填充色，单击【OK】，退出颜色设置。

（3）单击【Used On】，系统自动关闭一些不需要的层，但要将【DRC Error Makers】栏的【Show】项选中，此项将在 PCB 文件的 DRC 检测中用到，所有参数的选择如图 5-41 所示。

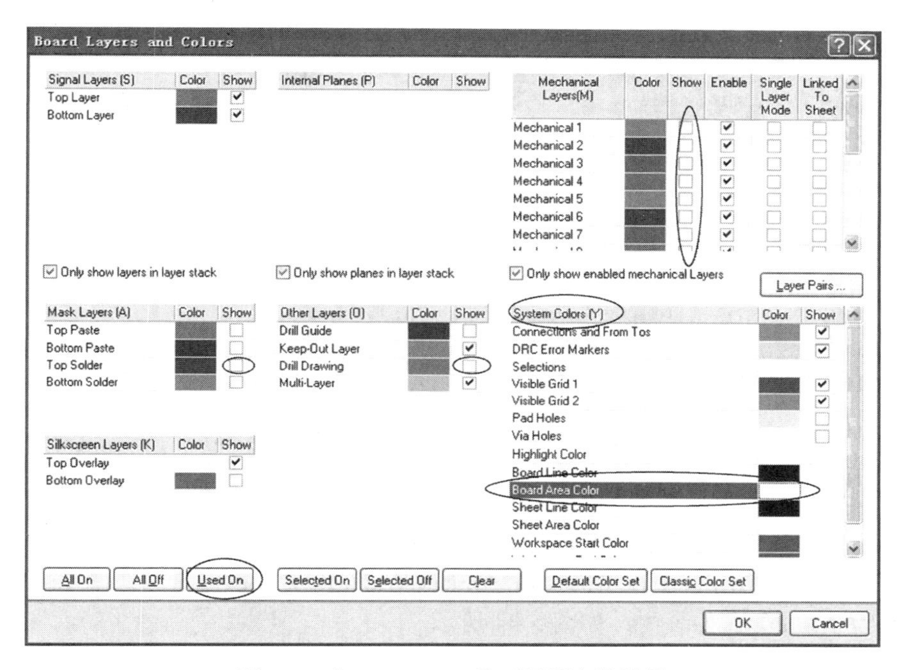

图 5-41 【Board Layers】对话框参数设置

（4）单击【OK】，退出【Board Layers】对话框的设置，PCB 编辑器底部的层标签如图 5-42 所示。

图 5-42 精简设置的层标签

4．增设新的设计规则

Protel 2004 的设计规则分为 10 个类别，覆盖了电气、布线、制造、放置、信号等要求。在布线规则中，默认所有的线宽为 10mil。我们知道，电源线与信号线的关系最好是：电源线线宽大于信号线线宽。我们为电源线和地线的宽度新增一个规则，将其线宽设置为 25mil，信号线的线宽设置为 12mil，设置步骤如下：

（1）在“LCVibrator.PcbDoc”文件 PCB 图编辑器界面内，单击【Design】/【Rules】，弹出【PCB Rules and Constraints Editor】对话框。

（2）在对话框左边，树形文件夹内，单击【Design Rules】/【Routing】/【Width】/【Width】，对话框右边出现了有关线宽属性设置的内容，由其设定的适用范围可知，这个规则是对板上所有的线宽进行设置。将【Constraints】栏中的【Perferred Width】选项、【Min Width】选项和【Max Width】选项的文本框，设置为【12mil】，如图 5-43 所示。

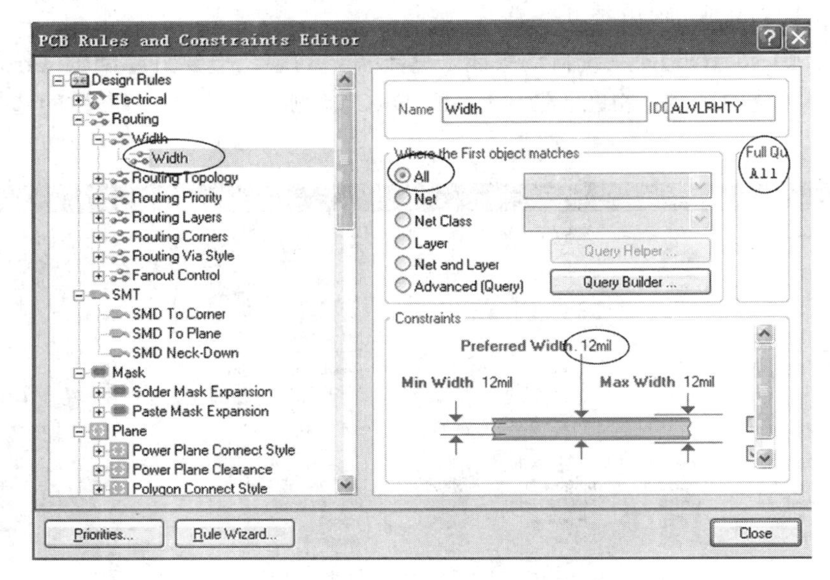

图 5-43 【PCB Rules and Constraints Editor】对话框

（3）单击【Design Rules】/【Routing】/【Width】菜单后，在【Width】菜单上右击鼠标，弹出一个下拉菜单，如图 5-44 所示。在下拉菜单中选中【New Rule】菜单项后，系统生成一个新的线宽规则【Width_1】，与原线宽规则【Width】一起并列出现在【Design Rules】/【Routing】/【Width】文件夹内，如图 5-44 所示。

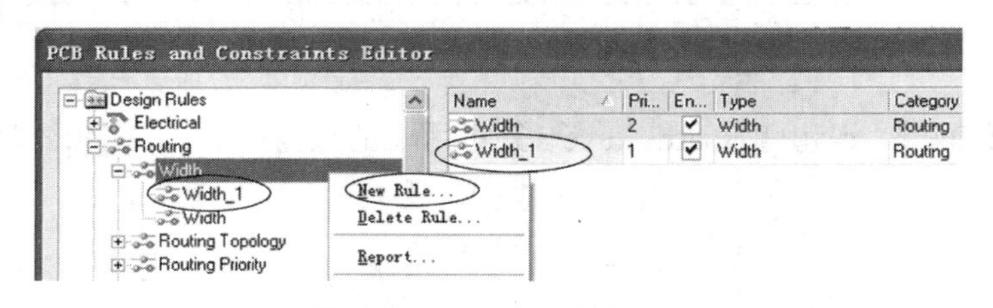

图 5-44 新增一个线宽规则

（4）单击【Design Rules】/【Routing】/【Width】/【Width_1】，在【Name】文本框中输入“12V”，再选中【Where the First object matches】栏中的【Net】，【Where the First object matches】栏中【All】右边的下拉文本框被激活，单击该文本框的下拉按钮，从中选择“12V”。【Full Query】栏中会显示 InNet（12V），如图 5-45 所示。

（5）单击【Advanced (Query)】单选按钮，再单击【Query Helper】，弹出【Query Helper】对话框。

（6）在【Query Helper】对话框的【Query】栏中语句为“InNet（12V）”，将光标放在该语句的末端后，再单击【Or】，“Or”出现在该语句的尾部，变为“InNet（12V）or”。

（7）进入【Query Helper】对话框中的【Categories】树形目录，单击【PCB Functions】

目录下的【Membership Checks】，在右边的【Name】栏中，双击【InNet】项，【Query】栏中的语句为“InNet（12V）or InNet()”。再在“InNet()”的空括号内键入“GND”，如图 5-46 所示。

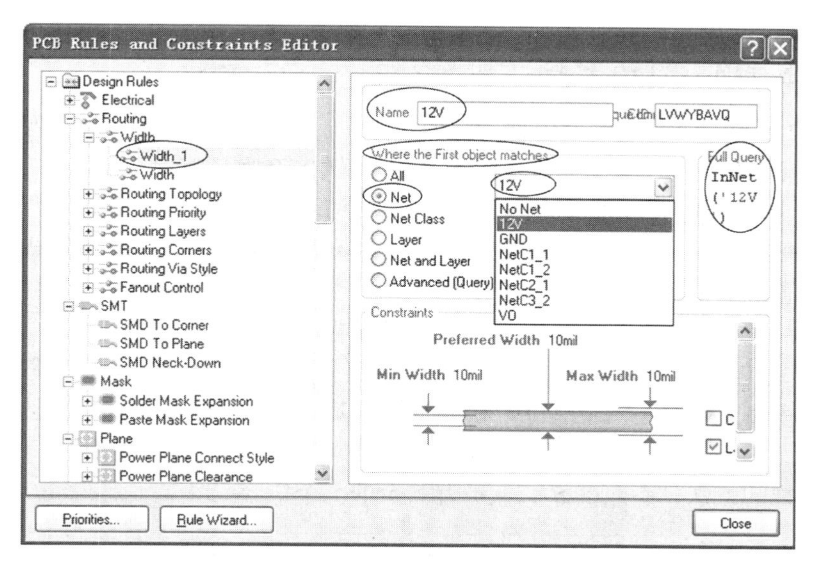

图 5-45　新增线宽规则属性设置

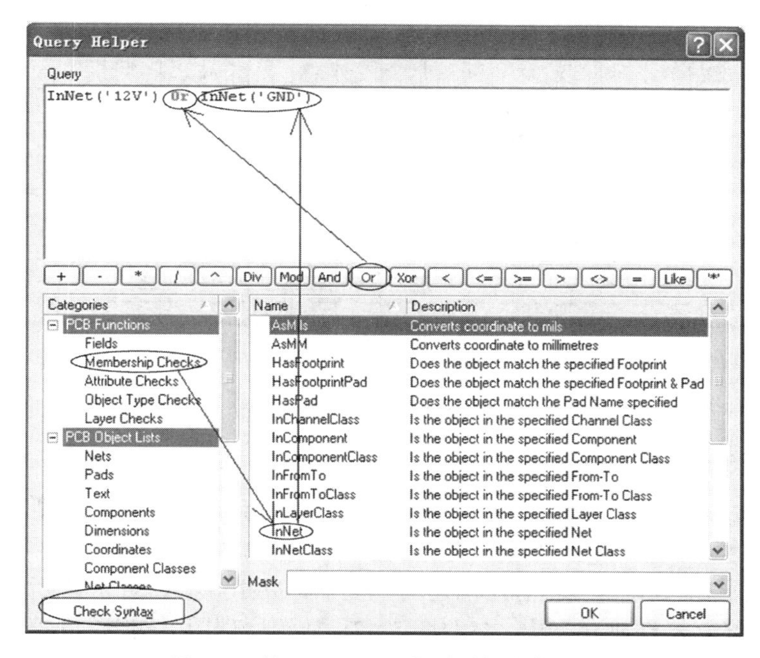

图 5-46 【Query Helper】对话框参数设置

（8）在【Query Helper】对话框中，单击【Check Syntax】，弹出【Expression is Ok】对话框，单击【OK】关闭对话框。再单击【Query Helper】对话框中的【OK】，关闭【Query Helper】对话框。【Full Query】栏中的语句更新为“InNet（12V）or InNet（GND）”。

（9）在【PCB Rules and Constraints Editor】对话框中，将【Constraints】栏中的

【Perferred Width】选项、【Min Width】选项和【Max Width】选项的文本框，设置为【25mil】。

（10）在【PCB Rules and Constraints Editor】对话框中，单击【Close】，关闭该对话框。

5.5.4 绘制项目的 PCB 图

PCB 图的绘制主要涉及到元器件的选取、移动、翻转和元器件对齐排列、放置及板层的布线。下面以电容元件为例，介绍元器件的放置及 PCB 图的绘制。

（1）单击【View】/【Fit Document】，显示整个 PCB 板和所有元器件。

（2）将光标放在 C1 电容符号的附近，点住鼠标左键不放，光标立即变成十字形，同时光标从原来位置跳到电容的中心参考点上。

（3）在持续按住鼠标左键的情况下，移动鼠标即可拖动电容。

（4）把 C1 电容用光标拖到板子右上角，按键盘上的【Space】键将其旋转 90°，将电容横放在电路板右上角合适的位置上，松开鼠标将其放下，注意不要将元器件放到紫色的禁止布线层内。

（5）用同样的方法，参照图 5-47，放置其余的三个电容元件。

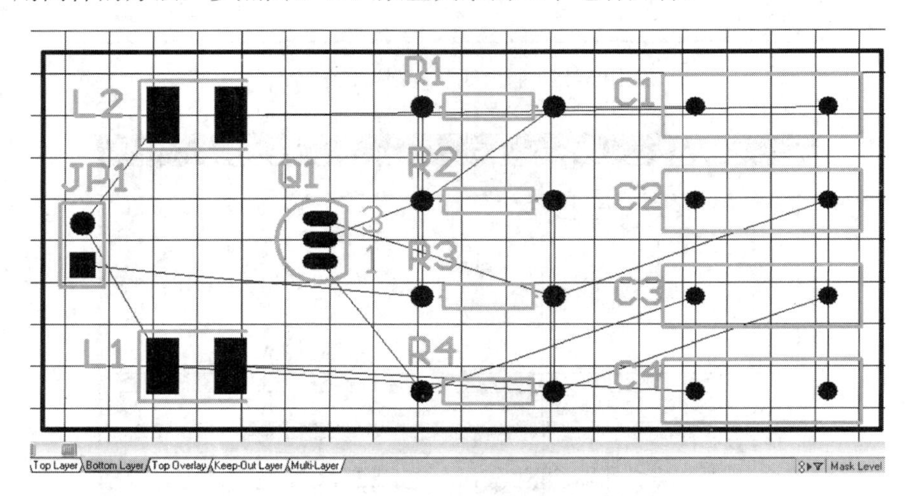

图 5-47 PCB 板元器件位置摆放图

（6）按住【Shift】键的同时，用鼠标单击这四个元器件，将它们都选中。

（7）在 PCB 编辑器顶部的工具栏中，单击【Alignment Tools】工具箱的下拉黑三角，在弹出的工具箱内单击右对齐图标，四个电容得以向右对齐，再单击【Alignment Tools】工具箱内工具，四个电容两两之间，上下距离相等，如图 5-47 所示。

（8）按照上述元器件放置方法，参照图 5-47，放置原理图中剩下的元器件。

（9）单击【Auto Route】/【All】，在弹出的对话框中，单击【Route All】，系统进行自动布线，布线结果如图 5-48 所示，图中红色表示导线在板的顶层信号层，而蓝色表示底层信号层。

（10）单击【Tools】/【Design Rule Check】，系统进行规则检查，若【Massage】面板为空，且 PCB 板上无绿色的错误显示标志，则 PCB 板的设计规则检查通过，单击【File】/【Save】，保存 PCB 板设计。

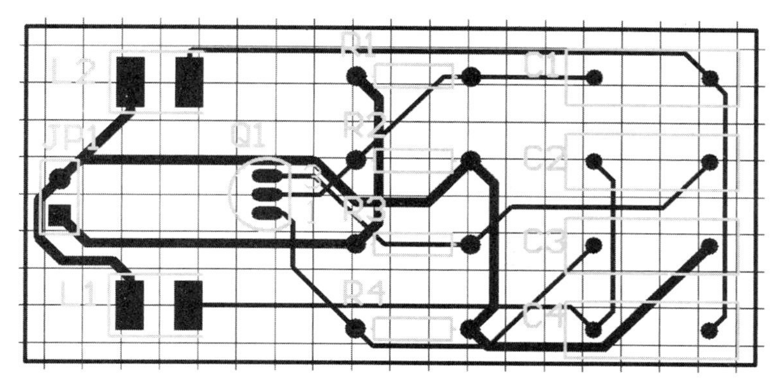

图 5-48 布线成功的 PCB 板

5.6 Protel 2004 项目的仿真

5.6.1 设置项目的仿真参数

在运行仿真之前，需要确认在原理图中所有元器件，是否能作为仿真元器件使用，可以通过元器件属性对话框中是否有【Simulation】这一属性来判断。例如在三极管 Q1 的属性对话框【Models for Q? -2N3904】中，找到【Simulation】（见图 5-20），则说明此元器件可以作为仿真元器件使用。而在连接器中，没有这一属性，将其删去，换上专门用于仿真用的直流信号源，仿真电路图的制作步骤如下：

（1）单击窗口顶部文档标签栏的“LCVibrator.SchDoc”，使原理图为当前文档。

（2）在原理图中，单击连接器将其选中，然后按键盘上的【Delete】键，删除该元器件。

（3）单击【View】/【Workspace Panels】/【Systerm】/【Libraries】，弹出【Libraries】面板。

（4）单击【Libraries】面板内的【Libraries】，弹出【Available Libraries】对话框，如图 5-49 所示。

（5）在【Available Libraries】对话框中，选中【Installed】选项卡，再单击该选项卡内的【Install】，弹出【打开】对话框，如图 5-49 所示。

（6）在【打开】对话框里，选择 C:\Program Files\Altium2004\Library\Simulation 文件夹内的 Simulation Voltage Source 元器件库。单击【打开】，系统关闭【打开】对话框，回到【Available Libraries】对话框。

（7）在【Available Libraries】对话框中，将看到 Simulation Voltage Source 库文件被加载到【Installed Libraries】栏中，单击【Close】，回到【Libraries】面板。

（8）在【Libraries】面板的库文件下拉列表框中，选择【Simulation Voltage Source.IntLib】为当前库文件。

（9）在库文件下拉列表框下面的元器件过滤下拉列表框内，键入“*VSRC”作为元器件搜索的关键字。

（10）在元器件列表框【Component Name】中，单击【VSRC】元器件，再单击【Place VSRC】，一个电源符号将附着在光标上。

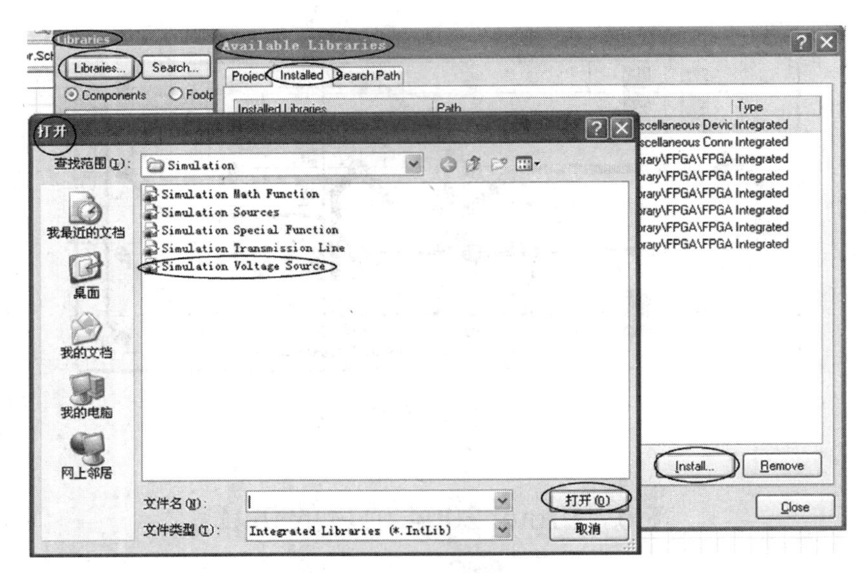

图 5-49　仿真电源库的加载

（11）按键盘上的【TAB】键，弹出【Component Properties】对话框，如图 5-50 所示。

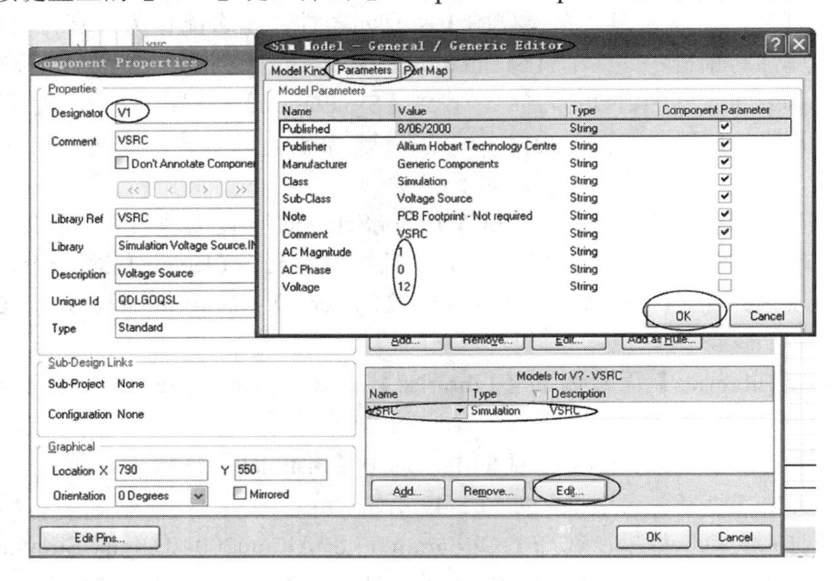

图 5-50　仿真电源属性设置对话框

（12）将【Component　Properties】对话框中，【Properties】栏的【Designator】选项内键入“V1”，然后在【Models for V? -VSRC】栏中的【Simulation】项选中，双击该选项，或单击下方的【Edit】，弹出【Sim Model】对话框，如图 5-50 所示。

（13）选中【Sim Model】对话框中的【Parameters】选项卡，将选项卡内的【AC Magnitude】的【Value】项设置成“1”，【AC Phase】的【Value】项设置成“0”，【Voltage】的【Value】项设置成“12”，如图 5-50 所示。

（14）单击【OK】，关闭【Sim Model】对话框，系统回到【Component Properties】对话框；再单击【OK】，关闭【Component Properties】对话框，系统处于元器件放置状态。

（15）将元器件移到合适的位置，单击鼠标，放置电源，再参照原理图，把线路连接起来，如图 5-51 所示。

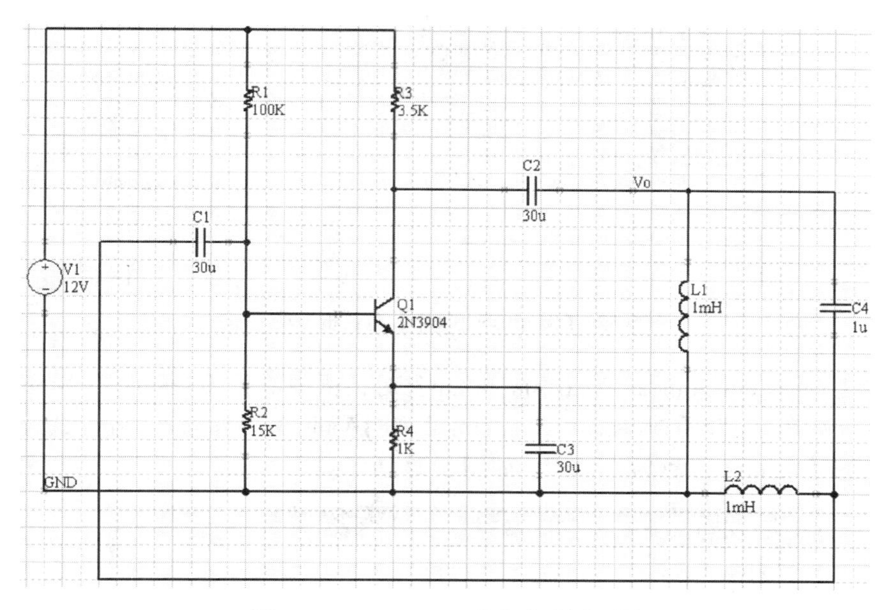

图 5-51 LC Vibrator 仿真电路原理图

（16）单击【Place】/【Net Label】，一个虚线框附着在光标上，按键盘上的【TAB】键显示【Net Label】对话框，在栏中键入“Vo”，单击【OK】关闭该对话框。

（17）由于网络标签是用于仿真图形的观测点，因此将其放在“C2”与“L1”的交接点上。将光标移到该处后，当光标出现红色星形标志时，单击鼠标，放置该标签，如图 5-51 所示。再右击鼠标，结束标签的放置状态。

（18）单击【File】/【Save As】，在弹出的对话框中键入“LCVibrator sim.SchDoc”，保存该文件。

5.6.2 运行项目的瞬态特性分析

项目的瞬态特性分析步骤如下：

（1）单击【Design】/【Simulate】/【Mix Sim】，弹出【Analyses Setup】对话框，如图 5-52 所示。

（2）在【Collect Data For】栏的下拉列表中选择【Node Voltage and Supply Current】，在【Available Signals】栏中看到所需要的测试仿真信号端子网络表标号“V0”。

（3）在【Available Signals】栏中，选中“V0”，单击 > 按钮，将“V0”右移到【Active Signals】栏中。

（4）在【Analyses Setup】栏中，勾选与【Operating Point Analysis】复选项和【Transient/Fourier Analysis】复选项对应的【Enabled】项。

（5）单击【Transient/Fourier Analysis】复选项，对话框右侧生成【Transient/Fourier Analysis Setup】对话框，将系统已经勾选的【Use Transient Defaults】项，在其对应的【Value】栏内，单击取消。

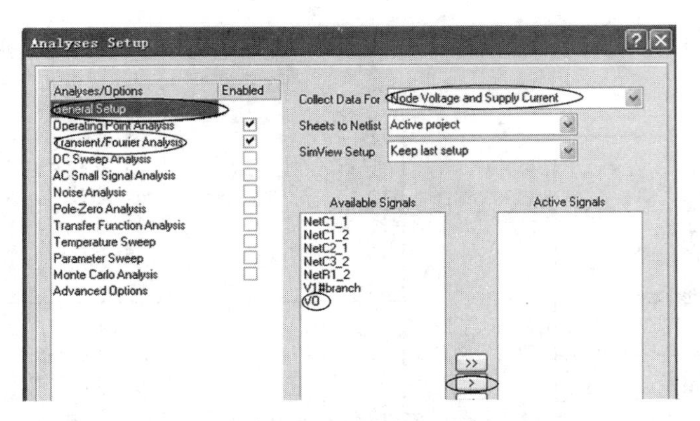

图 5-52 【Analyses Setup】对话框参数设置

（6）在【Transient/Fourier Analysis Setup】对话框中，将【Transient Step Time】的【Value】设置为“20m”，【Transient Stop Time】的【Value】设置为“10n”，【Transient Max Step Time】的【Value】设置为“10n”，如图 5-53 所示。

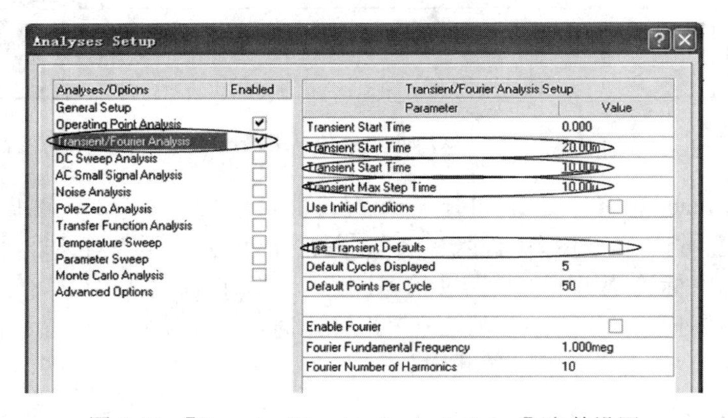

图 5-53 【Transient/Fourier Analysis Setup】参数设置

（7）单击【Analyses Setup】对话框底部的【OK】运行仿真。

（8）仿真执行后，仿真效果图如图 5-54 所示。

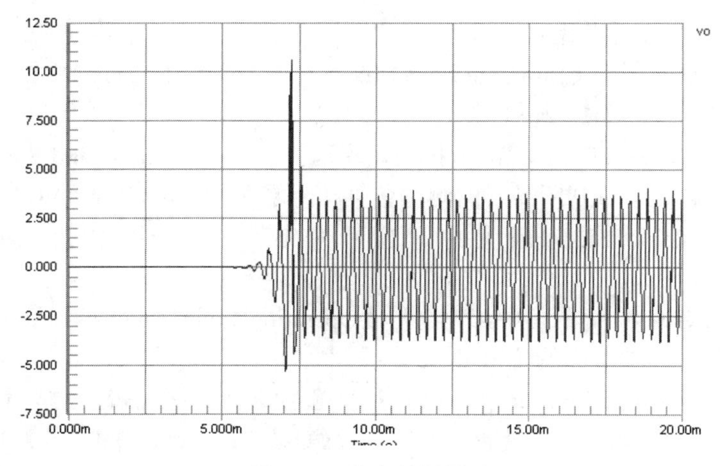

图 5-54 仿真效果图

5.7 Protel 2004 的进阶

1. 认识 PCB 板的 PCB3D 面板

PCB 板的三维显示功能是指在 Protel 2004 中显示 PCB 板的实物立体图形，通过对实物立体图形的观察，可以对当前设计产生的实物和 PCB 印制板进行深入的了解和认识。

（1）在编辑器顶部的文档标签栏中，单击“LCVibrator.PcbDoc”文件标签，进入 PCB 编辑器，选中元器件“Q1”，双击打开【Component Q1】对话框。

（2）在【Component Q1】对话框中的【Footprint】栏中，单击【Name】项右边对应的文本下拉框，在下拉框中，将其封装形式由“BCY-W3/E4”换成“BCY-W3/H8”，参数修改完毕，关闭对话框。

（3）单击【View】/【Board in 3D】，系统根据当前的 PCB 板信息给出三维化的 PCB 显示，生成“LCVibrator.PCB3D”文件，在窗口中展示 LC Vibrator 板三维效果图，如图 5-55 所示，并自动打开 PCB3D 面板。

（4）在 PCB3D 面板的袖珍 PCB3D 显示窗口中，有一个标有三维坐标的微缩板，拖动鼠标后，通过改变微缩板的位置，来改变 PCB 板在窗口的位置。通过这种方法，可以对板子进行全方位的观测。

（5）在 PCB3D 面板【Display】栏中，有【Components】、【Silkscreen】、【Copper】、【Text】和【Board】五个复选框，三维效果图由这五部分组成，通过对这几个选项的勾选或撤选，认识它们在三维效果图中的作用。

【Components】复选框：用于显示电路板上的元器件。

【Silkscreen】复选框：用于显示丝印层上的对象。所谓丝印层就是为了电路安装和维修的方便，在印制板的上下两个表面印上所需要的标志图案和文字代号等，通常为白色。将【Silkscreen】、【Text】和【Board】三个复选框选上，在三维显示窗口可以清晰地看到丝印层上的文字和边框图案，这些丝印层上的说明文字和边框图案，再加上边框图案旁边的焊盘，就是元器件的封装，其作用是对生产的元器件形状和大小做标准化的规定，以利于元器件在印制板上的安装和焊接。

【Copper】复选框：用于显示镀铜，包括导线、焊盘、过孔等。

【Text】复选框：用于显示文本内容。

【Board】复选框：用于显示电路板。

（6）在 PCB3D 面板内的【Browse Nets】栏中，列出了电路中的所有网络，选中【GND】网络，则此网络在电路板中的颜色被设置为红色，而突出显示出来，如图 5-56 所示。单击【Clear】，则可取消对该网络的突出显示效果。

2. 认识元器件的封装

元器件的封装（Footprint）是指实际元器件焊接到电路板上时所指示的外观和焊点的位置，也可以从其英文直译名称“管脚之印”得知。

封装是纯粹的空间概念，因此不同的元器件可公用同一零件封装，同种元器件也可有不同的零件封装。例如电阻，传统的针插式，这种元器件体积较大，电路板必须钻孔才能安装元器件，完成钻孔后，插入元器件，再通过手焊或喷锡，将元器件焊接到电路板上。目前设计的封装，采用体积小的表面贴片式元器件（SMD），这种元器件不必钻孔，用钢膜将半熔状锡膏倒入电路板，再把“SMD”元器件放上，即可焊接在电路板上。在举例设计中，电感元器件采用的是表面贴片式封装。

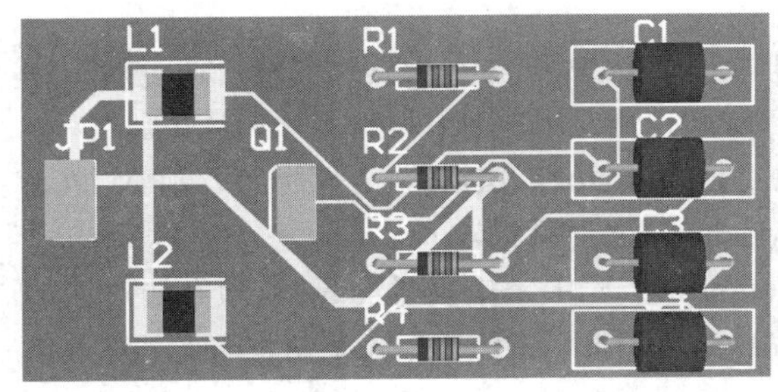

图 5-55　LC Vibrator 板三维效果图

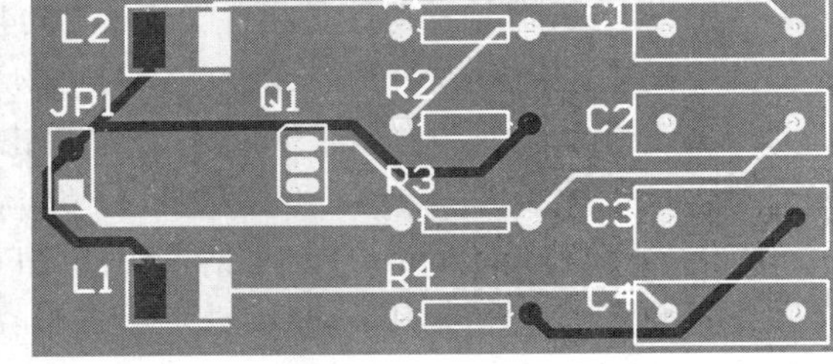

图 5-56　“GND”网络的显示

下面介绍封装文字的含义。例如，电阻的封装“AXIAL0.3”可拆成“AXIAL”和“0.3”，“AXIAL”翻译成中文是轴状的，0.3 则是该电阻在印制电路板上焊盘间的距离是“300mil”。对于无极性的电容，“RAD-0.3”也是一样。对于电感元件表面贴片式的封装“CC4532-1812”，它的外形尺寸与封装的对应关系是“1812=4.5×3.2”。

其他封装的意义，就不详细说明了，请大家查阅相关的参考资料。

3．认识元器件库的结构

Protel 2004 元器件库是一个库的集合，在搜索元器件的时候，首先要找到元器件所在库的位置，然后将这个库加载到库文件下拉列表框中，再在此库中，找到所需要的元器件。Protel 2004 元器件库的结构示意图，如图 5-57 所示，这有助于理解元器件在【Libraries】面板内的搜索方式。同时 Protel 2004 元器件库所采集的元器件资料是有限的，这就意味着并不是所有的元器件都可以在 Protel 2004 元器件库中找到。当未找到时，可采用手工绘制的方法，制作出所需要的元器件符号及封装形式，具体方法查阅相关的资料，这里不再赘述。

4．认识控制面板的显示方式

控制面板的显示方式有三种，分别为浮动显示、锁定显示和自动隐藏显示方式。在标题栏Files中，可以看到图钉符号处于松开状态，表示【Files】工作面板处于自动隐藏显示方式，当鼠标在【Files】工作面板之外单击时，【Files】工作面板自动缩进面板标签栏中，隐藏起来。当图钉符号变为图标时，表示【Files】工作面板处于锁定显示方式，且侧面的面板标签都下移到【Files】面板的底部，此时【Files】工作面板将一直显示在工作界面中，不再隐藏。浮动显示方式是用鼠标点住标题栏中的面板名称部分，例如点住Files部分，再拖动光标可将【Files】面板拖出，放在工作窗口的任意位置，而点住标题栏中间的蓝色空白部分，再拖动光标，则可将整个侧面的面板标签栏拖出，浮动在工作窗口的任意位置。

5．认识工程组、项目与文件的关系

在开始创建一个项目时，会遇到工程组、项目和具体文件（如原理图文件）等概念，为了更清晰地阐述它们之间的关系，用结构图的方法来剖析它们之间的关系，如图 5-58

所示。

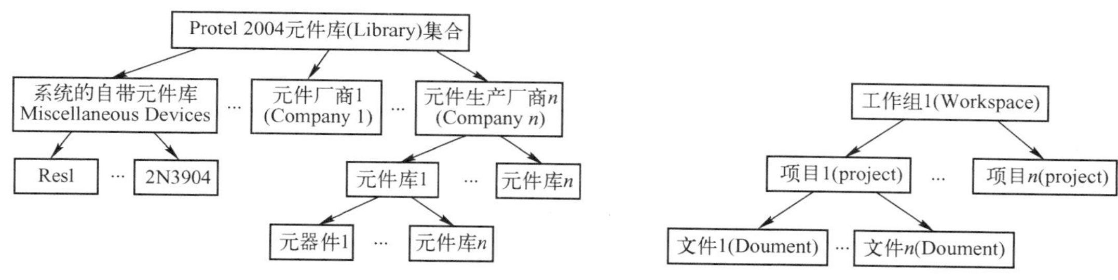

图 5-57　Protel 2004 元器件库结构图

图 5-58　工程组、项目与文件的关系

6．认识原理图的自动检错功能

以下举例说明认识原理图的自动检错功能的步骤。

（1）在编辑器顶部的文档标签栏中，单击【LCVibrator.SchDoc】文件标签，进入原理图编辑器。

（2）单击 R1 和 R3 之间的连线，此时选中导线呈绿色，按键盘上的【DELETE】键删除，如图 5-59 所示。

（3）单击【Place】/【Drawing Tools】/【Line】，光标变成十字后，将 R1 和 R3 之间用线连上。

图 5-59　删除连线的 R1 和 R3

图 5-60　补画连线的 R1 和 R3

（4）单击【Place】/【Manual Junction】，光标变成十字后附着一连接点，将该连接点放到 R1 上方交线处，左击鼠标将其放下，如图 5-60 所示，再右击鼠标，退出放置状态。

（5）原理图改变前后在连线上几乎相同。单击【Project】/【Compile PCB Project LCVibrator.PrjPCB】。

（6）单击【Message】面板的标签，弹出【Message】面板，看到有一个错误出现在面板内，如图 5-61 所示。

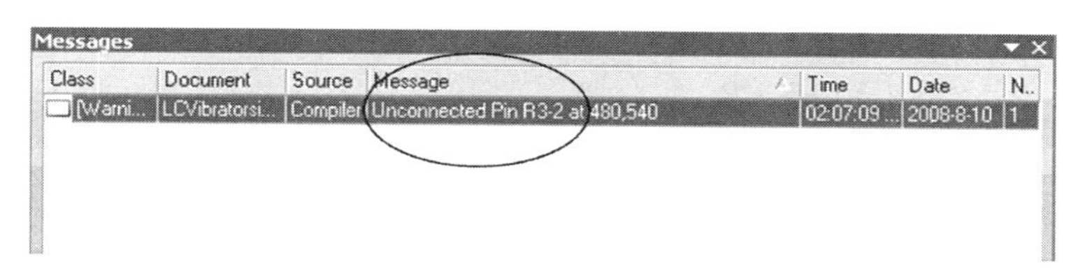

图 5-61　给出错误的【Message】面板

（7）双击该项错误，弹出具体编译错误报告提示框【Compile Errors】，从信息提示可知，R3 的 2 端子并没有形成电气连接，如图 5-62 所示。

（8）关闭【Compile Errors】提示框和【Message】面板，系统回到原理图编辑器。电阻 R3 被凸显出来。之所以会出现错误，主要是因为【Place】/【Drawing Tools】/【Line】内，

【Line】工具所画的线段，不具备电气连接特性。

（9）单击【Edit】/【Undo】，把先前删除的导线恢复。

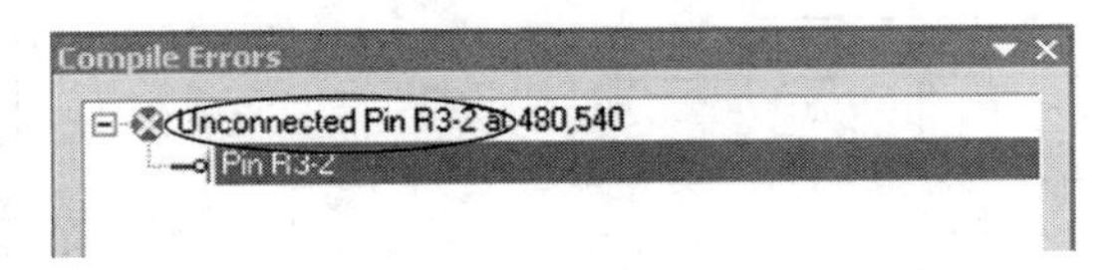

图 5-62 【Compile Errors】信息提示框

参 考 文 献

1．魏群．怎样选用无线电电子元器件．北京：人民邮电出版社，2000
2．黄纯．电子产品工艺．北京：电子工业出版社，2001
3．孟贵华．电子技术工艺基础．北京：电子工业出版社，1997
4．林衡夫．怎样设计制作印制电路板．北京：人民邮电出版社，1997
5．王港元．电子技能基础．成都：电子科技大学出版社，1999
6．陈新磷．无线电整机装配工艺基础．北京：中国劳动出版社，1998
7．宋金华．电子产品与工艺．西安：西安电子科技大学出版社，1999
8．沈成衡．收音机原理、调试、维修．北京：电子工业出版社，2002
9．雷达萍．怎样看无线电电路图．北京：人民邮电出版社，1998
10．陈学平．Protel 2004 快速上手．北京：人民邮电出版社，2005
11．龙马工作室．Protel 2004 完全自学手册．北京：人民邮电出版社，2005
12．神龙工作室．Protel 2004 实用培训教程．北京：人民邮电出版社，2005
13．江思敏，姚鹏翼，胡烨．Protel 2004 电路原理图及 PCB 设计．北京：机械工业出版社，2006

反侵权盗版声明

举报电话：（010）88254396；（010）88258888

传　　真：（010）88254397

E-mail：dbqq@phei.com.cn

通信地址：北京市海淀区万寿路 173 信箱

　　　　　电子工业出版社总编办公室

邮　　编：100036